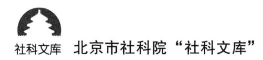
社科文库 北京市社科院"社科文库"

首都生态文明体制改革研究
——基于世界级城市群的视角

陆小成 著

U0229669

中国经济出版社
CHINA ECONOMIC PUBLISHING HOUSE
·北京·

图书在版编目（CIP）数据

首都生态文明体制改革研究／陆小成著.

北京：中国经济出版社，2017.12

ISBN 978 - 7 - 5136 - 4816 - 5

Ⅰ.①首… Ⅱ.①陆… Ⅲ.①生态文明—制度建设—体制改革—研究—北京

Ⅳ.①X321.21

中国版本图书馆 CIP 数据核字（2017）第 200763 号

责任编辑　邓媛媛
责任印制　巢新强
封面设计　任燕飞工作室

出版发行　中国经济出版社
印 刷 者　北京九州迅驰传媒文化有限公司
经 销 者　各地新华书店
开　　本　710mm×1000mm　1/16
印　　张　21
字　　数　315 千字
版　　次　2017 年 12 月第 1 版
印　　次　2017 年 12 月第 1 次
定　　价　58.00 元

广告经营许可证　京西工商广字第 8179 号

中国经济出版社 网址 www.economyph.com 社址 北京市西城区百万庄北街 3 号 邮编 100037
本版图书如存在印装质量问题，请与本社发行中心联系调换（联系电话：010 - 68330607）

前　言

　　党的十八大报告强调，要大力推进生态文明建设，并将生态文明建设放到人民福祉和民族未来的战略高度和突出地位，要努力建设美丽中国。党的十八届三中全会对于建设生态文明体制和制度进行了重大创新。党的十九大报告再次强调加快生态文明体制改革，建设美丽中国。长期以来，首都地区遭遇雾霾天气困扰、PM2.5多次爆表、资源能源严重匮乏等问题，这些问题严重阻碍首都生态文明建设进程。加强首都生态文明建设，关键在于加强体制机制改革与创新。

　　推进京津冀协同发展、构建以首都为核心的世界级城市群，是党中央的重大战略决策。建设以首都为核心的世界级城市群，加强生态文明建设和体制改革是必然选择。2017年2月23日至24日，习近平总书记再次考察北京，强调对大气污染、交通拥堵等突出问题，要系统分析、综合施策。《京津冀协同发展规划纲要》明确提出京津冀整体定位是"以首都为核心的世界级城市群、区域整体协同发展改革引领区、全国创新驱动经济增长新引擎、生态修复环境改善示范区"。以生态文明体制机制改革创新为动力，释放首都经济社会生态协同发展的内在活力，是北京建设和谐宜居城市和生态绿色的世界级城市群的重要突破口，是北京树立低碳绿色国际形象，提升世界城市地位的"一张王牌"。本书结合首都战略定位、空间特点、资源禀赋，深度考察首都生态文明建设的空间二重性及内在矛盾、体制障碍，系统比较东京、伦敦等世界级城市群在生态文明建设与体制改革的成功经验，提出首都生态文明体制改革、国家公园体制改革等的政策建议。本书主要研究内容和创新性观点表现在以下几个方面：

第一，深入阐释生态文明及其体制改革的基本内涵。

生态文明是人类对自然社会的改造，经历原始文明、农业文明、工业文明时代之后实现人与自然和谐的新文明时代。党的十八届三中全会对于建设生态文明体制和制度进行了重大创新。所谓首都生态文明体制，则是在首都区域内推进生态文明建设的各种体制机制的总和，是依托并凌驾于首都经济、政治、文化、社会、环境等各个领域，实现首都生态发展、和谐宜居的整体性的体制架构。首都生态文明体制改革必须对不利于首都生态文明建设的经济、政府管理、社会、文化等多领域的体制机制进行系统改革。生态文明体制改革更加注重改革的系统性、整体性、协同性。

第二，系统考察首都生态文明建设的空间二重性、矛盾与体制障碍。

首都具有特殊的历史地位和空间特征。根据首都服务中央的功能定位分析，主要存在经济快速增长与生态环境保护的矛盾、现行考核机制与生态文明建设要求不一致的矛盾、区域之间利益共享与损失补偿的矛盾以及跨区域生态环境建设中的矛盾等。首都生态文明建设的体制障碍主要表现为环境、经济、社会、文化等领域的体制问题与内在障碍。

第三，深入研究生态文明体制改革的东京都经验。

东京以生态文明建设及体制改革为重要突破口，打造成为全球清洁城市和世界级绿色低碳城市。东京生态文明建设的四个阶段主要包括，公害频发与防止控制阶段、环境保护与经济并重阶段、持续发展与主动治理阶段、环境革命与低碳社会阶段。东京在一系列环境控制和生态治理政策制定的基础上，加强生态文明体制改革，建立了综合型环境管理体制，采取有效措施治理环境污染和废气排放等公害问题。东京生态文明建设的基本经验主要有：建立综合型的环境管理体制、制定新东京都环境计划和绿地规划、企业和社会组织积极参与生态环保、重视源头治理与末端环保技术相结合、鼓励公众参与、加强城市绿化建设、提高城市生态承载力。

　　基于对东京都生态文明建设与环境治理经验的考察，对北京的启示与政策建议主要表现为：在体制层面，深化首都生态文明体制改革，统筹协调职能；在制度层面，制定生态文明制度，加强执行与监督；在技术层面，重视低碳生态技术研究、开发和应用；在机制层面，形成多元互动的综合管理模式；在宣传层面，积极开展生态文明宣传教育活动；在环境层面，鼓励植树造林，鼓励低碳出行。

　　第四，比较研究生态文明建设与体制改革的伦敦都市圈经验。

　　以雾霾治理为例，伦敦生态文明建设对北京提供了重要的经验借鉴和政策启示。伦敦环境污染经历煤烟污染、汽车尾气、法制治霾三个阶段。总结伦敦生态文明建设的基本经验，主要在于采取多种手段进行综合施策、协同治理、齐抓共管。基本经验有：依靠法律治理，出台《清洁空气法》《环境法》《空气质量战略》等，加强适合伦敦城市发展的各项环境治理措施的制定与执行；依靠政策治理，收取拥堵费和发展公共交通，加强政策制定，采取严格的处罚措施，完善雾霾治理的配套措施等；依靠技术治理，利用新型胶水"黏"住污染物；依靠绿色治理，增加绿地和使用绿色能源，鼓励市民购买低排放量的小型汽车，鼓励购买天然气、电动等新能源车，以减少尾气排放，提高空气质量；依靠社会治理，鼓励公众讨论和媒体曝光，提高社会治理雾霾的参与度和有效性，推进伦敦环境污染治理进程。伦敦雾霾治理对北京的对策建议主要有：制定首都空气清洁法规，加强生态文明制度建设；设立和增加污染检测点，严控尾气排放，加强监督、严格管理，不达标不得上路，加大对外地车辆的排污控制，统一标准和监管制度；加强生态文明建设的技术攻关，高度重视和加强技术创新和技术改进，依托技术实现环境改善和减排降耗；发展绿色公共交通，使用清洁低碳能源；重视社会群众参与首都生态文明建设。

第五，比较探讨了生态文明建设与体制改革的纽约都市圈经验。

纽约都市圈基于良好的区位优势和产业基础，经历了工业化、服务化、知识化、绿色化的转型，大力推进生态文明建设，引领世界绿色经济发展和城市绿色转型潮流。纽约都市圈尽管没有提出要加强生态文明建设，但多年来的重视生态环境保护、重视城市园林绿化建设、重视绿色基础设施配套、重视产业转型和绿色发展，实际上也彰显了生态文明建设的重要内涵。纽约都市圈以加快城市转型和绿色发展，推进生态文明建设，主要表现为工业化、服务化、绿色化等阶段性特征；表现为重视创新驱动、产业升级、绿色基础设施建设、城市绿化建设等特征，成为具有国际示范和标杆作用的世界级城市群，对于构建以首都为核心的世界级城市群、推进首都生态文明建设提供了重要经验借鉴与政策启示。借鉴纽约都市圈生态文明建设经验，首都北京应重视服务业发展、降低产业能耗和排放强度、加强城市空间优化布局、完善绿色交通体系、强化创新驱动、发展低碳产业、构建"高精尖"经济结构、重视城市园林绿化，加快构架构建世界级绿色城市群。

第六，比较研究生态文明建设与体制改革的洛杉矶经验。

洛杉矶作为美国比较典型的工业城市，经济繁荣的同时也带来相对严重的空气污染问题。经过几十年的治理，洛杉矶地区的空气质量得到了明显改善，总结洛杉矶经验，为京津冀大气污染治理提供重要经验借鉴和政策启示。洛杉矶生态文明建设与污染治理先后经历了组织法规治理、市场技术治理、转型发展与协同治理等时期。根据洛杉矶空气污染治理的阶段性特征及其具体政策措施，为北京"城市病"治理提供重要借鉴，主要包括：建立跨区污染治理机构，建立联防联控机制；制定空气质量管理规划和标准，建立严格执行机制；鼓励市民参与空气污染治理，建立共建共享机制；加强供给侧结构性改革，建立低碳创新机制；积极建设绿色交通和建筑，建立低碳发展机制等。

第七，创造性地提出首都生态文明体制改革的政策建议。

在总体思路上，构建以首都为核心的世界级城市群，要以党的十九大报告提出的"加强生态文明体制改革，建设美丽中国"的基本精神为指导，充分认识首都生态文明体制改革的重要性、长期性和艰巨性，切实增强责任感和使命感，促进生产生活方式、生态观念转变；坚持资源整合、机构重组、制度创新、机制完善的系统化路径，全面深化生态文明体制改革，破解首都生态文明建设的各种体制机制障碍；以大气环境、水体净化、垃圾回收为切入点，以完善法制、严格管理、创新技术、联防联控为基本手段，加强首都环境保护、加快经济转型升级、提升生态建设水平，实现北京天更蓝、水更净、地更绿的目标；鼓励群众参与，集聚市民智慧、集聚社会资源、集聚首都能量，提高首都生态文明建设的协同治理能力，让生态治理成果更多更快惠及群众，争取成为全国生态文明建设先行区和示范区，加快构建以首都为核心的世界级绿色低碳城市群。

在基本原则上，深化首都生态文明体制改革，要坚持整体推进与重点突破相结合原则；坚持政府主导与多方参与相结合原则；生态保护、低碳发展、环境优先原则；坚持合理布局、分类指导、严格管理原则；坚持统筹谋划、综合治理、四个转变原则。

在重要目标上，实现"四个促进"。一是促进首都生态文明建设的各种体制机制得到改革和优化；二是促进全社会环境保护投入占 GDP 比重明显提高，单位 GDP 能耗、主要污染物排放总量明显下降，首都 PM2.5 明显下降，大气污染治理、交通尾气治理、水污染防治、城乡环境综合整治效果不断显现；三是促进全社会生态文明意识和城市绿色基础设施支撑能力明显增强；四是促进首都环境污染得到有效治理，以实现空气质量改善、水体生态净化、垃圾综合利用为基本目标，建立综合治理和联防联控体制机制，建设成为全国生态文明城市，进而加快构建以首都为核心的世界级绿色低碳城市群。

在改革路径上，结合首都生态文明建设实际，加强经济、环境、社会、文化等领域的改革创新，提出体制改革的具体政策建议。一是加强经济层面的体制创新，构建"高精尖"经济结构，加快产业转型升级，发展低碳、绿色、生态产业，加强能源体制改革，发展新型低碳的新能源结构。二是加强环境管理体制创新，依托顶层设计，构建垂直型、综合型、区域型的管理架构。抓住治理重点、创新生态制度、构建生态补偿机制和公众参与生态建设的制度。强化生态行政，建立生态文明政绩考核体系。三是加强社会体制创新，积极培育社会组织参与首都生态文明建设，提升社会活力和新动能。四是加强文化体制创新，营造重视生态环保的文化氛围。树立生态绿色的文化意识、推行绿色低碳生活方式、丰富生态文化内涵、开展节约减排行动、建立健全生态低碳的文化市场体系、重视生态文化产业发展、构建生态文明建设的公共文化服务体系。

在保障措施上，要提高思想认识，破解体制障碍；加强法制建设，提高执法力度；加强技术创新，促进产业升级；实行信息公开，鼓励参与监督；加强风险评估，构建预警机制；加强区域合作，强化联防联控。

第八，探讨了新常态下首都生态文明建设的理念与机制。

以"五大"理念为引领，研究新常态下首都生态文明建设的基本理念及内在关系，提出生态文明建设的机制选择。新常态下，推进首都生态文明建设要以"五大"发展理念为统领，创新发展是关键动力、协调发展是基本要求、绿色发展是主要路径、开放发展是强大支撑、共享发展是重要保障。推进生态文明建设要系统把握、科学理解"五大"理念的内在关系，并贯彻落实到具体实践。

第九，探讨了世界级城市群视域下首都生态文明建设与供给侧改革路径。

面向构建以首都为核心的世界级城市群，推进首都生态文明建设，需要加快供给侧结构性改革。供给侧结构性改革为北京生态文明建设提供了强劲的发展机遇。如何推进首都北京生态文明建设，需要从供给侧改革的战略高度审视生态文明建设中存在的各种障碍，包括经济结构不够合理、环境治理不力、环保组织发育不良、生态文化缺失、生态空间压缩等。以供给侧结构性改革为主线推进北京生态文明建设，要从经济、政治、社会、生态、文化五位一体全方位推进，加强创新驱动与供给侧改革，完善生态文明制度供给，加强环保组织培养，培育生态文化，提高生态产品供给等。

第十，提出生态文明视域下首都国家公园体制改革的对策建议。

研究基于生态文明视角，如何建设和改革首都国家公园体制，提出具体的对策建议。研究首都国家公园体系存在的主要问题，主要包括重数量轻质量，资源没有得到合理化利用、区划不合理，体制不够完善，部门利益化严重，生态与环境资源的低效管理，公园建设资金投入不够等。研究提出建立首都国家公园体制的建议，主要包括：转变理念，提高首都国家公园建设质量和内涵；加强国家公园区划设置，实现权、责、利统一，防止部门利益化，建立统一的首都国家公园管理体系；增加政府投入，创新国家公园建设与运营的多元化融资机制；增加首都包括京津冀区域范围内的国家公园数量和面积，以拓展首都城市生态用地和生态空间；坚持生态效益优先原则，制订首都国家公园体制建设行动计划，推进首都生态文明建设，加快构建以首都为核心的生态宜居的世界级城市群。

目　录

1 绪 论

1.1 研究背景与问题提出

第一，中央有精神。党中央和国务院多次提出要大力推进生态文明建设，大力推进绿色发展、循环发展、低碳发展，高度重视生态环境的改善和优化，要以生态文明体制改革和制度创新构建和谐宜居的美丽中国。党的十八届三中全会对于建设生态文明体制和制度进行了重大创新。2014 年 2 月，习近平总书记在北京视察指出，要加大大气污染治理力度，采取有效举措重视环境执法监管和责任追究，有效推进生态文明建设。2016 年 12 月，习近平总书记对生态文明建设作出重要指示并强调，生态文明建设是"五位一体"总体布局和"四个全面"战略布局的重要内容，要深化生态文明体制改革。党的十九大报告再次强调加快生态文明体制改革，建设美丽中国。但如何具体落实和推进建设？如何加强体制改革？需要深化研究。

第二，地方有响应。北京市高度重视生态文明建设，如何建设是迫切需要研究的重大课题。2014 年 2 月，首都生态文明和城乡建设动员大会提出要用改革的办法解决环境难题，首都环境建设进入了啃"硬骨头"阶段。2017 年 3 月 17 日，首都生态文明和城乡环境建设动员大会上再次强调，要更加扎实地推动生态文明和城乡环境建设。首都北京如何贯彻落实中央精神，如何深化首都生态文明体制改革，更好地促进生态文明建设，进而建设美丽北京，是社会各界高度关注的热点和焦点问题，开展此项目研究恰逢其时。

第三，社会有需求。北京作为资源能源相对匮乏的生态脆弱区域，破解长期以来的能源短缺和PM2.5超标、雾霾天气困扰等环境困境，体制机制上的障碍是关键问题。长期以来，北京遭遇雾霾天气困扰、PM2.5爆表、资源能源匮乏等问题，这些问题严重阻碍北京生态文明建设进程。加强生态文明建设，关键在于加强体制机制改革与创新。以生态文明体制机制改革创新为动力，释放首都经济社会生态发展活力，是北京建设和谐宜居城市和世界生态城市的突破口，是北京树立低碳绿色国际形象，提升世界城市地位的"一张王牌"。

第四，世界有借鉴。伦敦、东京等世界级城市群在生态文明建设和体制改革方面积累的成功经验值得借鉴。城市群是城市发展到成熟阶段的最高空间组织形式，是指在特定地域范围内，以一个以上特大城市为核心，由至少三个以上大城市为构成单元，依托发达的交通通信等基础设施网络，所形成的空间组织紧凑、经济联系紧密、最终实现高度同城化和高度一体化的城市群体。城市群一般是在地域上集中分布的若干大城市和特大城市集聚而成庞大的、多核心、多层次城市集团，是大都市区的联合体。在全球范围内的大型世界级城市群有五个，分别是：美国东北部大西洋沿岸城市群、北美五大湖城市群、日本太平洋沿岸城市群、英伦城市群、欧洲西北部城市群。伦敦等著名世界级城市群在生态文明建设和体制机制改革方面积累了非常多的成功经验，如英国首都伦敦通过立法和体制机制创新，实现由"灰色"城市转变为绿色低碳城市。东京通过体制改革、政策扶持，推进轨道交通建设、城市园林绿化、低碳社会建设等，打造成为世界生态低碳城市。世界上许多发达城市经过了上百年的生态文明建设，积累许多成功经验值得首都北京学习和借鉴。

1.2　国内外研究现状

从国际上看，生态文明研究具有坚实的理论基础。1962年，美国女科学家蕾切尔·卡逊发表了《寂静的春天》，引起人们对生态问题的高度关注，提升了生态意识。1972年，联合国通过了《人类环境宣言》，罗马俱乐部发表《增长的极限》，这些均提出了生态环境问题及可持续发展诉求，为生态文明的提出奠定了重要的理论依据和基础。1987 年，世界环境与发展委员会发布《我们共同的未来》报告，创造性地提出了倡导生态意识的可持续发展概念。1979 年，加拿大学者本·阿格尔在《西方马克思主义概论》中首次提出生态马克思主义理念。1981 年，美国经济学家莱斯特·R. 布朗出版《建立一个可持续发展的社会》一书，充分体现其生态思想。1995 年，美国学者罗伊·莫里森出版《生态民主》著作，正式提出生态文明时代概念，从而构建和倡导生态文明时代获得人们的共识。此外，国外许多学者从不同视角考察了生态文明、城市发展、低碳经济等理论与实践问题。

从国内来看，我国学者从城市生态文明建设、生态文明体制创新等角度进行了探索和研究。周生贤（2009）指出，生态文明是人类积极改善和优化人与自然关系而取得的物质成果、精神成果、制度成果的总和。俞可平（2005）认为，生态文明是指实现人与自然之间和谐所做的全部努力，表征着人与自然相互关系的进步状态[①]。路军（2010）认为，生态文明是以人与自然、人与人的和谐共生、全面发展和持续繁荣为宗旨的文化伦理形态[②]。赵其国等（2016）研究了中国生态环境状况与生态文明建设[③]。孟伟等（2015）研究了流域水生态系统健康与生态文明建设[④]。胡彪等（2015）以天津市为例，研究基于非期望产出 SBM 的城市生态文明建设效率评价问题[⑤]。彭向刚、向俊杰（2015）对中国三种生态文明建设模式进

---

① 俞可平. 科学发展观与生态文明 [J]. 马克思主义与现实，2005（4）.

② 路军. 我国生态文明建设存在问题及对策思考 [J]. 理论导刊，2010（9）：80－82.

③ 赵其国，黄国勤，马艳芹. 中国生态环境状况与生态文明建设 [J]. 生态学报，2016（19）：6328－6335.

④ 孟伟，范俊韬，张远. 流域水生态系统健康与生态文明建设 [J]. 环境科学研究，2015（10）：1495－1500.

⑤ 胡彪，王锋，李健毅，于立云，张书豪. 基于非期望产出 SBM 的城市生态文明建设效率评价实证研究——以天津市为例 [J]. 干旱区资源与环境，2015（4）：13－18.

行反思研究①。张森年（2015）研究认为要确立生态思维方式，建设生态文明②。庞昌伟，龚昌菊（2015）研究了中西生态伦理思想与中国生态文明建设问题③。李平星等（2015）研究了江苏省生态文明建设水平指标体系构建与评估④。张欢等（2014）研究了中国省域生态文明建设差异分析。吕忠梅（2014）研究了生态文明建设的综合决策法律机制⑤。王灿发（2014）研究了生态文明建设法律保障体系的构建⑥。

汤正刚（1993）、宁越敏（1994）、陈先枢（1996）、邓卫（1994）、李立勋（1994）等均从不同角度对生态文明、体制改革、制度创新进行了内涵诠释。李斌（2006）讨论了生态文明与经济体制改革问题⑦。邓集文（2008）认为建设生态文明需要改革我国环保管理体制⑧。余钟夫（2010）、崔萍、杜明翠（2011）、仇保兴（2012）、潘家华（2012）、葛剑平（2013）研究了对生态文明建设及体制改革面临的问题与路径进行了探讨。刘汉武等（2014）以辽阳市为例，对生态文明体制改革进行探索⑨。独娟（2014）探讨促进生态文明建设的财税体制改革问题⑩。刘湘溶（2014）对生态文明体制改革提出若干思考⑪。郑晶，廖福霖（2014）研

---

① 彭向刚，向俊杰．中国三种生态文明建设模式的反思与超越［J］．中国人口·资源与环境，2015（3）：12 - 18.
② 张森年．确立生态思维方式 建设生态文明——习近平总书记关于大力推进生态文明建设讲话精神研究［J］．探索，2015（1）：5 - 11.
③ 庞昌伟，龚昌菊．中西生态伦理思想与中国生态文明建设［J］．新疆师范大学学报（哲学社会科学版），2015（2）：98 - 104.
④ 李平星，陈雯，高金龙．江苏省生态文明建设水平指标体系构建与评估［J］．生态学杂志，2015（1）：295 - 302.
⑤ 吕忠梅．论生态文明建设的综合决策法律机制［J］．中国法学，2014（3）：20 - 33.
⑥ 王灿发．论生态文明建设法律保障体系的构建［J］．中国法学，2014（3）：34 - 53.
⑦ 李斌．试论生态文明与经济体制改革［J］．牡丹江师范学院学报（哲学社会科学版），2006（1）：6 - 8.
⑧ 邓集文．建设生态文明需要改革我国环保管理体制［J］．生态经济，2008（6）：156 - 159.
⑨ 刘汉武，高冬婧，初华沄，孟建男．生态文明体制改革的探索与实践——以辽阳市为例［J］．环境保护与循环经济，2014（11）：17 - 19.
⑩ 独娟．促进生态文明建设的财税体制改革探讨［J］．中外企业家，2014（17）：47 - 48.
⑪ 刘湘溶．关于生态文明体制改革的若干思考［J］．湖南师范大学社会科学学报，2014（2）：5 - 7.

究了生态文明体制改革的重大创新问题①。陶国根（2015）提出深化生态
文明体制，改革迈向多中心治理②。郇庆治（2015）基于环境政治视角研
究了生态文明体制改革问题③。谭建军（2015）基于主体功能区视角研究
了生态文明建设和生态体制改革④。常纪文（2016）重点研究了生态文明
体制改革取得的经验⑤，还认为要高度重视生态文明体制全面改革的"四
然"问题⑥。李永胜（2016）考察了开创生态文明体制改革新局面的六大
理念⑦。瞿畏、吴小平、陈凌嘉（2016）提出要以生态文明体制改革为引
领，扎实推进排污权交易工作⑧。王克群，许军振（2016）认为要坚持绿
色发展，推进生态文明体制改革⑨。周宏春（2016）认为生态文明体制改
革知易行难⑩。董战峰等（2015）研究了生态文明体制改革宏观思路及框
架⑪。胡芳、刘聚涛、温春云、冯倩（2017）研究了江西省水生态文明建
设管理体制机制现状与推进建议⑫。陈叙图、王宇飞、苏杨（2017）研究
依托国家公园体制试点区率先配套建立生态文明制度⑬。邓锋（2017）研

① 郑晶，廖福霖. 生态文明体制改革的重大创新［J］. 林业经济，2014（1）：3 - 6，21.
② 陶国根. 深化生态文明体制改革 迈向多中心治理［J］. 沈阳干部学刊，2015（4）：40 -
43.
③ 郇庆治. 环境政治视角下的生态文明体制改革［J］. 探索，2015（3）：41 - 47.
④ 谭建军. 主体功能区视角下生态文明建设和生态体制改革［J］. 南方论刊，2015（2）：
11 - 14.
⑤ 常纪文. 生态文明体制改革取得了哪些经验？［J］. 中国生态文明，2016（5）：86.
⑥ 常纪文. 生态文明体制全面改革的"四然"问题［J］. 中国环境管理，2016（1）：23 -
29.
⑦ 李永胜. 开创生态文明体制改革新局面的六大理念［J］. 南都学坛，2016（4）：79 - 82.
⑧ 瞿畏，吴小平，陈凌嘉. 以生态文明体制改革为引领 扎实推进排污权交易工作［J］. 中
国环境监察，2016（4）：49 - 52.
⑨ 王克群，许军振. 坚持绿色发展 推进生态文明体制改革［J］. 理论与现代化，2016
（2）：5 - 8.
⑩ 周宏春. 生态文明体制改革：知易行难［J］. 中国环境管理，2016（1）：114.
⑪ 董战峰，李红祥，葛察忠，王金南. 生态文明体制改革宏观思路及框架分析［J］. 环境
保护，2015（19）：15 - 19.
⑫ 胡芳，刘聚涛，温春云，冯倩. 江西省水生态文明建设管理体制机制现状分析及推进建
议［J］. 中国水利，2017（15）：27 - 28，36.
⑬ 陈叙图，王宇飞，苏杨. 依托国家公园体制试点区率先配套建立生态文明制度［J］. 环
境保护，2017（14）：12 - 15.

究了生态文明下的我国矿山环境管理体制①。车成勇（2017）研究了生态文明体制下有关土地资源产权制度②。任理庆（2017）对完善煤炭资源型地区生态文明建设机制体制探讨③。赖意娟（2017）研究了建设生态文明与我国环保管理体制④。沈庆宇（2017）研究了在生态文明理念下创新森林资源监督体制⑤。赵玉强、崔涤尘、王雪（2017）研究了沈阳市生态文明体制改革规划⑥。郭会玲（2017）以法律制度创新为视角，探讨生态文明体制改革背景下林业生态环境保护制度创新⑦。胡碧霞、李卫祥、林瑞瑞（2017）研究生态文明体制下有关土地资源产权制度⑧。

也有许多学者对首都北京及京津冀地区生态文明建设与体制改革问题进行了一定研究。例如，何树臣、张晓光（2007）研究提出建设京津冀生态圈，打造生态文明首善之区⑨。刘薇（2013）研究了京津冀区域生态文明圈构建⑩。曾静、李书领（2015）提出了京津冀一体化背景下对河北省生态文明建设的战略思考⑪。左守秋、孙琳琼、冯石岗（2015）提出了京

---

① 邓锋. 生态文明下的我国矿山环境管理体制研究 [J]. 中国矿业, 2017, 26 (7)：88 - 90, 115.

② 车成勇. 生态文明体制下有关土地资源产权制度的思考 [J]. 黑龙江科技信息, 2017 (18)：294.

③ 任理庆. 完善煤炭资源型地区生态文明建设机制体制探讨 [J]. 环境保护, 201745 (9)：62 - 65.

④ 赖意娟. 建设生态文明与我国环保管理体制 [J]. 中国资源综合利用, 2017, 35 (3)：59 - 61.

⑤ 沈庆宇. 在生态文明理念下创新森林资源监督体制的思考 [J]. 国家林业局管理干部学院学报, 2017, 16 (1)：19 - 23.

⑥ 赵玉强, 崔涤尘, 王雪. 沈阳市生态文明体制改革规划研究 [J]. 环境保护科学, 2017, 43 (1)：43 - 47.

⑦ 郭会玲. 论生态文明体制改革背景下林业生态环境保护制度创新——以法律制度创新为视角 [J]. 林业经济, 2017, 39 (1)：8 - 12.

⑧ 胡碧霞, 李卫祥, 林瑞瑞. 生态文明体制下有关土地资源产权制度的思考 [J]. 山西农业大学学报（社会科学版）, 2017, 16 (1)：7 - 11, 44.

⑨ 何树臣, 张晓光. 建设京津冀生态圈 打造生态文明首善之区 [J]. 河北林业, 2007 (6)：10 - 11.

⑩ 刘薇. 京津冀区域生态文明圈构建研究 [J]. 沿海企业与科技, 2013 (6)：53 - 56.

⑪ 曾静, 李书领. 京津冀一体化背景下对河北省生态文明建设的战略思考 [J]. 中共石家庄市委党校学报, 2015 (11)：23 - 26, 31.

津冀区域城乡一体化进程中河北省生态文明建设体制机制问题及对策思考①。崔铁宁、张聪（2015）研究基于生态位理论的京津冀城市生态文明评价②。胡悦、金明倩、孙丽（2016）研究了基于 PSR 模型的京津冀生态文明指数评价体系③。胡安琴、秦亚飞、孟超（2016）研究了京津冀协同发展背景下完善保定市生态文明绩效考核问题④。吴玉杰（2016）基于制度经济学的视角，研究了京津冀生态文明建设深入推进的关键路径⑤。邓智团（2016）研究了重化工基地生态文明建设的新路径，考察了京津冀协同发展背景下河北曹妃甸的经验与启示⑥。李志强、张凤林（2016）研究提出了环京津地区协同共建水生态文明调研建议⑦。左守秋、王伟（2017）进行了京津冀生态文明建设区域性合作研究⑧。

以上国内外学者从不同视角提出并考察了生态文明及体制改革问题，但基于构建以首都为核心的世界级城市群的战略视角，针对北京首都地区如何进行生态文明体制改革缺乏深度研究，已有成果研究不足。因此，本书在以上研究成果的基础上，进一步聚焦首都地区生态文明建设实际，以问题为导向，提出加强首都生态文明体制改革以及首都生态文明建设、国家公园体制改革、京津冀大气污染防治体制改革等若干问题，力求在这些方面进行学术探讨，为首都北京以及京津冀世界级城市群如何加强生态文

---

① 左守秋，孙琳琼，冯石岗．京津冀区域城乡一体化进程中河北省生态文明建设体制机制问题及对策思考［J］．牡丹江教育学院学报，2015（9）：125－127.

② 崔铁宁，张聪．基于生态位理论的京津冀城市生态文明评价［J］．环境污染与防治，2015（6）：101－110.

③ 胡悦，金明倩，孙丽．基于 PSR 模型的京津冀生态文明指数评价体系研究［J］．资源开发与市场，2016（12）：1450－1455.

④ 胡安琴，秦亚飞，孟超．京津冀协同发展背景下完善保定市生态文明绩效考核的研究［J］．时代经贸，2016（27）：56－58.

⑤ 吴玉杰．京津冀生态文明建设深入推进的关键路径——基于制度经济学视角［J］．中国高新技术企业，2016（27）：190－192.

⑥ 邓智团．循环经济 2.0：重化工基地生态文明建设的新路径——京津冀协同发展背景下河北曹妃甸的经验与启示［J］．环境保护，2016（10）：51－54.

⑦ 李志强，张凤林．环京津地区协同共建水生态文明调研建议［J］．中国水利，2016（3）：10－13.

⑧ 左守秋，王伟．京津冀生态文明建设区域性合作研究［J］．吉林广播电视大学学报，2017（2）：17－18.

明体制改革与建设提出政策建议。

1.3 研究意义及价值

第一，阐释和探索体现中国特色、首都特点的生态文明体制改革的理论分析框架，系统探讨首都生态文明建设的空间二重性、矛盾及体制障碍，比较国际成功经验，提出具体的体制改革对策建议等理论问题，进一步拓展生态文明建设理论。

第二，打造全国生态文明综合改革示范区，促进首都生态文明建设和美丽北京建设。首都生态文明建设，关键在加强体制机制改革和创新，以体制创新释放发展动力与活力，形成首都绿色低碳发展的新引擎，打造全国生态文明综合改革示范区，进而构建环境美好、生态文明、绿色宜居的新北京，是履行首都"四个服务"功能，实现低碳、和谐、科学发展的重要保障和必然要求。

第三，为北京治理雾霾天气、推进生态文明体制改革提出政策建议。北京加快生态文明体制改革，尽快形成有效政策和经验，在全国发挥首都示范效应，在国际上代表中国形象。本书从这些视角研究和提出建立首都生态补偿制度、生态文明政绩考核体系等相关政策建议，能为北京市委市政府决策提供高质量、有针对性的政策建议和咨询报告，对于其他区域生态文明建设提供决策参考和借鉴意义。

1.4 研究思路与主要内容

(1) 主要研究思路及其架构

本书基于构建以首都为核心的世界级城市群的视角，从回答"为什么改革？改革有什么经验？改革哪些领域？如何改革？"四个问题对首都生态文明体制改革进行深入研究。结合首都功能定位和区域特征分析为什么要加强生态文明体制改革，结合首都空间二重性及空间矛盾，分析生态文明体制存在哪些障碍？根据对国外首都城市生态文明建设及体制改革经验考察，提出改革有什么经验可以借鉴？分析首都北京生态文明建设应该在哪些领域进行体制改革，最后根据这些领域的改革研究提出具体的政策建议和实施措施，回答"如何改"的问题。主要包括以下几个方面的内容，如图 1 - 1 所示。

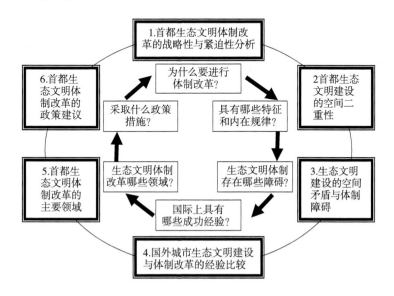

图 1 - 1 本书研究的主要问题及其逻辑关系

（2）主要内容与研究重点

第一，首都生态文明体制改革的战略性与紧迫性分析。主要从两个方面进行研究，一是研究首都资源能源"瓶颈性"制约和较为严重的环境污染现状，促使首都必须高度重视和加快生态文明建设。二是首都生态文明建设最大障碍在于体制机制问题，推进生态文明建设必须加快体制机制改革与创新，建立和完善首都生态文明制度。

第二，首都生态文明建设的空间二重性与体制障碍分析。主要从二重性分析首都生态文明建设存在的空间矛盾及基本特征。一方面，首都生态文明建设与国家生态文明建设没有本质不同，是国家战略的空间细化和具体化；另一方面，首都生态文明建设通过空间尺度、实施主体、重点难点、目标进程以及评价体系等方面，结合首都自身生态文明建设的演化过程，研究首都生态文明建设的空间特征与内在规律。根据首都服务中央的功能定位，分析中央政府与地方政府的诸多矛盾，从京津冀跨区域尺度分析区域之间利益共享与损失补偿、生态环境建设中的矛盾。研究首都生态文明建设存在的体制障碍。

第三，研究生态文明体制改革的东京经验。

东京生态文明建设的四个阶段主要包括，公害频发与防止控制阶段、环境保护与经济并重阶段、持续发展与主动治理阶段、环境革命与低碳社会阶段。东京在一系列环境控制和生态治理政策制定的基础上，加强生态文明体制改革，建立了综合型环境管理体制，采取有效措施治理环境污染和废气排放等公害问题。基于对东京生态文明建设与环境治理经验的考察，提出对北京的启示与政策建议。

第四，比较研究生态文明建设与体制改革的伦敦都市圈经验。

以雾霾治理为例，伦敦生态文明建设对北京提供了重要的经验借鉴和政策启示。伦敦环境污染经历煤烟污染、汽车尾气、法制治霾三个阶段。总结伦敦生态文明建设的基本经验，主要在于采取多种手段进行综合施策、协同治理、齐抓共管。研究提出伦敦雾霾治理对北京的对策建议。

第五，比较研究生态文明建设与体制改革的纽约都市圈经验。

纽约都市圈基于良好的区位优势和产业基础，经历了工业化、服务化、知识化、绿色化的转型，大力推进生态文明建设，引领世界绿色经济发展和城市绿色转型潮流。纽约都市圈尽管没有提出要加强生态文明建设，但多年来的重视生态环境保护、城市园林绿化建设、绿色基础设施配套、产业转型和绿色发展，实际上也彰显了生态文明建设的重要内涵。本书主要研究纽约都市圈以加快城市转型和绿色发展，推进生态文明建设的阶段性特征和基本经验，提出对首都北京生态文明体制改革的经验借鉴与政策启示。

第六，比较研究生态文明建设与体制改革的洛杉矶经验。

洛杉矶作为美国比较典型的工业城市，经济繁荣的同时也带来相对严重的空气污染问题。经过几十年的治理，洛杉矶地区的空气质量得到了明显改善，总结洛杉矶经验，为京津冀大气污染治理提供重要经验借鉴和政策启示。洛杉矶生态文明建设与污染治理先后经历了组织法规治理、市场技术治理、转型发展与协同治理等时期。根据洛杉矶空气污染治理的阶段性特征及具体政策措施，为北京"城市病"治理提供重要借鉴。

第七，创造性地提出首都生态文明体制改革的政策建议。

落实首都城市战略定位，充分认识首都生态文明体制改革的重要性、长期性和艰巨性，研究提出首都生态文明体制改革的基本思路、基本原则、重要目标和改革路径等。

第八，探讨世界级城市群视域下首都生态文明建设的理念与机制。

以"五大"理念为引领，研究世界级城市群视域下首都生态文明建设的基本理念及内在关系，提出生态文明建设的机制选择。新常态下，推进首都生态文明建设要以"五大"发展理念为统领、创新发展是关键动力、协调发展是基本要求、绿色发展是主要路径、开放发展是强大支撑、共享发展是重要保障。推进生态文明建设要系统把握、科学理解"五大"理念的内在关系，并贯彻落实到具体实践。

第九，研究世界级城市群视域下首都生态文明建设与供给侧改革路径。

面向构建以首都为核心的世界级城市群，推进首都生态文明建设，需要加快供给侧结构性改革。供给侧结构性改革为北京生态文明建设提供了强劲的发展机遇。如何推进首都北京生态文明建设，需要从供给侧改革的战略高度审视生态文明建设中存在的各种障碍，包括经济结构不够合理、环境治理不力、环保组织发育不良、生态文化缺失、生态空间压缩等。以供给侧结构性改革为主线，推进北京生态文明建设，要从经济、政府政策、社会、生态、文化五位一体全方位推进，加强创新驱动与供给侧改革、完善生态文明制度供给、加强环保组织培育、培育生态文化、提高生态产品供给等。

第十，研究生态文明视域下首都国家公园体制改革的对策建议。

研究基于生态文明视角，如何建设和改革首都国家公园体制，提出具体的对策建议。研究首都国家公园体系存在的主要问题，包括重数量轻质量，资源没有得到合理化利用、区划不合理，体制不够完善，部门利益化严重，生态与环境资源的低效管理，公园建设资金投入不够等。研究提出建立首都国家公园体制的建议。

（3）拟突破的重点和难点

第一，首都北京生态文明建设具有哪些基础资源、优势、动力？首都生态文明体制改革存在哪些矛盾和难点？是本书研究需要突破的重点和难点。

第二，世界首都城市在生态文明体制改革领域有哪些成功经验值得北京借鉴，部分城市在生态文明建设领域制定哪些有针对性的对策和高招，是研究重点。

第三，结合首都北京人口、产业高度集聚、交通拥堵以及环境污染点、面源的大区域特征，应该在哪些领域进行重点改革和科学规划，应采取哪些对策措施，是本书研究的重点，也是难点。

第四，如何在延庆、密云、怀柔等生态涵养区或者整个北京建立全国生态文明综合配套改革试验区？如何建立长效的首都生态补偿制度？如何在首都生态涵养区与核心功能区、首都周边生态保护区与京津冀高污染工业区之间建立有效的生态补偿机制？如何加强对首都核心区污染源的控制、交通污染治理，有哪些可行的管理办法和措施？这些均是本书研究的重点和难点，也是可能创新之处。

1.5　技术路线与研究方法

本书由"战略意义—空间二重性及体制障碍—国际比较—改革领域—政策建议"构成逻辑主线，如图 1-2 所示。

主要研究方法：

第一，定性分析与定量分析相结合。本书对生态文明、生态经济、体制改革等相关概念进行阐释，对首都生态文明体制改革重要意义、理论基础进行定性分析。对首都生态文明建设及体制改革情况的问卷调查和实证检验是通过定量分析来完成的，采用大量数据等进行量化研究，把定性分析与定量分析紧密的结合起来。

第二，文献分析与实地调研相结合。本书建立在对大量文献阅读和论证基础上，考察已有理论研究的进展及不足，提出本书的分析框架。进而对首都城市生态文明建设及区县相关的年鉴及统计资料、实地资料进行收集，提出有针对性的生态文明建设及体制改革对策。

第三，跨学科研究方法与系统分析方法。综合运用生态经济、制度经济学、区域经济学、公共政策学等跨学科理论知识进行研究。系统分析方法是将首都生态文明体制改革视为一个完整的系统进行分析。

第四，比较研究方法。本书通过对国外城市生态文明建设的实践进行比较分析，对比分析伦敦、东京、巴黎等国外知名的首都和世界城市的生态文明建设与体制改革实践，分析面向首都生态文明体制改革的共性规律、经验、问题及借鉴。

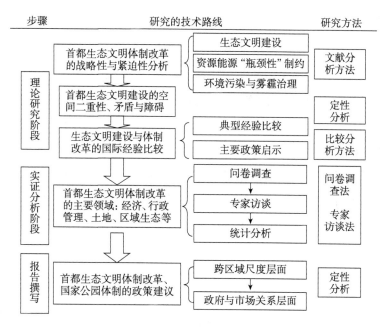

图1-2 本书研究的技术路线

1.6　可能创新之处

（1）提出首都生态文明体制改革的具体对策建议，为首都各级政府决策咨询服务。本书立足于构建以首都为核心的世界级城市群、推进首都生态文明建设实际，以服务决策、指导实践为重点，提出首都生态文明体制改革的有效路径，为政府职能部门提供生态文明建设决策参考，指导实践发展。通过调查研究，以客观数据为基础，分析首都北京乃至京津冀城市圈生态文明建设具有哪些问题及成因，为提出对策建议提供理论依据和决策支撑，指导实践发展。

（2）比较研究国际经验，提出首都北京可资借鉴的政策启示。通过对伦敦、东京、纽约等世界级城市群在生态文明建设、生态文明体制改革等方面的成功做法、政策措施和创新模式进行比较，提出适合首都北京特点的可资借鉴的政策启示。

（3）提出建立全国生态文明建设示范区，树立全国生态文明建设典型，并提出生态文明视域下首都国家公园体制改革的对策建议。通过本书研究在延庆、怀柔、密云等生态涵养区建立全国生态文明建设示范区，同时加强首都高污染的功能核心区，如何加快生态文明建设并取得实际成效，为建设美丽北京、生态首都提出对策建议，积极推进首都建设为全国生态文明建设标杆与典型提供政策建议。提出建立首都国家公园体制的建议，主要包括：转变理念，提高首都国家公园建设质量和内涵；加强国家公园区划设置，建立统一的首都国家公园管理体系；增加政府投入，创新国家公园建设与运营的多元化融资机制；增加首都包括京津冀区域范围内的国家公园数量和面积；制订首都国家公园体制建设行动计划，推进首都生态文明建设。

2　相关理论基础

2.1　生态文明理论

生态文明是人类通过对自然改造后实现经济、社会、生态协同发展的全新阶段。人类对自然社会的漫长改造，先后经历了原始文明、农业文明、工业文明时代，在创造巨大物质财富的同时，也带来对自然环境的严重破坏和自然资源的过分掠夺，引发人与自然关系的非和谐状态，导致经济社会发展出现拐点。实现人类经济社会持续发展必然要求改变传统的非和谐状态，实现人与自然关系的和谐、生态状态。

2.1.1　生态文明的界定

生态文明是指人们在长期的社会生产生活过程中，积累的改善经济与环境、人与自然之间的生态和谐，重构和谐有序的生态治理体制机制，重塑生态良好自然环境与社会环境各种成果的总和。强调生态文明建设不是拒绝经济建设，反对的是掠夺性、过度性资源能源消耗和开发，因为资源能源过快消耗和环境污染导致的生态恶化已经超越生态自身的修复能力。生态文明需要人们树立尊重自然规律、尊重生态环境平衡、重构经济、环境、社会之间统筹协调的可持续发展观①。因此，学术界从不同的视角对生态文明概念进行深入研究，提出不同的见解。主要从广义、狭义、理念、制度等视角进行了解读：

---

① 李斌. 试论生态文明与经济体制改革［J］. 牡丹江师范学院学报，2006（1）：6-8.

15

（1）从广义视角考察，生态文明代表人类工业文明后的新历程和新阶段。例如，陈瑞清（2008）认为，人类社会先后经历了原始文明、农业文明、工业文明等阶段，区别这些阶段，需要深刻反思自身的行为，重构人与自然和谐相处、统筹协调、绿色低碳的生态文明阶段①。广义层面的生态文明是贯穿经济建设、政治建设、文化建设、社会建设全过程和各方面的系统工程，反映了一个社会的文明进步状态。生态文明是整个人类社会发展的时代象征和历史阶段，而不仅是人类社会发展的某一个领域的文明进程。生态文明是对传统工业文明的升级、转型与替代。生态文明包括经济、政治、社会、文化等多方面的内涵。

（2）从狭义层面考察，生态文明属于社会文明体系中的某个重要领域或方面。余谋昌在《生态文明是人类新文明》中认为，生态文明是继物质文明、精神文明、政治文明之后的第四种文明②。狭义的生态文明将其定义为生态环境领域的文明形态。实际上定义为生态环境层面的文明内涵，要求改善人与自然关系，用文明和理智的态度对待资源能源利用，重视和改善生态环境。狭义视角的生态文明定义具有局限性，生态文明是指生态环境建设和环境治理的文明形态。

（3）制度属性的角度。从政治制度和意识形态的理论层面分析，说明社会主义社会应该高度关注生态文明，不仅要避免资本主义社会可能出现的生态危机，更要采取有效的制度安排加快社会主义生态文明建设。换言之要超越资本主义生态文明建设水平，只有做得更好，才能有说服力，而不是做文字游戏和纯粹的学究式探讨，才能真正体现社会主义制度的生态优越性，才能真正说明重视生态文明建设是社会主义制度的重要特征和优越性。

生态文明应采用广义的阐释和解读。狭义的生态文明概念过于局限于生态环境改善与建设环节，在建设过程也因内涵太小，难以真正推进生态

---

① 陈瑞清. 建设社会主义生态文明 实现可持续发展 ［J］. 中国政协, 2008（2）: 64-65.
② 余谋昌. 生态文明是人类新文明 ［J］. 理论视野, 2007（12）: 16-18.

文明建设进程，在实践中受制于其他因素的制约导致发展受阻，如将生态文明等同于环境保护，导致环境保护与经济建设出现矛盾，经济建设超越环境保护甚至以牺牲环境为代价来获得短暂的经济繁荣。

从广义层面考察，生态文明是指人类社会在经济、政治、文化、生态、社会等多个领域实现人与自然和谐而取得的物质成果、精神成果和制度成果的总和。在经济层面，打破传统的经济增长与环境污染加剧的悖论，改变传统的高能耗、高污染、高排放的粗放型经济模式，走集约型、环境友好型、生产清洁型的低碳生态经济模式。生态文明建设与经济建设存在不可磨合的内在矛盾，生态文明建设离不开一定的经济基础，生态文明建设对经济建设既是要求和前提，也是重要的环境基础。以牺牲环境为代价的经济增长，是不可持续的，在一定程度上也将阻止经济社会的可持续发展，提高经济成本。因此，经济维度的生态文明建设是实现经济与环境协同发展的新思路、新理念、新模式、新道路。在政治层面，不再只追求单一的 GDP 政绩考核体系，更加重视环境、生态的和谐的绿色政治制度框架。在社会层面，生态文明体现构建生态型的社会生活和消费结构，追求人与自然的和谐发展与良性循环。在文化层面，要求具有广泛生态基础的文化意识，树立符合自然规律的生态价值需求、规范和目标。文化维度的生态文明建设，主要强调的是与生态文明内涵相适应，与生态文明建设要求相一致的文化理念、文化精神、文化价值观等的综合，缺乏文化思维的生态文明建设必然是缺乏内涵的生态文明①。

2.1.2 生态文明的核心要素

生态文明的核心要素是充分体现公正性、高效性、和谐性、人文性等特征的要素整合和本质诠释。所谓生态公正，就是倡导尊重自然规律，从自然中获得利益的同时要重视对自然的回报，实现生态公正，保障人的权益，包括经济权益和生态权益，进而实现社会公正。社会公正能凝聚社会

① 王雨辰. 生态文明的四个维度与社会主义生态文明建设［J］. 社会科学辑刊，2017
（1）：11 – 18.

各领域、各阶层的力量，推动符合广大人民利益的生态文明体制改革。社会公正反映了社会多数群体的生态文明意愿。社会公正既能推动社会进步，也能避免因为利益过度分化带来的激烈冲突，特别是在生态领域的各种矛盾和冲突。生态危机是现代生产生活方式导致的全球性公共危机，生态公正问题是现代资本主义世界体系的内在矛盾在人与自然矛盾关系中的着重体现①。生态公正价值维护需要构建社会公平公正意识，在经济与社会、经济与环境等诸多关系处理中，要重建生态文化和生态道德秩序，从深层结构方面提高生态文明水平，维护社会公正。有研究指出，公正是生态文明建设的应有之意，生态公正要从种际公正、代内公正、代际公正三方面入手，正确处理人与自然、人与人、人与社会之间的关系，建立起公平、公正的生态文明治理理念和治理体系，才能保障生态文明建设的顺利进行②。

所谓生态高效，就是重视经济效率与生态效率或效益的高度统一，强调环境效益和生态效益的追求和重视。生态高效应区别传统的只考虑经济效率或以自然环境的破坏与环境污染为代价追求 GDP 增长，追求经济高效。相反，生态高效必须以生态效益为基础的经济效率和生态效率的平衡与统一。

所谓生态和谐，就是要谋求人与自然的公平和谐，充分体现生产领域与消费领域、城乡和地区之间生态关系的平衡与协调发展，重在建构经济与社会、人与自然的和谐关系。全球气候变化、生态危机等促使包括人与自然的和谐关系在内的"生态和谐"这一时代主题，日益引起世界人们的广泛关注、高度重视和深度反思。从社会和谐到自然和谐的生态和谐是构建社会主义和谐社会的极其重要的生态环境条件和自然资源基础。没有生态和谐的社会不是真正意义的和谐社会③。也有研究指出，人与自然和谐

---

① 包大为. 公共性：生态公正的现实基础——一个关于生态文明的历史唯物主义洞见[J]. 中共宁波市委党校学报, 2013 (3): 22 - 29.
② 杜丽佳. 公正视角下的生态文明建设研究 [J]. 大连干部学刊, 2015 (9): 12 - 15.
③ 包庆德, 潘丽莉. 人与自然的和谐：生态和谐关系研究进展 [J]. 中国矿业大学学报 (社会科学版), 2009 (2): 36 - 41.

相处是和谐社会及其构建坚实生态文明基础，可持续发展环境伦理观为实现人与自然和谐提供了精神动力和价值支撑。然而，"新结构危机"和"生态环境泡沫"已成为我国构建和谐社会的生态"瓶颈"，必须对生态理念、循环经济、制度建设、政府生态责任诸方面加以有力应对，实现生态和谐①。生态和谐包括经济、社会与自然环境之间的关系和谐、统筹协调。习近平总书记视察北京提出要建设国际一流的和谐宜居之都，实际上体现了生态和谐的内涵和基本要求。

所谓生态人文发展，就是要求经济建设不能违背人的全面发展原则，不能忽视人文关怀。经济建设与发展应该以实现人的全面发展、充分彰显以人民发展为中心、充分体现人文关怀为最高宗旨与终极目标。

2.1.3　生态文明的相关理论基础

生态文明是生态哲学、生态伦理学、生态经济学、生态现代化理论等生态思想的升华与理论发展。

（1）生态哲学

生态哲学是从哲学的高度审视生态环境问题，用生态系统的观点和方法，研究人与自然之间的相互关系及其普遍规律的科学。人类走向不可持续发展的方向，源自于自身的价值观和世界观，正是这种以机械论为代表的价值观，导致了人与自然的对立。生态哲学作为整体论世界观，对世界的本原、主体和客体、整体和部分、首要和次要进行新的阐释，这是生态哲学对现代哲学的发展与贡献②。有研究指出，生态文明建设将呼唤新的时代精神，生态哲学将成为新时代的时代精神、成为生态文明的灵魂。生态哲学的基本思想是生机论自然观、谦逊理性主义知识论、反物质主义价值观等③。生态哲学是生态学世界观，以人与自然的关系为哲学基本问题，追求人与自然和谐发展的人类目标，为可持续发展提供理论支持和哲学基础。

---

① 周荫祖. 生态和谐与和谐社会［J］. 南京社会科学，2005（11）：99 - 104.
② 余谋昌. 生态哲学：可持续发展的哲学诠释［J］. 中国人口. 资源与环境，2001（3）：3 - 7.
③ 卢风. 关于生态文明与生态哲学的思考［J］. 内蒙古社会科学（汉文版），2014（3）：1 - 8.

（2）生态伦理学

生态伦理学是以"生态伦理"或"生态道德"为研究对象的应用伦理学。生态伦理学打破了"人类中心主义"，要求人类不能以自我为中心，忽视甚至凌驾于自然之上，应该将道德关怀、人文关怀从社会延伸到自然存在物或自然环境，要正确看待和树立重视人与自然和谐、尊重自然规律的伦理诉求。西方近代理性主义的主体性哲学以及主客二分的思维方式，阻断了人与自然之间建立伦理关系的通路。生态伦理重构人与自然之间的伦理关系，彻底超越近代理性主义的主体性哲学、科学主义、功利主义和西方现代伦理学的思维框架，建立在人对自然的崇敬、感激、同情、关爱等情感基础上的非理性的伦理学，实现和确保人与自然之间和谐相处、亲密相依的伦理关系①。生态伦理学具有交叉性、应用性和理论性三大学科特征，在价值问题上生态伦理学认为，人类并非唯一的价值主体；人类与万物都是目的价值与手段价值的统一；自然界乃价值的源泉之一；自然界对人类的生态价值高于其经济资源价值；地球的经济资源价值是有限的等②。

（3）生态经济学

生态经济学的产生和其他学科一样，都是来源于解决实际问题的需要③。许多国家发展经济产生对自然生态环境的严重破坏，引发环境污染、资源能源耗竭等严重后果，迫切需要能够指导实现生态与经济协调发展的新兴学科，对人们的行动进行指导。生态经济学就是在这种背景下得以兴起和发展。生态经济学是在生态学与经济学的交叉研究而发展起来的新兴学科，从生态规律和经济发展规律的结合，研究人类经济行为对自然环境的影响，以及研究经济活动如何仿生态规律运行，提高经济运行效率，引导和促进经济行为对自然环境的保护和减少资源能源消耗和环境污染。20

---

① 刘福森. 生态伦理学的困境与出路［J］. 北京师范大学学报（社会科学版），2008（3）：77－81.

② 刘湘溶. 生态伦理学的价值观［J］. 湖南师范大学社会科学学报，2004（5）：22－25.

③ 王松霈. 中国生态经济学 20 年的建立和发展［J］. http：//www. zgccj. cn/shownews. asp? id＝337.

世纪 20 年代中期，美国学者麦肯齐采用生态学的研究方法对人类社会问题进行研究。20 世纪 60 年代后期，美国经济学家肯尼斯·鲍尔丁首先使用了"生态经济学"的概念，适应了当时解决日趋明显的生态与经济矛盾的需要。1976 年，日本坡本藤良撰写的《生态经济学》对"生态经济学"进行了系统研究。20 世纪 80 年代，生态经济学家采用能量系统理论，利用能量单位诠释了自然环境资源系统与社会经济系统间的本质关系。美国著名生态经济学家 Odum H. T. 于 1987 年提出了生态经济学的能值理论，考察能值与能质、能量等级、信息、资源财富等的关系，通过对生态系统能量—价值过程的分析，为生态经济学的研究提供了新的理论和方法。根据能值理论，各种生态系统和人类经济系统均可视为能量系统，能量可以用于表达和了解生命与环境、人类社会经济与自然的关系。

生态经济学是研究生态系统和经济系统的复合系统结构、功能及运动规律的学科。生态经济学是一门研究和解决生态经济问题、探究生态经济系统运行规律的经济科学，其基本范畴有生态经济系统、生态经济产业、生态经济消费、生态经济效益、生态经济制度等；基本规律有生态经济协调发展规律、生态产业链规律、生态需求递增规律和生态价值增值规律等[①]。有研究指出，传统经济学理论因受其所研究对象即市场经济的制约，只重视"经济人"和经济规律的作用，忽视了自然生态系统对经济基础性的决定性作用。因而，传统经济学的根本缺陷是无根性：只见经济不见自然，脱离自然生态系统之根；只见"经济人"不见"伦理人"，脱离生存伦理的根基。这些根本缺陷使其误导工业经济、市场经济而对自然生态系统造成破坏，导致了经济增长不可持续的危机，需要对其进行根本超越，确立与新的循环经济相适应的生态经济学[②]。生态经济是实现经济增长与环境保护、经济建设与社会发展、自然生态与人类生态的高度统一和可持续发展的经济。

---

① 沈满洪. 生态经济学的定义、范畴与规律［J］. 生态经济，2009（1）：42 - 47
② 张连国. 从传统经济学到生态经济学［J］. 社会科学辑刊，2005（3）：59 - 64.

生态经济学是关于人类经济活动与自然生态环境的关系研究，既要从生态学的视角研究经济运行的仿生态学规律，研究经济行为自身的生态运行过程及影响，又要从经济学的视角研究生态系统与经济系统的高度结合，即构建生态经济系统的结构、功能及规律等问题。具体而言，生态经济学研究的主要问题包括：经济行为对自然环境的影响；人口增长与粮食匮乏、资源能源"瓶颈"、环境污染之间的相互关系；自然环境与城市经济发展的关系和相互作用问题；森林、草原、农业、水资源、工业、城市化等主要生态经济系统的结构、功能和综合效益问题等。生态经济学基于生态学和经济学的有机结合，强调经济与生态环境的协调发展，因此形成了三个最为基本的理论范畴，即生态经济系统、生态经济平衡、生态经济效益。生态经济系统即为生态系统和经济系统的结合；生态经济平衡是强调研究经济发展如何与生态系统的平衡；生态经济效益是强调经济发展应该突出和重视生态效益的提升，强调生态效益与经济效益的结合，促进生态经济系统的良性运行和生态经济平衡。三者的关系表现为：生态经济系统是运行主体和载体，平衡是机制和动力，生态经济效益是目的，在追求经济效益的同时要兼顾生态效益和社会效益的有机统一。

（4）生态现代化理论

生态现代化理论是研究利用生态优势推进现代化进程，实现经济发展和环境保护双赢的理论。生态现代化强调，国家在社会体制、经济发展和社会思想意识形态等方面的生态化转向，为政府、企业以及非政府团体和个人在面对环境问题时，应该如何做出调整，提供了新的思路[①]。1985 年，德国学者胡伯在"现代化"传统意义基础上，正式提出了生态现代化理论。从农业社会向工业社会的转变是现代化，从工业社会向生态社会的转变是生态现代化。生态现代化核心内容是以发挥生态优势推进现代化进程，实现经济发展和环境保护的"双赢"，体现了一种新的发展理念。生

---

① 刘文玲，王灿，Spaargaren Gert，Mol Arthur P. J.. 中国的低碳转型与生态现代化 [J]. 中国人口. 资源与环境，2012（9）：15 – 19.

态现代化的实现，需依托政策推动的技术革新、完善的市场机制、提升工业生产率、促进经济结构的优化升级，进而实现经济增长与生态建设的共赢与和谐。技术革新、市场机制、环境政策和预防性理念是生态现代化的四个核心性要素①。

生态现代化理论是研究在现代化过程中，要高度重视人与自然的生态和谐关系，现代化建设离不开生态层面的现代化发展。生态现代化的基本思路在于，在保持经济增长和控制人口的同时，降低人均环境压力和单位GDP 的环境压力，实现经济增长与环境压力的脱钩、人类与自然的互利共生②。实现生态现代化，需要将生态环境放在经济增长之上进行考虑，不能以生态环境为代价追求片面的经济增长，必须选择低碳发展、绿色发展、生态发展的经济发展道路。如何在保持经济社会持续发展的同时，实现生态环境的保护与发展，这个生态现代化理论所试图解决的核心议题，也正是我国当前生态文明建设中迫切需要回答的根本性问题。生态现代化理论对我国生态文明建设无疑具有重要的借鉴和启示意义③。

2.2 生态文明体制

2.2.1 制度、体制与机制的区别

制度，通常是指社会制度，是指建构在一定社会关系基础上，系统反映社会价值观，调整各种社会生产关系的规范体系。制度是公共政策有效执行的重要资源，是调整公共政策执行关系的行为规范④。那么何谓制度？"制度"在《现代汉语词典》中被解释为"要求大家共同遵守的办事规程或行动准则，也指在一定历史条件下形成的政治、经济、文化等方面的体

① 郇庆治，马丁·耶内克. 生态现代化理论：回顾与展望 [J]. 马克思主义与现实，2010（1）：175 – 179.
② 何传启. 中国生态现代化的战略选择 [J]. 理论与现代化，2007（5）：5 – 13.
③ 吴兴智. 生态现代化理论与我国生态文明建设 [N]. 学习时报，2010 – 8 – 19.
④ 宁骚. 公共政策学 [M]. 高等教育出版社，2003. 376.

系"。① 英文中的"制度"（Institution）是指"在有关价值框架中由有组织的社会交互作用组成的人类行为的固定化模式。"② 美国政治学家安德森认为，制度是指"一套长期存在的、人类行为的规范化模式。"③ 美国近代制度经济学家凡勃伦认为"制度是一种习俗，由于被习惯化和被人广泛地接受，这种习俗已成为一种公理化和必不可少的东西。"④ 对制度内涵的界定上，西方新制度经济学家还把一个社会由各种各样的制度所形成的社会制度体系，分为制度环境和制度安排两个层面。制度环境是一系列用来建立生产、交换与分配基础的政治、社会、法律等基础规则，如支配选举、产权和契约权利等规则，体现为国家根本宪政体制所采取正式的、法定的制度形式，因而具有至上性、长期性和稳定性，且在既定的社会形态内不易发生激变。因而被新制度经济学家称为制度变迁模型的外在变量。制度环境，对于可供人们选择的制度安排的范围，设置了一个基本的界限，从而使人们通过选择制度安排来追求自身利益的增进，并受到特定的限制。⑤ 制度安排一般由制度环境决定，并在制度环境的框架内进行设定，如市场交易制度、行政许可制度、行政自由裁量权制度、政务公开制度、人事管理制度等。它是在一定的政治、经济、社会等制度环境下所作出的，对社会组织活动中的合作、竞争、强制、服从、监控等行为的具有规范与约束。可见，制度环境与制度安排的相互作用构成制度产生及作用的内在机制，制度环境与制度安排的关系反映了不同制度结构层次中决定与被决定、作用和反作用的关系。制度环境决定制度安排的性质、范围和进程，制度安排反作用于制度环境并推动制度环境的局部调整⑥。同时制度环境与制度安排的互动关系往往呈现多维动态均衡的结构特点，制度安排离不开制度环境的约束，或说具体的制度安排实质上是一定时期内制度环境的

---

① 现代汉语词典 ［M］. 商务印书馆, 1996. 1622.
② ［美］杰克·普拉诺等. 政治学分析辞典 ［M］. 中国社会科学出版社, 1986. 77.
③ 金哲等. 当代新术语 ［M］. 上海人民出版社, 1988. 415.
④ 程虹. 制度变迁的周期 ［M］. 人民出版社, 2000. 9.
⑤ 柳新元. 利益冲突与制度变迁 ［M］. 武汉大学出版社, 2002. 21.
⑥ 樊纲. 渐进式改革的政治经济学分析 ［M］. 上海远东出版社, 1996. 28.

产物，但是制度安排的能动性和创造性将可能有利改善或优化制度环境，也可能使制度环境恶化，以致可能影响制度环境的稳定性与合法性。

我国有学者对制度的界定为，所谓制度，是由当时在社会上通行或被社会所采纳的习惯、道德、戒律、法律（包括宪法和各种具体法规）、规定（包括政策制度的条例）等构成的一组约束个人社会行为，因而调节人与人之间社会关系的规则①。也有的学者认为制度是人们交换活动和发生联系的行为准则，它是由生活在其中的人们选择和决定的，反过来又规定着人们的行为，决定了人们行为的特殊方式和社会特征②。还有的学者认为，制度是由制度环境、社会体制和具体制度安排构成，由正式约束和非正式约束交互作用，以利益保障、激励、约束与协调为创设本源和核心本质，以提高经济效率和实现社会公平为根本目标的、多维的、开放的社会行为规则体系和组织机构的总称③。

体制与机制是较易混淆的一对词语。按照《辞海》的解释，体制是指国家机关、企事业单位在机制设置、领导隶属关系和管理权限划分等方面的体系、制度、方法、形式等的总称；机制原指机器的构造和运作原理，借指事物的内在工作方式，包括有关组成部分的相互关系以及各种变化的相互联系。体制通常指体制制度，是制度形之于外的具体表现和实施形式，是管理经济、政治、文化等社会生活各个方面事务的规范体系。按照诺斯的制度定义，制度是社会的博弈规则，它定义和限制了个人的决策集合；机制表述的则是博弈规则的实施问题④。因此，从广义上来讲，制度、体制和机制都属于制度范畴，既相互区别，又密不可分。总之，靠制度制约体制与机制，同时，体制与机制又对制度制定及其运行的巩固与发展，起着积极的促进和保障作用。

---

① 樊纲. 渐进式改革的政治经济学分析［M］. 上海远东出版社，1996. 16.

② 丁煌. 政策执行阻滞机制及其防治对策［M］. 人民出版社，2002. 175.

③ 柳新元. 利益冲突与制度变迁［M］. 武汉大学出版社，2002. 25.

④ 孔伟艳. 制度、体制、机制辨析［J］. 重庆社会科学，2010（2）：96－98.

2.2.2　体制分类

从涉及的领域来看，体制可以分为政治体制、经济体制、生态文明体制等。政治体制，一般是指一个国家政府的组织结构和管理体制及相关法律和制度，简称政体。在不同的历史时期，不同的国家和地域，政治体制都不尽相同。政体包括一个国家纵向的权力安排方式，也叫做国家结构形式；还包括各个国家机关之间的关系，通常称作政权组织形式。经济体制是指在一定区域或国家制定并执行经济决策的各种机制的总和，是一国国民经济的管理制度及运行方式。

生态文明体制是人们在长期生产生活过程中，形成的推进生态文明建设的各种法规政策及执行机构、各种机制的总和。生态文明体制的建立需要一定的生态文明建设机构，建立明确各机构职责权限的相关制度及协调各方面关系的长效机制。有研究指出，中国特色社会主义生态文明体制是中国社会主义理论发展历程中的一次重大创新，生态文明体制建设是中国传统的经济发展模式遭遇资源短缺、环境污染、生态恶化重重危机背景下持续发展的必然选择[①]。深化生态文明体制改革，顺应了生态时代的生死观、群众运动观、科技—经济发展观、时代哲学观和文化观的转变，把创造生态的文明与文明的生态秩序相结合进行社会建构[②]。

本书所界定的生态文明，是指人们在长期生产生活过程中形成的推进生态文明建设、实现人与自然和谐、重构生态平衡所取得的各种物质成果、精神成果和制度成果的总和。因此生态文明体制也应该是依托并凌驾于一个国家或地区的经济、政治、文化、社会、环境等各个领域的实现国家或地区持续发展、生态宜居的整体性体制架构，而不仅局限于环境保护体制范畴。

2.2.3　体制改革

体制改革包括政治、经济、社会、生态等领域的体制改革和关系重

---

① 陈明鹤，荣宏庆. 中国特色社会主义生态文明体制建设探索［J］. 党政干部学刊，2015（12）：34 – 40.

② 叶平. 深化生态文明体制改革的时代特点及理论前提［J］. 环境保护，2015（1）：50 – 53.

构。政治体制改革是以不改变国家的根本政治制度为前提的政治管理体制的改革。政治体制改革的主题是建设社会主义民主政治，最终目的是为了在党的领导下和社会主义制度下更好地发展社会生产力，充分发挥社会主义制度优越性。政治体制改革涉及诸多利益关切，而苏联激进式政治改革以惨剧收场。我们党只有选择增量政治体制改革和增量民主建设的路径，采取行之有效的措施推进政治体制改革的进程，注重总结改革的经验，改进和完善未来的增量政治体制改革和增量民主建设①。

经济体制改革，是按照生产关系一定要适应生产力性质这一客观规律的要求，对不适应社会生产力发展的国民经济管理制度和管理方式进行的改革。改革经济体制，就是要在坚持社会主义基本制度的前提下，改革生产关系和上层建筑中不适应生产力发展的一系列相互联系的环节和方面。理顺政府与市场关系是深化经济体制改革的核心，这既是市场经济理论发展的内在逻辑，也被我国改革开放以来的实践经验所证实②。

生态文明体制改革是对不利于生态文明建设的各种组织机构、制度、机制的系统调整与全面变革。有研究指出，新一代党中央领导集体作出决定，对建设生态文明体制进行重大创新，设计了最严厉的落实机制，切实把生态文明的理念、原则、方针和制度深刻融入、全面贯穿到经济体制、政治体制、文化体制、社会体制改革的各方面和全过程③。生态文明体制改革不仅是对环保管理体制的改革，由于生态文明建设涉及经济、政治、文化、社会、自然环境等多个领域，有着直接或间接的关联，牵一发而动全身，没有这些领域的系统调整与全面改革、没有这些领域关系的重新梳理和调整，生态文明体制改革就会不彻底、生态文明体制改革就难以成功。因此，生态文明体制改革需要做好经济体制、社会体制、文化体制、环保体制乃至政治体制层面的改革与创新，政治体制中关键还包括从中央

---

① 王海峰. 当代中国政治体制改革的路径依赖 [J]. 改革与开放, 2009 (11)：18 – 19.

② 白永秀，王颂吉. 我国经济体制改革核心重构：政府与市场关系 [J]. 改革, 2013 (7)：14 – 21.

③ 郑晶，廖福霖. 生态文明体制改革的重大创新 [J]. 林业经济, 2014 (1)：3 – 6

到地方各级政府的行政管理体制改革与创新。只有这些领域都能按照生态文明建设的要求进行改革、创新，才能真正实现推进生态文明建设和美丽中国建设的宏伟目标。否则，生态文明体制改革如果仅仅局限于环境保护体制改革，就难以真正实现人与自然和谐，难以重构生态文明时代。

2.3　生态文明体制改革

生态文明建设必须依靠完善的体制设置和制度安排①。建设生态文明，既要在全国迅速掀起节约资源、保护环境的热潮，又要构建生态文明建设的体制机制，进行法制化和长效化建设，强化体制保障，确保生态文明理念转化为持久的生态文明行动②。生态文明体制改革是对涉及生态文明建设的各个领域、各个环节的体制机制和制度设计等全面系统的改革，既包括生产方式、经济建设方面的体制改革，也包括生活方式、社会文化、环境保护等方面的体制改革。具体而言，应该包括生态经济、生态社会、生态文化、生态环境等领域的体制机制改革与创新。生态文明体制改革应该包括以下几个方面：

2.3.1　生态文明体制改革的"五位一体"特征

生态文明体制改革涉及到经济、政治、文化、社会、生态环境多个领域，表现为"五位一体"的协同推进和系统改革特征，融入生态文明的基本理念和基本原则，从体制机制创新上推动形成人与自然和谐发展的现代化建设新格局。

（1）经济体制改革。习总书记指出，要正确处理好经济发展同生态环境保护的关系。习总书记深刻地揭示了生态文明建设与经济建设之间密切而非对立关系，没有生态文明、就没有好的经济，保护生态环境、就是保护和发展经济。许多城市传统经济发展以资源能源消耗和环境污染为代

---

① 郇庆治. 环境政治学视角的生态文明体制改革与制度建设 [J]. 中共云南省委党校学报，2014（1）：80－84.
② 毛明芳. 着力构建生态文明建设的长效机制 [J]. 攀登，2009（3）：72－75.

价，尽管实现了经济的短期繁荣和表象中的 GDP 增长，但缺乏持续性，GDP 难以长期保持增长，同时导致经济发展严重的社会问题和生态恶果，直接影响了经济的质量和效益。因此，加强生态文明体制改革，必须对这种经济模式和经济体制进行改革，加强经济发展方式转变，将高投入、高能耗的粗放型经济模式转变为重视生态、重视环境、重视效益和质量的集约型经济模式。

（2）政治体制改革。生态文明是政治体制改革的重要突破口[①]。生态文明建设所表现的生态公正和生态和谐，在本质层面是保障人民群众的生态权益和公正权利。大气环境、食品安全、水源安全等涉及生态文明建设问题，也表现为政治问题，解决这些生态文明问题就是解决政治问题。加强生态文明体制改革，需要在保障人民对生态权益和公正权利的追求上，进行体制机制改革，如对生态安全领域的知情权、参与权、监督权等保障。国际上环境保护与政治建设的结合日益紧密，"绿党"提出"生态优先"的政治纲领，认为环境保护最终要靠政治力量介入来实现。国际政治势力对我国环境领域的压力增大，国内生态环境问题所引发的群体性事件日益增多。人们对环境污染事件或者环境风险的担心，可能转化为人民群众对政府政治决策的不满。政治体制改革需要重视生态领域的管理体制机制改革，生态文明体制改革融入政治体制改革的全过程。

（3）文化体制改革。生态文明体制改革需要在文化层面进行深入研究和寻找突破口，社会对生态的重视程度，对生态文明的理念、价值观、素养直接影响其生态行为，特别是经济行为。生态文化是一个文化体系，是坚持人、社会、自然和谐共生的一种文化，是社会主义先进文化不可缺少的部分。倡导生态文化是检验人类是否摆脱了人类中心主义的标尺、是检验我们是否全面掌握了马克思主义的标尺、是检验我们是否对社会主义本质具有深刻认识的标尺[②]。生态文化是一种以生态和谐为思想内核和价值

---

① 郭兆晖. 生态文明是政治体制改革的重要突破口 [N]. 中国石油报，2013 - 1 - 29.
② 舒永久. 用生态文化建设生态文明 [J]. 云南民族大学学报（哲学社会科学版），2013 (4)：27 - 31.

取向的意识形态，它是生态文明建设的核心要素，我国生态文化的兴起与发展具有历史传承性、时代性和创新性等特征，既继承了优秀历史传统，反映了社会现实，又代表着未来文明的发展方向①。生态文化发展程度、生态文明素养程度直接影响了生态文明建设水平，因此生态文明体制改革需要在文化领域进行相关体制机制改革。一方面，文化领域要树立和融入生态理念，提高生态意识和生态水平，需要在公共文化服务体系、公共文化设施中增加生态内容，加强生态文明宣传教育，抓好生态文明创建，普及生态文明知识，实现人与自然、人与社会的和谐状态。另一方面，要重视大力发展生态文化及产业，通过生态文化产业发展带动整个经济发展。

（4）社会体制改革。生态文明建设是社会民生问题。随着我国居民生活水平的提高，社会对于良好生态环境的诉求越来越高，关注流域生态保护、关注饮用水源、关注雾霾天气等问题。从这个意义上来说，生态文明建设应当服务于社会建设，离不开社会体制创新与改革。单一依靠和寄希望于政府力量实现生态文明建设颇为艰难。政府自身的弱点和管理盲区难以真正有效确保生态文明建设目标的实现，离不开广大社会群众、社会组织和社会力量的参与、监督和保障。一方面，需要社会群众、社会组织、社会力量积极参与和监督各种违背生态文明建设要求的经济行为和社会行为，对破坏环境的行为特别是腐败行为给予检举、揭发与打击，积极参与植树造林、绿色出行等各种生态文明活动。另一方面，需要加强生态社区、生态村庄、生态城市、生态社会建设，这些领域的生态文明建设都离不开整个社会力量的参与、支持和勇于担当。社会体制改革必须在生态文明建设中加以践行②。

2.3.2 破解片面追求经济增长导致"公地悲剧"难题

20世纪60年代，加勒特·哈丁在《公地的悲剧》一文中指出了"公地悲剧"现象，意味着任何时候只要许多人共同使用一种稀缺资源，缺乏

---

① 李宏伟，钟绍铜. 弘扬生态文化 建设生态文明［J］. 石河子大学学报（哲学社会科学版），2014（6）：47-50.

② 郑晶、廖福霖. 生态文明体制改革的重大创新［J］. 林业经济，2014（1）：3-7.

有效的约束机制便可能发生环境的退化。长期以来，生态文明建设的极大祸患：自然资源低价开发与快速耗竭、生态不断恶化与环境污染严重的外部不经济性。环境污染者没有承担应有的污染成本和治污责任，环境成本没有纳入企业成本中，环境污染的负外部性形成了典型的"公地悲剧"问题①。当前，包括北京在内的许多城市面临的资源约束趋紧、环境污染严重、生态系统退化、雾霾天气频现等系列问题；破解资源耗竭、生态恶化、环境污染的"公地悲剧"问题。

（1）健全自然资源资产产权制度和用途管制制度。生态文明体制改革要加快建立和完善自然资源资产管理体制、完善自然资源监管体制。自然资源是在一定的时空条件下具有一定经济价值，给人类社会带来当前或长远福利的自然因素的总称。正是基于自然资源具有的经济价值，具有经济性、有限性、空间性等自然属性、供给稀缺性、用途多样性、资产性等社会经济属性，在一定条件下，自然资源可以转化为自然资产②。自然资源的经济功能决定了自然资源不能无偿使用，否则可能导致低效利用或严重浪费。因此实行资源有偿使用制度，改变目前自然资源无偿或低价开发、

---

① 公地悲剧，是英国学者哈丁（Hardin）1968 年在《科学》杂志上发表了一篇题为《公地的悲剧》的文章提出来的。作为理性人，每个牧羊者都希望自己的收益最大化。在公共草地上，每增加一只羊会有两种结果：一是获得增加一只羊的收入；二是加重草地的负担，并有可能使草地过度放牧。经过思考，牧羊者决定不顾草地的承受能力而增加羊群数量。于是他便会因羊只的增加而收益增多。许多牧羊者也纷纷加入这一行列。由于羊群的进入不受限制，所以牧场被过度使用，草地状况迅速恶化，悲剧就这样发生了。公地悲剧着重解释经济、发展心理学、博弈理论和社会学领域。有人将此视为"意外行为"的范例，伴随着个人在复杂社会系统中的互动所导致的悲剧结果。哈丁特别提及地球资源的有限以及有限资源为所谓的"生活品质"所带来的影响。如果人口成长最大化，那么每一个个体必须将维持基本生存之外的资源耗费最小化，反之亦然。因此，他认为并没有任何可预见的科技，可以解决在这有限资源的地球上，如何平衡人口成长与维持生活品质的问题。2009 年历史上第一个获得诺贝尔经济学奖的女性奥斯特罗姆在其著名的公共政策著作《公共事物的治理之道》中，针对"公地悲剧""囚徒理论"和"集体行动逻辑"等理论模型进行分析和探讨，同时从小规模公共资源问题入手，开发了自主组织和治理公共事务的创新制度理论，为面临"公地选择悲剧"的人们开辟了新的途径，为避免公共事务退化、保护公共事务、可持续利用公共事务从而增进人类的集体福利提供了自主治理的制度基础。资料来源：http：//baike. baidu. com.

② 谢高地，曹淑艳，王浩，肖玉. 自然资源资产产权制度的发展趋势［J］. 陕西师范大学学报（哲学社会科学版），2015（5）：161 - 166.

滥用资源等现状，破解自然资源使用的"公地悲剧"难题。

（2）创新资源与环境领域的市场交易制度。因传统的末端治理模式，企业污染、公众受害、监督困难、治理污染成本高。发展环保市场、推行环境污染第三方治理制度，实现从末端治理走向过程治理，提高污染者的排污成本，通过市场机制和政府机制的协同作用避免"公地悲剧"困境。

（3）划定生态保护红线。2011 年，为加强环境保护重点工作，国务院明确提出，在重要生态功能区、陆地和海洋生态环境敏感区、脆弱区等区域划定生态红线。这是国家首次以文件形式提出生态保护红线概念。2013年 7 月，国家林业局启动生态红线保护行动，划定林地和森林、湿地、荒漠植被、物种四条红线。生态红线不仅提出对生态系统管控的空间界线，也明确规定了数量、比例或限值等方面的管理要求。生态保护红线区的定义是对区域生态系统比较脆弱或具有重要生态功能，必须实施全面保护的区域，是为保障区域生态安全而必须加以严格管理和维护的区域（刘雪华等，2010），也有学者认为，生态保护红线不仅指区域红线，还应有自然生态保护红线和人文生态保护红线之分（柏春林，2013）。生态保护红线划定的目的是保护支撑人类经济社会可持续发展的自然生态系统，实施最为严格的管控措施，不断改善生态系统服务功能①。生态保护红线是为维护国家或区域生态安全，根据生态系统完整性和连通性保护需求，划定的需实施特殊保护的区域。这些制度的制定与实施能有效保障生态环境不被任意破坏，减少"公地悲剧"现象的发生。

（4）建立和实行生态补偿制度。生态补偿是为防止生态资源配置扭曲，通过制度设计来修正发展平衡的问题②。构建完善的强有力的生态补偿制度，能提供大量资金，解决利益矛盾，促进生态建设和环境保护顺利开展，成为环境保护的动力机制、激励机制和协调机制③。建立和实行生

---

① 邹长新，王丽霞，刘军会. 论生态保护红线的类型划分与管控 [J]. 生物多样性，2015（6）：716－724.

② 杨从明. 浅论生态补偿制度建立及原理 [J]. 林业与社会，2005（1）：7－12.

③ 洪尚群，马丕京，郭慧光. 生态补偿制度的探索 [J]. 环境科学与技术，2001（5）：40－43.

态补偿制度，对生态功能区坚持谁受益、谁补偿的原则，推动地区间建立横向生态补偿制度，逐步将资源税扩大到占用各种自然生态空间。

（5）改革环境管理体制。党的十八大，十八届三中、四中全会十九大报告对环境管理体制改革提出许多新举措。例如，要独立进行环境监管和行政执法；建立陆海统筹的生态系统保护修复和污染防治区域联动机制等①。

2.3.3 改变 GDP 政绩考核的传统体制弊病

在以经济建设为中心，追求 GDP 政绩考核的影响下，许多地方选择以资源能源消耗、生态恶化和环境污染为代价追求经济发展。很多地方尤其是经济欠发达地区，倚重拼资源的传统发展模式，对环保的重视远远不够，存在资源使用价格低、企业排污违法成本低、环保领域监管不严、处罚较轻等"顽疾"。以 GDP 为主的干部用人考核机制，客观上刺激了地方领导干部片面追求 GDP，凸显政绩。

经济发展不能以破坏环境为代价，需要坚持生态文明底线，加强政绩考核体制改革。只有改变单一追求 GDP 的绩效考核办法，才能纠正一些地方的低水平扩张冲动抑制地方之间的跨越式的无序竞争、减少劳民伤财的各种"形象工程"和"政绩工程"②。推进生态文明建设，必须改革完善对领导干部的考核机制。全面深化生态文明体制改革，需要改变传统追求 GDP 政绩考核的体制弊端，在税费改革、市场机制、深化投资体制改革、深化行政执法体制改革等方面进行系统推进。

2.3.4 重视市场与政府"两只手"的协同共进

生态文明体制改革要发挥市场"看不见的手"和政府"看的见的手"的优势互补、协同共进。党的十八大报告提出了从体制上促进政府机制和市场机制"两只手"的协同效应。在生态文明建设中，既要充分发挥政府调控作用，以弥补市场失灵；也要发挥市场机制的决定性作用，以提高资

---

① 郑晶，廖福霖. 生态文明体制改革的重大创新 [J]. 林业经济，2014 (1)：3-7.
② 王天义. 改变单一追求 GDP 的绩效考核办法 [J]. 人民论坛，2009 (8).

源配置效率。在生态文明建设中，政府调控和市场机制不可或缺。一方面，生态环境保护是政府的重要职责。自然资源价格扭曲、环境成本没有内部化，是我国环境污染形势严峻、生态系统退化的重要原因。政府在生态文明建设中的作用是弥补市场失灵，需要加强经济体制改革和资源税改革，从源头避免生态破坏和环境污染，加强环境监管和行政执法。另一方面，市场决定资源配置是市场经济的一般规律，健全社会主义市场经济体制必须遵循市场规律，深化生态文明体制改革，应当充分发挥市场在环境资源配置中的决定性作用①。需要利用市场机制解决环境污染问题，如制定和实施污染者付费制度、完善污染物排放许可制，推行节约能量、碳排放权、排污权、水权交易制度，发展环保市场，推行环境污染的第三方治理、健全举报制度、加强社会监督、这些都是利用市场机制的重要方面。

2.4　环境经济学与资源经济学

与生态经济学密切相关的学科是环境经济学和资源经济学。生态问题也是环境问题，环境经济学（Environmental Economics）是环境科学和经济学之间交叉的边缘学科，主要是研究环境与经济之间的相互关系，研究经济发展如何更好地减少环境污染、促进环境效益和经济效益的有机结合。基于环境资源的稀有性，需要从经济学的视角考察如何将环境资源从免费物品转变为稀有商品，这是环境经济学产生的基础。

环境经济学的主流理论，源于20世纪20年代英国经济学家庇古（Aethur Pigou）提出的外部经济理论。环境污染与保护问题是外部经济行为，由于环境污染的个人成本低于社会成本，或者环境保护的个人收益低于社会收益，环境污染难以得到有效治理，环境保护存在社会动力不足，因此形成对环境与经济发展的关系探讨问题。环境经济学作为应用经济学于20世纪五六十年代形成。环境经济学研究的是如何利用经济杠杆来解决对环境污染问题，将环境价值纳入到生产和生活的成本中进而减少环境污

---

① 英剑波. 谈谈市场机制与生态文明制度改革［J］. 群众，2014（3）：49－51.

染问题。

随着环境经济理论的发展，有经济学家将环境退化引入福利经济领域，采用生产者偿付环境费用和消费者付费制度，提高经济发展的环境效益。也有学者提出在经济发展规划中考虑环境因素，经济建设应该不要超出环境负荷，经济发展要充分考虑自然资源的再生增值能力和环境自净能力。因此维护环境的生产能力、恢复能力和补偿能力，也成为环境经济理论发展的重要方向。

资源经济学是研究资源与经济的关系问题，是以经济学理论为基础，通过经济分析来研究资源的合理配置与最优使用及其与人口、环境的协调和可持续发展等资源经济问题的学科。资源经济学的理论发展经历了三个阶段：第一，孕育阶段（17 世纪 60 年代至 20 世纪 20 年代），第一次工业革命带来的经济迅速增长，是以大量利用和消耗自然资源为前提的。古典主义经济学家关注提高资源利用效率问题和经济增长的长期发展问题。新古典主义对资源经济学的贡献主要是提出了边际效用价值论、边际分析法和均衡分析法、均衡价格理论以及优化配置理论等。第二，产生阶段（20 世纪 20—50 年代），20 世纪初的第二次工业革命，开辟了人类电气化的新纪元，大规模地开发利用自然资源，导致资源短缺、环境污染和生态破坏等问题的加剧。从发展资源经济和解决世界性资源及环境问题的需要，提出了资源经济学理论。1924 年美国经济学家伊力和豪斯合著的《土地经济学原理》出版，1931 年哈罗德·霍特林发表了《可耗尽资源的经济学》。第三，发展阶段（20 世纪 50 年代至今），人口高增长、经济高增长、高消耗、高消费、高城市化等导致威胁人类生存与发展的重大环境祸害，迫使人们对粗放型的高增长模式进行深刻反思。20 世纪 50 年代，美国一些科学家提出"资源科学"的概念，20 世纪 60 年代，日本经济学家留重人提出"公害政治经济学理论"，美国博尔丁提出地球飞船经济论，英国戈德史密斯提出建立平衡稳定社会等。

从以上分析可以看出，环境经济学、资源经济学与生态经济学都是密切关联的，都是以环境问题为核心主题，采取不同的研究方法和研究理论所进行的学科拓展，只是每种经济理论有自己独特的研究范畴和研究方法，其内在的研究目标都基本是一致的，都是出自于对环境与经济的关系问题的反思与探讨。如何更好地促进经济发展与环境、生态、资源之间的可持续发展、如何建立有利于环境保护和资源集约利用的生态经济系统、如何更好地开发利用有限的地球资源、如何更好地在经济发展中保护环境，这些都是三者共同的目标和相似性的研究主题。这些学科及理论探讨为本书所研究的低碳经济和低碳创新问题奠定了坚实的理论基础。可以说，区域低碳创新系统的构建目的也是要促进环境、生态、资源与经济建设的和谐统一与可持续发展，是建立在生态经济学、资源经济学、环境经济学理论基础上的发展，需要采取这些理论研究方法进行新的探讨与考察。

2.5 可持续发展与绿色经济理论

（1）可持续发展理论

与生态经济学相关的理论还包括可持续发展理论和绿色经济理论。20世纪六、七十年代以来对环境污染问题的深刻反思，经济发展与环境、资源、生态的关系如何更好地统一起来，是学术界共同研究的重要课题。20世纪80年代，学术界逐渐形成了可持续发展的基本理念和思想体系。基于可持续发展的基本理念，人们越来越重视经济发展过程中的环境、资源问题，如何从环境保护的视角促进经济社会的可持续发展，学者从不同的角度进行了深入分析。E.巴比尔（1987）、J.库默尔（1979）等认为，可持续发展就是经济的持续发展；R.布朗、R.古德兰和G.莱多克（1987）、联合国环境署和世界野生生物基金会（1991）等认为，可持续发展就是社会的可持续发展；D.皮尔斯（1988）、R.诺加德（1988）、国际生态学联合会和国际生物科学联合会（1991）等认为，可持续发展就是自然或生态的可持续发展。可持续发展作为融合生态经济学、环境经济学、资源经济学在内的思想创新，该理论认为，可持续发展必须是在能保证"持续"基础上的发展，必须是在生态环境的承受能力范围内、在环境的自我修复能力允许的情况下的发展，必须是在维持生态系统平衡基础上的高效率发展，必须是环境建设与经济建设的统筹协调、可持续发展。

（2）绿色经济理论

绿色经济理论是结合可持续发展理论、生态经济理论，提出经济发展应该走绿色之路，认为环境资源是绿色经济发展的内生变量，是效率性与生态性的统一，表现为最小资源耗费与最大经济产出、清洁生产资源循环利用、用高新技术创新的生态系统。基于绿色经济学的产生历程考察，马克思最早提出了绿色发展的思想；迅猛发展的工业革命促使 20 世纪 20 年代生态经济学的产生；环境经济学在 20 世纪五六十年代出现，增强了经济学对生活现象和人类行为的解释力；可持续发展理念加速了清洁技术研究和应用。这些理论为绿色经济理论的提出创造了条件。绿色经济是以人为本的经济，始终强调经济发展的生态化，同时是效率最大化的经济，努力追求高层次的社会进步。从实践来看，要从绿色消费、绿色技术与绿色生产、实施绿色 GDP、构建区域绿色经济等方面把绿色经济理论落到实处①。

对绿色经济与环境经挤、生态经济、可持续发展等理论的关系比较，环境经济的研究范围主要在工业领域的环境保护与治理；绿色经济涉及国民经济社会发展的各个领域；生态经济主要从宏观经济的角度来研究，强调生产过程应符合生态关系；绿色经济一般从微观经济角度侧重绿色产业、绿色企业、绿色产品的研究，注重生产过程及结果应符合绿色标准。可持续发展主要是从经济与社会互动的视角强调经济与社会的可持续性、资源利用和环境保护的可持续性，而绿色经济主要是从生产与消费的视角，注重绿色发展和清洁生产，是实现可持续发展的重要手段和突破口。可持续发展与绿色经济理论为低碳经济和区域低碳创新系统的构建提供了重要的理论依据。

---

① 赵斌．关于绿色经济理论与实践的思考［J］．社会科学研究，2006（2）：44－47．

2.6　循环经济理论与低碳经济理论

（1）循环经济理论

循环经济（circular economy）是要求企业等生产者树立循环利用理念，在企业生产、消费、废物回收、零排放等的全过程，实现物质闭环流动的经济形态。循环经济发展模式实现了把传统的依赖一次性资源能源消耗的粗放式增长向生态型、低碳型、循环型的集约式经济发展方式转变，以物质闭路循环和能量梯次使用为基本特征，降低资源能源消耗强度，提升资源能源利用效率，实现资源的循环利用和环境污染的最小化，实现经济、社会、生态环境的可持续发展。

循环经济的基本原则是"3R"原则，即减量化（Reduce）、再使用（Reuse）、再循环（Recycle）。减量化即要求尽可能以最少的资源能源投入获得最大收益，通过各种技术和工艺减少资源能源的投入量，达到既定的生产目的，从源头上减少浪费和污染。例如，通过改造产品包装和工艺结构，促进产品的小型化、轻型化和组合化，减少原料投入和废物排放。再使用即要求延长产品的使用寿命，或者能通过简单的改造实现产品及零部件的再利用，强调产品的多次性消费和使用，拒绝和减少一次性产品。再循环即要求产品在使用和消费以后，还能变成其他产品的原料和配件，能对其进行资源循环再利用，包括原级再循环，废品被循环利用生产为同种类型的新产品，如废旧报纸、易拉罐、酒瓶等，和次级再循环，废物资源转化成其他产品的原料。

循环经济本质上是生态经济。循环经济基于自然生态系统的物质循环和能量流动原理重构企业生产机制，通过"资源—产品—再生资源"的生态产业链结构形成的新型经济模式，是在可持续发展的思想指导下，实现能源及废弃物的循环再利用。循环经济与生态经济是密切联系的，本质上是相一致的，都是要使经济活动生态化。循环经济是运用生态经济规律来指导经济活动，所有的物质和能源在经济循环中得到合理的利用。因此，生态经济原理体现循环经济要求；循环经济强调的是循环利用和清洁生产，主要是产业模式和生产流程上的改造，注重投入、生产、消费全过程的资源节约。

循环经济与环境经济、资源经济、绿色经济等理论也是密切关联的，均强调资源能源节约、资源综合利用，减少经济行为对自然环境的破坏；通过改造生产流程和工艺，减少资源消耗和废弃物排放，促进环境友好与生态和谐。发展循环经济有利于缓解我国人口数量多、素质低、结构不合理对资源环境的巨大压力，是实现我国人口资源环境可持续发展的重要途径①。

（2）低碳经济理论

低碳经济理论是建立在全球气候变化、生态经济和循环经济等理论基础上提出来的。该理论依据基本的地球碳循环和碳平衡原理，计算各种公共工程、企业生产活动、消费活动等的碳排放及碳预算收支，有效降低和减少二氧化碳等温室气体排放②。低碳经济（Low - carbon economy）是以低能耗、低污染、低排放为基础的经济模式。全球气候变化引发全世界的高度关注，全球人口增长、经济规模过度扩张、工业生产和城市化进程加速，引发资源能源"瓶颈"和环境恶化、引发大气中二氧化碳浓度升高和全球气候变暖。促进经济的低碳转型和工业生产的低碳排放成为人们的共识。

低碳经济是促进资源节约与环境友好的生态经济和绿色经济。不过，也有学者指出，如果把低碳经济归入绿色经济，且不谈是否恰当，绿色经济包含低碳经济，低碳经济就是绿色经济，仅就这样归并而言，实际上就等于漠视低碳经济产生的应对气候变化的根本，就等于由绿色经济取代低碳经济，使低碳经济独立存在的地位和作用逐渐淡化③。因此，我们认为，低碳经济的提出，是以绿色经济、循环经济、生态经济为基础的理论发

---

① 陶斯文，杨凤. 循环经济：中国人口资源环境可持续发展的必然选择 [J]. 特区经济，2006（11）：24 - 26.
② 丁丁，周冏. 我国低碳经济发展模式的实现途径和政策建议 [J]. 环境保护与循环经济，2008（3）.
③ 孟赤兵. 发展低碳经济要统一认识 [J]. 中国科技投资，2010（11）：29 - 31.

展，是体现对全球气候变化和目前经济发展需要研究和解决的重大理论问题，也是实践中需要高度重视的重要课题。

低碳经济发展目标在于构建低碳能源系统、低碳技术和低碳产业体系，减少二氧化碳等废气排放，促进资源能源节约和环境友好。低碳能源系统是在生产和使用过程中，不产生有害物质排放的清洁能源和可再生能源，以及经过洁净技术处理过的能源。低碳经济发展目标的实现，主要体现在三个层面，一是实现包括生产、交换、分配、消费在内的社会再生产全过程的低碳化，将二氧化碳（CO_2）排放量减少到最低限度；二是实现能源消费的低碳化和清洁化；三是通过调节产业结构和消费模式，减少资源投入和能源消耗、降低能源强度、提高经济效率、转变消费理念和消费模式、倡导低碳消费和绿色消费、构建低碳经济和低碳社会。基于低碳经济的理论分析，可以看出，低碳经济代表了未来经济发展的战略选择和形态转变，其实质是基于应对全球气候变化的技术创新和清洁能源结构与效率的提升，减缓气候变化和促进人类的可持续发展。

2.7　公共治理理论

首先，看公共治理理论的缘起。有研究指出，公共治理的兴起是西方政治学家既看到了市场失效又看到了政府失败[①]。公共治理理论的研究可以追溯到政治统治时代。有学者指出，历史上的政治统治都可以被认为是治理。这是从宽泛的意义上理解治理，也可以说治理就是管理，即政府或者统治者对被统治者自上而下的控制和领导。实际上，治理是相对于统治而界分的。传统政治管理属于政府统治阶段，政府统治属于全能型、包办代替型政府，政府无所不包，政府对社会事务的管理，更多是统治、控制，被管理者完全是依附型的被统治人格，缺乏自主性。在过去的公共管理框架下，全能型、包办型、"保姆型"的政府官僚体制形成的机构过度膨胀、服务质量差、财政开支大等政府失败问题。另一方面，市场机制也

---

① 俞可平.引论：治理与善治［J］.马克思主义与现实，1999（5）.

难以高效，出现严重贫富差距分化、道德沦丧、拜金主义、市场垄断等市场失灵现象，对这两方面存在的问题迫切需要寻找新的治理机制和理论阐释①。

到了 20 世纪 70 年代，西方国家发生了社会、经济、管理等多个领域的危机，西方政府管理行为应对外部环境变化特别是治理危机的到来，实现由统治向管理、治理的转变。世界银行在 1989 年提出了"治理危机"问题，"治理"一词引起学术界的关注，进而运用到政府管理过程。新治理方式强调更多主体参与、自我组织、合作协同的管理模式选择。传统管理模式难以协调多元化利益主体的复杂化诉求，要重视被管理对象的自我管理、自我组织能力，通过这些社会力量的参与才能有效治理公共问题，促进社会矛盾与冲突的有效治理。多元化治理主体的协同治理架构有效弥补政府失灵与市场失灵等双重问题。公共治理理论针对传统政府管理和新公共管理存在的失灵危机，如何以更加民主、和谐、有效的方式整合多元化的利益诉求和复杂问题，成为公共治理理论缘起的重要原因②。因而，可以说，公共治理理论研究的缘起主要是基于西方政府治理危机，目的在于以多元化主体参与和协同，实现政府、社会、企业三者之间的良性互动，实现多元化利益的有效整合。

其次，看公共治理的背景。经济全球化、知识化、一体化和科技创新突飞猛进，极大提高了生产力和财富增长速度，人们之间的沟通与联系更加快捷、密切，也更加复杂多变。在市场经济条件下，这种变化更加明显。市场经济的一个突出特征是多元主义，即它允许各种各样的利益、价值观、立场的存在和相互竞争，这也是现代社会的一个标志。多元化的利益诉求和价值导向，形成不可避免的社会冲突和意见或者利益分歧，依靠单一主体狭窄的政府统治方式很难实现公正的利益协调与维护，这就需要

① 何翔舟，金潇. 公共治理理论的发展及其中国定位 [J]. 学术月刊，2014 (8): 125 - 134.

② 陈振明，薛澜. 中国公共管理理论研究的重点领域和主题 [J]. 中国社会科学，2007 (3).

建构新的治理框架。开放性、动态性、网络化的现代社会已经完全区别传统封闭式、垄断式的社会管理。随着经济社会发展，人们的物质生活与精神生活需求更加丰富多样，对政府管理的要求和自我的利益诉求也日益复杂多变。

一方面，从国内来看，传统管制型、全能型的政府管理模式很难适应现代社会的发展需求，人们需要多层次、多样化、及时性的公共产品和公共服务。社会公众不再满足简单的无法选择的公共产品供给，不再满足被动、施舍型的公共产品供给，更加要求公共产品供给主体的多元、供给内容的多元、供给模式的多元、供给过程的参与性。公共治理是以政府为主体、多种公私机构并存的新型社会公共事务管理模式。公共治理产生于公民社会，源自于个人领域的不断扩大，培育和建立公民社会是实现公共治理的有效途径①。

另一方面，从全球来看，技术特别是网络技术、现代通信技术、交通技术等快速发展，缩短了人们之间的时空距离，人们之间的交往、联系更加快捷、方便、多元，这一过程既带来了交流好处，同时也增加了管理难度。全球村已经成为不可避免的现实，加强全球公共产品、全球性问题的管理，显然已经完全超越了传统政府边界。这一背景下，依靠传统政府进行管理，显然在权力边界上存在合法性质疑，在能力范围内也存在资源困境。因此，全球性公共问题的治理需要将资源控制由政府单一主体转变为社会组织、企业特别是跨国组织的介入，需要公共产品的供给主体、供给手段、供给模式的多元化。在此背景下，公共治理理论随之产生。

再次，看公共治理的内涵。所谓公共治理是指由开放的公共管理与广泛的公众参与二者整合而成的公域之治模式。公共治理概念即抛弃传统公共管理的过度管制、垄断和强制执行等性质，强调政府、企业、社会组织、社会公众的协同参与和多元化利益整合作用。公共治理具有治理主体

---

① 任维德. 公共治理：内涵、基础、途径［J］. 内蒙古大学学报：哲学社会科学版，2004
(1)：113 – 116.

多元化、治理依据多样化、治理方式多样化等典型特征。在公共治理理论中，治理主体多元化为政府治理公共事务找到了新的方向，即在处理一般性公共事务中，政府与其他主体之间不再是单纯的管理与被管理关系，而是应处于平等的法律地位①。治理主体多元表现为政府、公共组织、非盈利组织、企业、社会群众等多元化参与和共治。治理方式强调各种组织机构、团体包括社会个体的自愿、平等、协商、民主、法治、合作、共赢等基本理念。政府与其他治理主体通过采取承包、谈判以及协作等方式，共同完成对公共事务的治理。杨雪冬从加强法治、政府变革、效率提升等技术治理和培育社会组织、建构公民社会等社会治理两个层面的结合，实现公共治理转型②。顾建光从公共政策的视角，提出公共治理是政策主体与客体之间的良性互动和协商一致，进而达成和实现政策目标的过程③。陈振明从公共管理的视角，认为治理是基于多元合作、协商互动、目标统筹等基层上的公共事务管理，本质在于重构市场原则、公共价值、利益认同的合作治理④。

最后，看公共治理的理论发展。学术界围绕公共治理理论，产生许多新的思想流派。为有效解决治理危机、适应社会发展需求，治理方式和治理思想也不断处于发展、深化、拓展和变迁的过程。主要的理论流派有以下几种：

（1）新公共管理理论

公共管理理论的逻辑命题，在于更加科学阐释和解决管理者与被管理者之间的关系。如何协调和重构管理者与被管理者之间的关系，一直是管理者思考的重要主题。在传统的公共行政学、公共管理学研究中，比较重视政府主体能力、政府行为的探讨。过多地将希望寄托在政府管理主体素质、能力、道德等的提升，实际上这种寄托往往难以真正解决日益复杂的

①　胡正昌．公共治理理论及其政府治理模式的转变［J］．前沿，2008（5）：90－93.
②　杨雪冬．论治理的制度基础［J］．天津社会科学，2002（2）.
③　顾建光．从公共服务到公共治理［J］．上海交通大学学报，2007（3）.
④　陈振明．公共管理创新三题［J］．电子科技大学学报，2011（2）.

社会问题，政府全能型、施舍型的单一管理模式往往让被管理者失望。应着重对政府的管理行为进行研究。基于此，新公共管理希望在传统管理模式上有所创新和拓展，主要表现为治理主体范畴已经拓展到政府之外的非政府组织、社会公众等积极行动者，多元化和异质化成为新公共治理的重要趋势和特征①。新公共管理理论在管理模式上，引进企业理念和企业模式，强调市场竞争、经济、自由、效率、竞争等理念，创造出新型的公共管理模式，打造企业家型、市场导向型政府模式。

一是杜绝"磨洋工"，强调效率和效益。传统政府管理存在严重的职责不清、责任推诿、官僚腐败现象。新公共管理强调多元化主体的参与和竞争、尊重市场价值原则、强调效率和效益，避免拖沓、拖延等官僚主义作风。在公共产品和公共服务的供给上鼓励企业、社会组织、非盈利部门参与，强调公共产品生产与提供的效率和效益，提高公共产品和公共服务的质量与效益，不断降低政府行政成本，减少公共财政浪费。

二是杜绝忽视被管理者权利，强调"顾客就是上帝"的基本理念。在新公共管理理论中，政府部门作为委托代理关系的权力代理者，理应对权力委托者负责，即对广大社会公众负责，把社会公众作为顾客和"上帝"看待，不仅尊重顾客的基本权利，同时要尽可能提供更好的服务，满足顾客的需求。"顾客就是上帝"，社会群众就是政府的顾客和"上帝"。

三是杜绝过度集权，强调分权治理和权责对等。企业反对过度集权，强调以市场为导向、以需求为中心，进行分权治理和权力下放，在管理上强调扁平化管理。借鉴这一模式，新公共管理理论吸纳社会群众、社会组织参与公共管理及决策，即在权力运行上，杜绝过度集权，强调分权治理，吸收社会群众参与决策、参与监督、参与评价，采用授权、负责、扁平化、权责明确的治理方式，进而提高公共管理绩效和服务水平。

四是杜绝僵化的官僚体制，强调跟随外部环境进行动态调整和组织变革。传统政府官僚体制，等级森严，结构过于稳定，层级过多，结果导致

---

① 郁益奋.网络治理：公共管理的新框架［J］.公共管理学报，2007（1）：89－95.

信息和各种政策、行政命令难以及时传达，延误了问题解决的最佳时机。新公共管理理论强调跟随外部环境的变化进行组织结构的动态调整和组织创新，打破传统的等级森严、信息严重失真、创新性较差的官僚体制，以市场需求和社会变化为应对方向，进行体制机制的变革与创新，适时应对外部变化进行更新，不断提高组织运行效率和效益。新公共管理理论尽管强调企业理念和效率原则，但过于强调企业化的运作，导致政府管理的公共性价值偏离。基于企业导向的新公共管理尽管提升了运行效率，但过于注重效率导致了社会价值、公共利益、公平公正等严重缺失①。

(2) 新公共服务理论

美国著名行政学家登哈特博士在公民权理论、社区与公民社会理论、组织人本主义与后现代公共行政理论的基础上，在对企业家政府理论和传统的公共管理理论的批判与反思中提出新公共服务理论②。该理论主要是基于新公共管理过于强调企业原则，忽视或者混淆了政府与企业的组织边界和运行规则，政府需要效率，但不能完全按照企业逻辑进行运行，否则就会违背政府的公共性和追求公共利益最大化的基本原则。

新公共服务理论认为，政府不是营利机构，代表着公共利益，需要维护大多数人特别是弱势群体的基本权利和公共服务。新公共服务理论强调民主、公民权尊重和公共利益为导向的公共服务方式。

一是改变官僚体制高高在上的统治者角色，强调政府的公仆精神和公共服务理念。政府就是服务，由于公众是"上帝"、是顾客，因此政府及公务员应该提供最好的公共服务。新公共服务理论要求政府工作人员不是社会统治者，不能过度进行社会统治或者控制，需要尽可能整合社会资源，为社会提供更好、更多的公共产品和公共服务。

二是避免权力过分集中和垄断，强调权力分散运行。新公共服务理论

---

① 周晓丽. 新公共管理：反思、批判与超越——兼评新公共服务理论 [J]. 公共管理学报, 2005 (1)：43-48.

② 康显，王梦旋. 服务型政府构建研究——基于登哈特新公共服务理论的分析 [J]. 经济, 2016 (6)：167-168.

强调政府以权力分散、组织开放、运行高效为基本特征开展公共产品供给和公共服务。政府通过放松规制、分散权力，调动社会群众的积极性和创造性，提供更加丰富多样的公共服务。政府以分散的权力，吸纳社会力量参与公共服务的供给，政府转变政府职能，鼓励社会组织、社会群众、社区群众参与公共事务决策、公共产品与公共服务的生产和提供。强调自我管理和自我服务，特别是要积极培育社会组织，新公共服务理论认为社会组织发挥着重要作用，是公共服务提供的重要决策参与者、质量保障者、服务供给者、服务评价者、服务竞争者。

三是强调多元合作、共建共享、包容发展。新公共服务理论认为单一政府力量很难满足社会需求，需要整合社会资源和社会力量，鼓励多元化的利益主体参与和多方合作。在社会建设、公共服务中发挥各自的作用和功能，共建共享、包容发展，进一步提升公共服务水平和服务质量。

（3）多中心治理理论

多中心治理理论是在新公共服务理论基础上的进一步发展。多中心治理改变传统以政府为单一中心的公共决策和社会治理模式。奥斯特罗姆提出多中心治理概念。作为一种重要的思维方式和理论框架，多中心治理成为公共产品供给与公共事务治理的重要模式。多中心治理强调在公共事务管理中建立起国家与社会、政府与民间、公共部门与私营部门相互依赖、相互协商、相互合作的关系[①]。

由于现代社会属于网络社会，每个主体都是重要的信息源，简单依靠政府单一信息源，很难对社会资源进行整合，很难整合社会需求进行公共决策，因而需要多主体参与现代公共决策。政府改变传统的单一主体模式，依托多中心治理，发挥多主体的资源整合功能，创新公共产品生产和服务供给机制，提高公共服务质量，也提高了社会对政府公共服务的满意度，鼓励社会公众参与提升公共治理的获得感。多中心治理体现了三大优

---

① 丁煌、周丽婷. 地方政府公共政策执行力的提升——基于多中心治理视角的思考［J］. 江苏行政学院学报，2013（3）：112 - 118.

势：多种选择、减少"搭便车"行为以及更合理的决策；避免公共产品或
服务提供不足或过量；公共决策的民主性和有效性①。多中心治理能有效
综合各方面的利益诉求，通过民主协商和合作治理，共同促进公共政策问
题的解决，最终实现良好的治理即善治状态（good governence）。多中心治
理的最高境界是善治。多中心治理能促进政府、市场、社会三者之间寻求
公开、透明、共赢的合作关系，追求的并非对其他主体的人身控制，更多
的是激活多主体的内在活力与创新动力，形成多领域协同、多元化合作的
共治状态，共同提高公共产品与服务质量，提高社会公众的满意度，追求
公共利益的最大化。

（4）网络治理理论

网络治理（Governance by Network）是近年来国际上兴起的一种新的
公共治理模式。网络概念最初被描绘成组织内部的非正式关系纽带，后来
被演化为政治运行与权力治理的新研究工具。网络治理泛指多个行动者协
同参与，形成网络化空间状态的治理②。科特尔认为，网络治理目的在于
建构政府、企业、社会组织、社会公众之间合作关系的网络化治理架构③。

罗茨（R. Rhodes）对治理概念进行了六种界定，包括最小国家、公
司、新公共管理、善治、社会控制体系、自组织网络领域的治理。罗茨更
加重视自组织网络化的治理，该治理模式强调建构合作、诚信、互动基础
上自组织的网络治理。更好的公共治理应该选择的是网络化治理，这种治
理是多中心、分权式的治理，权威部门向下分权，各组织具有自我管理、
自我组织、自我完善的权力。

网络治理不是简单基于网络的治理，而是对复杂社会网络关系的治
理。网络治理包括互联网自身的治理和利用互联网对社会网络关系进行治
理等多个方面，充分体现公共治理中的多元参与特征，即在治理体系中整

① 赵立雨，师萍. 多中心治理理论：农村公共产品多元供给模式分析［J］. 未来与发展，
2008（8）：35 - 37.

② 余军华，袁文艺. 公共治理：概念与内涵［J］. 中国行政管理，2013（12）：52 -56.

③ D. Kettle. Sharing Power：Public Government and Private Markets［M］. Washington：Brook -
Ings Institution，1993. 22.

合政府、私营企业、社会组织和公民个人的利益、资源和力量，协同治理公共事务，共同承担责任，进而实现共赢的社会状况。我国学者陈振明、薛澜认为网络治理是政府部门和非政府部门等众多主体彼此合作，分享公共权力，共同管理公共事务的过程①。朱立言、刘兰华认为，全球化、分权化、网络化的社会格局更加重视整合非营利组织、社会公众、企业部门等的合作协同，构建网络化关系及治理模式②。

网络治理的目标在于加强各网络主体利益的协调与组织内外部利益协调与资源协同，通过利益综合实现利益的整合，进而促进协调和公共治理。网络治理的机制是在传统科层机制的基础上的信任与合作的治理机制选择。网络治理要求突破传统官僚体制的组织僵化和信息闭塞等阻碍，实现扁平化、无缝隙、及时性的信息沟通、关系整合与合作治理，不再过多地强调权力干预和自上而下的治理模式，更多是多向互动、自主治理、价值整合，进而减少谈判和执行的成本，达到有效治理的目标。

---

① 陈振明，薛澜. 中国公共管理理论研究的重点领域和主题 [J]. 中国社会科学，2007 (3)：140－152.

② 朱立言，刘兰华. 网络化治理及其政府治理工具创新 [J]. 江西社会科学，2010（5）：7－12.

3 首都生态文明体制改革的战略性与紧迫性

随着经济全球化、区域一体化、城市集群化发展的提速，许多城市群成为国家参与全球竞争的重要空间载体。世界级城市群是以具有国际影响力的世界城市为中心，以城市群作为基本组织形式，集聚国内国际经济、社会资源要素，在国际经济、资本控制、社会发展、文化引领等方面占据主导地位，形成具有世界影响力和竞争力的大型城市群。在我国，世界级城市群空间发展面临着诸多问题。例如，城市间经济发展失衡、贫富差距扩大、中心城市国际影响力和竞争力不强、中心城市的虹吸效应明显而对周边地区的波及效应不强、城市连绵扩张吞食大量良田、城市群生态承载力下降和环境污染严重，特别是城市群大面积雾霾现象频发、土壤污染、地质下沉、河流富营养化等问题日益突出①。

京津冀协同发展是党中央的重大战略决策。2013 年，习近平总书记先后到天津市、河北省调研，强调要推动京津冀协同发展。2014 年 2 月 26 日，习近平总书记在北京考察工作时发表重要讲话，全面深刻阐述了京津冀协同发展战略的重大意义、推进思路和重点任务。《京津冀协同发展规划纲要》明确提出京津冀整体定位是"以首都为核心的世界级城市群、区域整体协同发展改革引领区、全国创新驱动经济增长新引擎、生态修复环境改善示范区"。为了应对和破解京津冀世界级城市群发展的诸多难题以及国际环境的挑战，需要在深刻阐释世界级城市群内涵及其发展特征的基

---

① 杨建军，蒋迪刚，饶传坤，郑碧云. 世界级城市群发展特征与规划动向探析 [J]. 上海城市规划，2014（1）：1-6.

础上，探究世界级城市群的生态特征与演化规律，以增强京津冀城市群的国际竞争力，加强生态文明体制改革，加快京津冀地区生态文明建设与环境治理，进而构建以首都为核心的生态宜居的世界级城市群。

当前，首都北京伴随人口过度集聚、产业过度集聚引发资源能源与环境承载力不断下降，资源能源受到"瓶颈性"制约，存在较为严重的环境污染问题，迫使首都必须高度重视和加快生态文明建设。而首都生态文明建设最大障碍在于体制机制问题，推进生态文明建设必须加快体制机制改革与创新，建立和完善首都生态文明制度。深化生态文明体制改革，是推进生态文明建设、建设美丽首都、维护首都人民群众健康权益和环境安全重要保障。加快首都生态文明体制改革具有重要的战略意义和现实紧迫性。

3.1　世界级城市群的内涵阐释

20 世纪初期，学术界、政府部门、城市规划者等开始关注世界城市群的理论与实践问题。城市群是一个较为宽泛的概念，系指集中于一定地域内规模、职能各不相同，彼此密切联系而又相对独立的若干城市和城镇①。英国著名的城市规划思想家帕特里克·格迪斯较早研究城市的集群发展态势，指出了人口向城市集中、产业在城市空间扎堆，助推了城市规模扩张与城市集群式发展现象，将城市的集群现象称为集合城市、组合城市或者城市群区域空间。1957 年，J. 戈特曼（Jean Gottmann）研究了美国东北海岸大都市带、日本东海道城市群等。刘易斯·芒福德研究指出，城市的组织形式已经从单一城市结构演化为横跨区域空间的巨大城市群区域。随后更多的国外学者和城市规划实践者研究了世界城市群现象。

1966 年，霍尔（Peter Hall）的《世界城市》专著出版，引起更多学者对世界城市概念的关注。早期部分学者主要受中心地理论（central place theory）的影响，主要以城市等级方式来研讨世界城市内涵。1990 年以后，

---

①　宁越敏. 世界城市群的发展趋势［J］. 地理教育，2013（4）：1.

由于交通条件改善、网络信息技术不断发展，改善了城市之间的经济、社会、文化等多方面的联系，加速了人口流动和迁移，城际间关系逐渐由早期的垂直单向等级关系转向水平双向网络关系，世界城市研究也开始由等级方式向网络方式转向①。

1986 年，弗里德曼（Friedmann）发表《世界城市假说》一文，对世界城市内涵进行深入阐释，并构建完善的世界城市研究框架②。弗里德曼指出，世界城市作为国际资本，吸引更多国内外移民到城市集聚，成为人口众多的中心城市。世界城市融入全球经济的程度以及在国际劳动分工中的地位和功能决定了其城市功能的发挥、劳动力市场的结构特征以及城市的空间物理形态格局。世界城市具有全球的经济控制功能，主要表现为其产业结构的竞争力上，拥有更多的全球性的公司总部、国际金融、交通通信和高端商业服务等业态。由于城市空间被全球资本所驾驭和用作生产、销售、服务、组织等众多价值链的重要节点，城市间联系成为生产链中的节点而增强业务关联和经济往来，形成了世界城市复杂的空间网络和产业等级结构。1995 年，弗里德曼认为，世界城市是嫁接地方区域、全国、世界经济的节点和桥梁，城市间具有较为密集的经济互动和社会关联③。弗里德曼的世界城市理论及研究框架为世界城市研究奠定了坚实基础④。有学者总结认为，世界城市的概念定义为，依托世界城市网络体系，在国际劳动分工中对政治、经济、技术、劳动力等高端生产要素起到协调和控制作用的国际第一流城市⑤。

在世界城市的理论基础上，世界级城市群理论进一步延伸和拓展。世

---

① 程玉鸿，朱银莲. 世界城市研究转向与中国的世界城市 [J]. 城市规划学刊，2015（5）：39－44.

② Friedmann John. The World City Hypothesis [J]. Development and Change, 1986, 17 (1)：69－83.

③ Friedmann John. Where We Stand：A Decade of World City Research [A]. In：Paul L. Knox and Peter J. Taylor eds. World Cities in a World－system [C]. Cambridge：Cambridge University Press, 1995：21－47.

④ 黄璜. 全球化视角下的世界城市网络理论 [J]. 人文地理，2010（4）：18－24.

⑤ 陆军，宋吉涛，谷溪. 世界级城市研究概观 [J]. 城市问题，2010（1）：2－10.

界级城市群成为城市空间扩张的高级形态，也是参与全球经济竞争与影响力提升的重要力量。世界级城市群在全球享有较高的区域生产力，并为内部城市经济能力的实现提供经济支撑，引领全球经济发展。其中世界级城市群的核心城市则成为经济、金融、文化、管理中心，发挥区域经济增长引擎功能，享有全球的品牌影响力和软实力。

我国许多学者对世界级城市群特别是对我国可能形成的世界级城市群现象进行了深入研究。在我国，工业化、城市化进程不断提速，城市规模不断扩大，京津冀、长三角、珠三角等特大、超大城市群已经形成，越来越具有世界级城市群的经济实力和竞争能力。我国三大城市群的经济综合实力比较强大，城镇体系结构基本完善，城市群空间结构不断良性发展，区域内交通便捷、经济关联度较高、社会文化与公共服务不断提升，具备向世界级城市群演变的基础和条件。例如，朱虹（2015）研究了城市化进程中的世界城市群发展趋势。盛蓉、刘士林（2015）认为当代世界城市群理论的近期发展，主要包括当代城市群理论研究的概念和特点、网络化实证、政策和战略、规划实践四种形态研究。宋文新（2015）研究了打造京津冀世界级城市群若干重大问题，认为京津冀世界级城市群要义有三点：其一是世界级的，就是应放眼全球城市群，这一区域的城市群是举足轻重的；其二城市是以"群"的形态存在的，大中小城市相得益彰；其三是人口聚集和产业聚集适应现代社会要求，布局合理优化，既宜居又宜业①。陈秀山、李逸飞（2015）认为当前须解决的首要问题是打破行政壁垒、明确三个省市的功能定位，优化首都功能，最终将京津冀地区打造为具有较大国际影响力的世界级城市群。

---

① 宋文新．打造京津冀世界级城市群若干重大问题的思考 [J] ．经济与管理，2015（5）：11－14.

3.2 世界级城市群的生态特征

3.2.1 世界城市群的一般特征

世界级城市群作为城市群发展的高级形态，具有一般城市集群发展的共同特征。1961 年，法国地理学家简·戈特曼总结归纳了世界级城市群的五大特征，包括：一是城市群空间的总体规模比较庞大；二是区域内集聚了多个城市；三是城市与城市之间联系密切，形成了都市区连绵状态；四是有一至多个国际性的中心城市；五是拥有一个或多个国际贸易中转大港。依据此标准，全球公认的世界级城市群主要有五个，即以纽约为中心的美国东北部大西洋沿岸城市群、以芝加哥为中心的北美五大湖城市群、以东京为中心的日本太平洋沿岸城市群、以伦敦为核心的英伦城市群、以巴黎为中心的欧洲西北部城市群，如表 3 - 1 所示。而 1976 年，戈特曼依据人口规模和密度将以上海为中心的长江三角洲城市群列为世界第六大城市群。长江三角洲城市群是中国经济最具活力、开放程度最高、创新能力最强、吸纳外来人口最多的区域之一，是"一带一路"与长江经济带的重要交汇地带，包含上海、南京、无锡、常州、苏州、南通、盐城、扬州、镇江、泰州、杭州、宁波、嘉兴、湖州、绍兴、金华、舟山、台州、合肥、芜湖、马鞍山、铜陵、安庆、滁州、池州、宣城等城市。2016 年 6 月，国家发改委发布了《长江三角洲城市群发展规划》，长三角城市群战略定位是最具经济活力的资源配置中心；具有全球影响力的科技创新高地；全球重要的现代服务业和先进制造业中心；亚太地区重要国际门户；全国新一轮改革开放排头兵；美丽中国建设示范区。随着三十多年的发展，我国的京津冀地区、珠三角地区的城市群规模迅速扩大，具备成为世界级城市群的一般特征。总结学术界的研究成果[①]，以国际公认的世界级城市群为样本，世界级城市群一般特征主要表现在以下几个方面：

---

① 安树伟，闫程莉. 京津冀与世界级城市群的差距及发展策略［J］. 河北学刊，2016（6）：143－149.

表 3 - 1　全球公认的世界级城市群

所在国家	世界级城市群	包含的主要城市
美国	以纽约为中心的美国东北部大西洋沿岸城市群	波士顿、纽约、费城、巴尔的摩、华盛顿等城市
美国、加拿大	以芝加哥为中心的北美五大湖城市群	芝加哥、底特律、克利夫兰、多伦多、渥太华、蒙特利尔、魁北克等城市
日本	以东京为中心的日本太平洋沿岸城市群	东京、横滨、静冈、名古屋、京都、大阪、神户等城市
英国	以伦敦为中心的英伦城市群	伦敦、利物浦、曼彻斯特、利兹、伯明翰、谢菲尔德等城市
法国、比利时、荷兰、德国	以巴黎为中心的欧洲西北部城市群	巴黎、布鲁塞尔、安特卫普、阿姆斯特丹、鹿特丹、海牙、埃森、科隆、多特蒙德、波恩、法兰克福、斯图加特等城市

（1）经济总量大，GDP 排名全球前列，人口规模大

世界级城市群一般为一个区域或者国家较为发达的地区，具有一定的经济总量，人口众多，GDP 在全球城市排名位居前列。虽然发达国家就整体而言城市化进程已近尾声，但人口向城市群的集聚仍在进行。以纽约为中心的"波士华"城市群面积约 13.8 万平方千米，人口约 4500 万人，占美国人口的 1/6。以东京为中心的日本东海道城市群面积约 10 万平方千米，占全国总面积的 20%，人口近 7000 万人，占全国总人口的 61%。这表明城市群具有较国内一般地区更为活跃的发展动力①。2016 年，按人口与 GDP 综合排名，最新世界城市规模大小排名如表 3 - 2 所示②，东京人口数量为 3670 万人，GDP 为 31700 亿美元，综合值为 35370，居世界城市规模之首，其次为纽约、洛杉矶、伦敦、巴黎等城市。上海排名第 9，北京排名第 11。作为世界级城市群是在这些世界城市基础上集聚周边大量不同规模等级的城市，吸引更多的资本投资和人力资源，拥有较高的经济产

---

① 宁越敏. 世界城市群的发展趋势 [J]. 地理教育，2013（4）：1.
② 资料来源：http://mt.sohu.com/20161019/n470700105.shtml.

出，形成了巨大的综合效益和市场潜力，在世界经济竞争中占据主导地位。

表 3 - 2 2016 年最新世界城市规模大小排名

排名	城市名称	人口数量（万人）	GDP（亿美元）	综合值
1	东京	3670	31700	35370
2	纽约	2060	28100	30160
3	洛杉矶	1300	18300	19600
4	伦敦	1320	6950	8270
5	巴黎	1300	6650	7950
6	芝加哥	1030	6580	7610
7	墨西哥城	2180	4750	6930
8	大阪	1370	5260	6630
9	上海	2350	4100	6450
10	休斯顿	650	5650	6300
11	北京	2170	3680	5850
12	莫斯科	1415	4400	5815
13	圣保罗	2050	3250	5300
14	费城	720	4550	5270
15	华盛顿都会区	595	4639	5234

（2）城市间联系密切，形成城市群规模效应

世界级城市群是由核心城市与其他多个城镇连为一体，城市与城市之间的联系密切，经济关联、交通、人口流动均较为频繁，形成完整的城市群组织体系和规模经济效应。不同等级的城市在城市群中发挥不同的空间功能，在产业链或者价值链中处于不可或缺的重要节点。世界级城市群的空间结构是完整的组织体系，各城市区域之间联系密切，经济、社会、文化、交通等一体化程度比较高，在区域经济发展中能够发挥巨大的规模经济效应和集聚效应。世界级城市群已经形成区域经济一体化，内部经济规模已经达到高水平的、动态的均衡状态，中心城市与周边城市之间彼此吸引与辐射带动，经济流、信息流、人流和物流等相互作用构成城市群的完整功能体系，实现对城市群内外资源的整合与协同。

（3）城市群开放度高，交通和通信技术发达是重要动力

世界级城市群拥有发达的交通网络，铁路、机场、公路、港口等密集，对外开放度高，交通和通信技术发达，成为世界级城市群发展的重要动力。交通发达、通信等技术先进能吸引外来人口、资本要素流入，能够在全球产业布局与经济联系中产生强大的影响力和竞争力。例如，英国东南部城市群内主要有希斯罗机场、盖特威克机场、斯坦斯特德机场等诸多机场。英国伦敦城市群内主要有伦敦港，日本太平洋沿岸城市群有东京湾港口群。这些世界级城市群的开放发展得益于更加发达的交通、通信技术所形成的驱动力。

一方面，交通技术特别是高铁等快速发展缩短了城市之间的通勤距离，加速生产力的快速发展，促进产业分工在更大空间范围的扩张，特别是跨越传统城市边界和经济界限，不断缩短城市与城市之间的空间距离。而相隔不远的城市之间不断融合和延伸，形成了庞大的城市群体系。交通技术、通信网络技术、计算机技术等成为世界级城市群开放发展的重要动力，降低了跨城市空间的交易成本，促进产业进一步集群和外部扩张，如快速铁路、高速公路、航空等交通发达，加快了城市之间的经济联系和资源要素流动，促使更多的相邻城市融为一体。特别是最近几年，高铁技术的发展和推动，突破传统交通工具的诸多"瓶颈"，进一步缩短城市间的时空距离。高铁大大提升了世界级城市群的通达性，压缩时空限制，使高铁沿线的多个城市或都市区进一步形成融合化、网络化、集群化发展格局。进一步激发新的商务出行、旅游购物及出行需求，促进了资源要素流通，也加速了经济发展速度和效益。现代快速铁路特别是高铁极大缩短了城市之间的时空距离，促进了城市群空间的流动频率和强度，改变着城市群的空间组织形态，为世界城市群的快速发展与资源要素流动创造了条件。

另一方面，通信网络技术特别是"互联网＋"技术的飞速发展，极大地降低了世界级城市群各要素之间流动和产业上下游关联的经济成本，使城市内部、城市与城市之间的人流、物流、信息流、资金流更加便捷。知

识产生与共享更加快速和便捷，推动城市空间由封闭走向开放、由限制走向接纳、由垄断走向包容、由僵化走向不断学习，使城市群规模效应和网络经济效应不断增强，促进世界级城市群活力不断增强，形成新动能、新业态、新模式，提升了世界级城市群的国际竞争力。

（4）中心城市发挥引领作用，具有强大的国际影响力

有学者认为，世界级城市群与一般的都市圈不同。都市圈通常以核心城市为中心，在区域半径 30 ~ 100 公里的范围内形成核心城市与其他城市之间的节点联系。而世界级城市群不仅有都市圈，而且突出强调在距离核心城市或中心城市半径超过 100 公里以上的、具有显著地缘经济特征的、若干个大城市之间的节点联系，以至于世界级城市群通常是由多个国际化大城市构成，形成所谓的大都市圈或城市带①。世界级城市群均有一个为国际公认的世界城市为其中心城市，如伦敦、巴黎、纽约和东京，以这些世界城市为中心形成了对外开放度高、经济引领强、国际影响力大的世界级城市群。城市群一般拥有数个人口达百万人以上的都市区，但核心是世界城市，如纽约、伦敦、东京、巴黎等，它们居于世界城市体系的最高层次，伴随发达国家的经济向后工业化时代的转型，世界城市成为人流、货币流、物质流、信息流等多种流汇集的主要节点，不仅继续成为世界金融保险商务活动的中心，而且引领文化创意产业的发展潮流②。中心城市为所在城市群的经济、政治、金融、科技、文化、贸易等中心，城市功能完善，在城市群中发挥引领、龙头、支撑作用，在全球经济中代表区域或者国际发挥重要的经济协调、引领与控制功能，在区域、全国乃至全球范围内具备引领、辐射、集散功能的城市，这种功能表现在政治、经济、文化、对外交流等多方面。世界级城市群的中心城市发挥引领、辐射作用，与周边各个城市的经济、社会、文化等多方面的联系紧密。中心城市拥有发达的交通枢纽功能和相关配套基础设施，是高等级功能的集聚体，主

---

① 朱晓青. 京津冀建设世界级城市群面临的突出问题与对策 [J]. 领导之友，2016 (5)：56 - 61.

② 宁越敏. 世界城市群的发展趋势 [J]. 地理教育，2013 (4)：1.

宰、引领和支撑着城市群内经济、贸易、文化、金融、科技、通信、信息等多方面的重大决策制定、国际活动，成为影响国家乃至世界经济活动的重要力量。同时，中心城市作为空间要素的高度集聚、高端人才集聚、科研院所集聚，是各种最新信息和知识的发源地，技术创新能力强，引发各种新思想、新知识、新思潮、新科技的不断涌现，具有对其他区域产生引领和带动的产业孵化器功能。

3.2.2　世界级城市群的生态特征与演化规律

戈特曼认为，成熟的世界级城市群应具备的条件是：区域内城市密集、拥有一个或几个国际性城市、多个都市区连绵、国家经济的核心区域等①。结合该研究，从生态学的视角，研究当今世界城市群所表现的新特征、新趋势，系统考察世界城市群所具有的生态学特征及演变规律。从生态学的视角考察，世界级城市群自身是一个完整的生态系统，各城市要素高度集聚的同时，各要素、各环节之间形成了紧密联系的生态体系，展现出内在的生态特征和自组织的系统演化规律。这种生态特征'一方面'表现为仿生态链的基本规律，世界城市群表现的以中心城市为核心、辐射周边城市所形成的仿生态的经济社会体系，另一方面，也表现为城市经济与自然生态系统之间的生态演化规律。规模巨大的城市群给有限的生态空间带来压力和生态承载力负担，这些世界城市群在面对生态压力、环境污染等方面所表现出内在的特征和演化规律。

（1）城市群内部形成分工与合作的仿生态关联

世界级城市群内部形成紧密的分工合作的仿生态关联，其空间结构形成动态的生态协同特征。J. 戈特曼对大都市带的空间组织形式进行深入考察，认为一般的城市演变到高级阶段形成了都市区，而连接多个城市形成的大都市带，是由各具特色的都市区镶嵌而成的分工明确的有机集合体（Agglomeration），即马赛克（Mosaic）结构。彼得·霍尔（Peter Hall）将

---

① 魏丽华. 城市群理论与实践演进史梳理——兼论京津冀城市群发展研究述评［J］. 湖北社会科学，2016（7）：79－86.

大都市区的多中心演化称之为"巨型城市区域"概念。世界级城市群表现为城市之间不是简单的扎堆和连成一片,更多的是产生了互动和产业关联的功能性城市空间区域,每个功能性城市区域围绕一个城市或城镇,在实体空间上彼此分离,但在功能上相互联系形成完整的生态网络结构。城市群的生态网络结构通过资金流、信息流、人流、物流等要素流动,形成了生态化的"城市流动空间"。这种生态化的分工与合作关系实现了城市群的资源集约化利益和协同效应。例如,日本东京湾6个港口,其中最大的千叶港口,作为原料输入港;横滨港口主要负责对外贸易;东京港口集中于内贸;川崎港口专为企业输送原材料和制成品等。世界级城市群内的分工不断动态调整和系统优化,按照市场规律和产业链的价值原则合理配置,实现共赢和协同效应。

(2)城市群规模扩大引发生态承载力下降与生态危机问题

对世界级城市群而言,快速增长的城市人口增加了水资源压力,城市规模扩大增加了城市的资源能源和自然环境压力,引发生态承载力下降。快速城市化过程中伴生的污染加剧、生态退化、资源短缺等一系列生态环境问题,已成为城市可持续发展的重要制约因素①。城市空间不断蔓延,边界不断扩大,为城市基本生产生活提供更多的基础设施,导致包括水源地、生态用地的减少和水质下降,引发城市群的生态危机问题。城市以非农产业为主,人多地少,经济发展快,产业能耗高,高污染、高排放是城市生产的重要产物,包括机动车尾气排放、建筑废物排放等,同时,随着生态用地减少,城市生态自我净化能力减弱,导致生态环境不断恶化。

城市群生态危机主要表现为:一是城市生态绿化危机。即城市的生态绿化面积不断被压缩,被建设用地和产业用地所侵占。由于城市生态绿化率过低,城市地面硬化面积不断扩大,严重制约了生态绿化发展和城市生态系统的自我调节。二是城市环境污染。例如,大面积的雾霾天气、水体

---

① 苏美蓉,杨志峰,胡廷兰.城市生态危机的经济学根源分析 [J].环境科学与技术,2007,(03):45-47

污染、土壤污染、固体废弃物污染、光污染、噪声污染等均严重影响人们的生产生活空间。三是城市生态入侵。生态入侵是基于外来物种迁入导致城市生态系统受到破坏，严重影响城市原生态系统的自我平衡，包括污染物入侵和生物入侵。污染物入侵主要指污染物从污染源和高浓度的地方随风雨向低浓度、低地势、下风向的地方迁移，侵入原生态空间恶化客地的生态环境。生物入侵主要是外来物种入侵，特别是某种动物、植物入侵破坏原生态链，引发原生态系统的紊乱。纵观世界城市群演化过程，均经历过城市群规模扩张导致生态承载力下降，引发严重的生态危机问题。城市群生态危机问题，一方面可能与全球气候变暖和生态恶化有关，另一方面与人类生产生活有关，如重化工为主的产业结构和以煤炭石油为主的能源结构，导致城市排放和污染日益加剧，导致城市生态承载力不断下降。

（3）城市群经济与环境的关系由高碳、非生态走向低碳生态演化

许多世界级城市群同样遇到严重的环境污染和生态危机问题，如英国伦敦、日本东京、美国纽约、法国巴黎等。但这些世界城市均通过长期有效的治理措施，一定程度上治理了"城市病"问题，改善了生态环境。这其中表现出来的规律，是坚持了经济与环境的协同发展，使经济与环境的非和谐、非生态、高碳的关系不断走向低碳、和谐、生态的演化关系。有学者对德国产业结构转变与低碳发展的关系进行研究指出，对德国低碳经济转型的系统探究，进一步发现并验证了产业结构变迁推动低碳经济发展的阶段性特征：在工业化向后工业化转变的过程中，产业结构变迁对低碳经济发展的贡献主要通过第三产业比重的不断增加实现；而在后工业化时期，以技术进步和效率提升为依托的三次产业内部结构调整，尤其是第二产业内部的低碳化，成为低碳转型的核心推动力[1]。因而城市群在高级阶段主要通过产业结构优化升级与低碳化转型实现了经济与环境的生态和谐关系建构。

---

[1] 李佳倩，王文涛，高翔．产业结构变迁对低碳经济发展的贡献——以德国为例［J］．中国人口·资源与环境，2016（1）：26–31.

一方面,产业结构优化升级促进了经济与环境之间关系的改善。从城市群经济或产业结构演进来看,当城市经济发展到一定阶段后,城市群经济由工业经济进入后工业经济阶段,即由第二次产业为主的产业结构转变为以第三次产业为主的产业结构,世界级城市群基本以金融、信息、科技、商贸、文化等为主的产业结构体系。以日本太平洋沿岸城市群为例,其内部东京核心区集聚管理、信息、金融等高端服务业,多数地区为高新技术区,多研发机构和高等学府,工业制造则主要分布在神奈川区和千叶区域。伴随产业结构的变化,一定程度上破解经济增长与环境污染之间的困境,实现了部分或全部脱钩。这是因为工业为主的产业结构,导致高能耗、高污染、高排放的经济结构,工业生产等导致生态环境不断被破坏,生态不断被恶化。而随着产业结构升级,服务业占主导的产业结构一定程度上减少了能耗强化和环境污染水平,产业结构优化升级进一步提高了资源能源利用效率,减少了碳排放强度。

另一方面,城市发展重视生态建设和低碳治理,促进了经济与环境之间的生态和谐。由于长期受环境污染的困扰,如英国伦敦、美国纽约、日本东京等世界级城市群,重视了生态环境的治理与改善,重视城市低碳发展,特别是产业低碳化和城市绿化建设,促进了生态环境的治理与改善。东京、伦敦、纽约等世界级城市群伴随经济发展,对生态环境的要求日益提高,加强城市绿色转型和生态建设成为共同规律。现代城市更加注重低碳发展、绿色发展、循环发展,实现经济与环境之间的关系更加和谐、生态、低碳。我国针对城市群发展,提出了加强生态建设和低碳治理的基本要求,如 2015 年中央城市工作会议提出,要以城市群为主要形态,科学规划城市空间布局,实现紧凑节约、高效绿色的发展,结合各城市的资源禀赋和区位优势,明确它们的主导产业和特色产业,强化大中小城市和小城镇产业协作,逐步形成横向错位发展、纵向分工协作的发展格局。现代城市群发展更加重视区域分工与合作,重视经济与生态环境的协同发展,引导产业合理布局和有序转移,加强区域生态建设与低碳治理,提高区域生态承载力和经济增长质量,推进经济与环境之间的生态和谐与绿色低碳发展。

3.3　世界级城市群视域下首都生态文明体制改革的战略意义

2012 年 4 月 10 日，《2010 中国城市群发展报告》中显示，长三角城市群已跻身于六大世界级城市群。2015 年 1 月 26 日，世界银行发布的报告称珠江三角洲超越日本东京，成为世界人口密度最大的城市群。中国相关城镇化发展规划提出，将长三角城市群、珠三角城市群和环渤海经济圈建设为世界级城市群为目标，发挥其对全国经济社会发展的重要引领和支撑作用，在更高层次参与国际合作和竞争。京津冀作为我国北方最大的经济核心区和环渤海城市群的中心区域，是继长三角、珠三角之后我国第三增长极。三个地区在地域、文化、经济方面互相联通，是我国政治、文化、经济与科技创新的中心，也是我国参与国际竞争的重要区域中心。推进京津冀协同发展，有效发挥北京在全国范围内的首都核心功能，以及打造以北京为核心的世界级城市群，进一步增强我国在国际城市群建设中的竞争力①。

2017 年 9 月 27 日，中共中央国务院批复同意《北京城市总体规划（2016—2035 年）》，强调要发挥北京的辐射带动作用，打造以首都为核心的世界级城市群。全方位对接支持河北雄安新区规划建设，建立便捷高效的交通联系，支持中关村科技创新资源有序转移、共享聚集，推动部分优质公共服务资源合作。与河北省共同筹办好 2022 年北京冬奥会和冬残奥会，促进区域整体发展水平提升。聚焦重点领域，优化区域交通体系，推进交通互联互通，疏解过境交通；建设好北京新机场，打造区域世界级机场群；深化联防联控机制，加大区域环境治理力度；加强产业协作和转移，构建区域协同创新共同体。加强与天津市、河北省交界地区统一规划、统一政策、统一管控，严控人口规模和城镇开发强度，防止城镇"贴边连片"发展。构建以首都为核心的世界级城市群作为国家重大战略，京

---

① 陈秀山，李逸飞. 世界级城市群与中国的国家竞争力——关于京津冀一体化的战略思考 [J]. 人民论坛·学术前沿，2015（15）：41 –51.

津冀协同发展的核心内容及任务，是在京津冀地区形成生态环境治理、交通、市场、公共服务、产业等方面的一体化建设，实现区域协调发展。但目前，京津冀依然面临环境污染严重、产业结构不合理、空间结构失衡、区域差距较大等问题。当前须解决的首要问题是打破行政壁垒、加强生态文明体制改革、优化首都功能、构建以首都为核心的世界级城市群，需要重点加快京津冀地区生态环境治理与生态文明建设。加强首都生态文明体制改革，对于构建以首都为核心的世界级城市群具有重要的战略意义。

3.3.1　加快转型升级与绿色增长的迫切要求

文明是人们在长期生产生活的智慧结晶和成果总结，是现代城市社会高端发展的核心价值彰显。要依靠城市转型与持续发展，进一步改善人与生态环境、人与社会、人与城市的单向关系。人类不仅要从社会、自然、城市索取物质财富，更重要的是对社会、生态环境、自然世界、城市环境的修复、平衡与保护，构成更加和谐、绿色、生态、低碳、宜居的现代城市环境。这是人类城市化后的生活目标，也是确保人类社会更加文明健康、绿色生态、持续和谐发展的必然要求。反思人类三百年的工业文明，是以人类征服自然、人类破坏自然、人类污染自然为代价和特征的生产和生活方式，这种粗放型、索取型、污染型的城市经济增长模式不可持续、不可复制、不可再生。一系列的全球性生态危机和气候变化迫使人类社会加快城市转型、加快生产模式、经济发展方式的转型。

党的十八届三中全会对深化生态文明体制改革作出明确部署。这是党中央第一次提出要加强生态文明体制改革、第一次提出"纠正单纯以经济增长速度评定政绩的偏向"、第一次能在中央文件体现，充分说明党中央和国务院加强生态文明建设的坚强决心，也是难能可贵的。深化生态文明体制改革，一直是学术界的广泛共识，但第一次在中央文件中得到体现和落实，中央文件中能提出、能响应，说明中央已经认识体制改革在推进生态文明建设的至关重要性和紧迫性。

改革开放以来，由于从中央到地方、从官员到群众乃至整个国家对以经济建设为中心，改变贫穷的社会主义的强烈渴望，经济利益至上、GDP

增长为核心的政绩考核体系，有些地方追求眼前、"短平快"的经济效益，不惜以低价资源能源的消耗为基础，不惜以生态环境破坏为代价，不惜以焚林而田、竭泽而渔为手段，实现经济高速增长。生态恶化、环境污染、雾霾天气、水土污染等已经形成强烈的倒逼机制，迫使我们必须高度重视生态环境问题。广大人民群众对环境保护、生态文明、美丽中国的愿望从来没有如此强烈过、如此尖锐过。在这种情况下中央决定深化生态文明体制改革，这些无疑成为解决当前中国经济社会持续发展中最现实、最紧迫、最渴望的重要民生问题和生态问题，加强生态文明体制改革的战略决策很现实、很紧迫。对于北京而言，长期以来的环境污染问题困扰城市绿色低碳发展。必须重视加快体制改革推进首都生态文明建设，加快北京节能减排和经济发展方式转变，实现经济绿色增长，不断构建更加绿色低碳的美丽首都。

3.3.2　打造宜居之都与增进民生福祉的关键战略

北京打造宜居之都，建设美丽北京，面临能源消耗高、环境污染重、雾霾天气频发等诸多生态问题。深化生态文明体制改革是全面推进绿色、生态、低碳的美丽北京建设的重要基础和关键环节。加快生态文明体制改革刻不容缓，也是推进首都生态文明建设的关键环节和基本保障。首都北京本身作为资源匮乏型城市，依靠外部资源能源输入实现经济发展，人口过分膨胀、产业过分集聚、生态环境日益脆弱。作为一个特大消费型城市，水资源短缺、垃圾处理等阶段性问题仍然比较突出，城乡环境质量与建设宜居城市的要求存在一定差距，相关基础设施与服务能力的建设投入保障力度仍然不足等。建设绿色北京关乎北京的可持续发展与未来，关乎每个市民的切身利益和长远发展①。

"三个北京"建设中，"绿色北京"建设突出的是对首都生态环境建设的高度重视。"绿色北京"建设中存在诸多城市发展困境，包括传统的粗

---

① 崔伟奇. 论"绿色北京"理念的价值哲学基础［J］. 北京行政学院学报，2011（2）：111-114.

放式发展模式，仍在一定程度上延续，高消耗、高排放、低产出的生产方式仍然存在，技术创新对绿色发展的产业化支撑能力有待增强，生态文明与"绿色北京"建设的相互促进机制有待完善，实现创新驱动和低碳发展的深层次制约因素还需要进一步突破。首都北京空气质量差，PM2.5成为首都市民的敏感话题。推进首都生态文明建设及其体制机制改革创新，是打造宜居之都、建设"绿色北京"、增加民生福祉的关键战略。

3.3.3 树立绿色世界城市形象与打造低碳首都的重要支撑

苏格兰的城市规划师帕特里克·格迪斯于1915年提出世界城市概念，指出世界城市主要是指在世界经济和商业活动中具有最重要地位的城市①。1966年，英国地理学家彼德·霍尔在《世界城市》中开启了对现代世界城市的系统研究②。弗里德曼与美国学者沃尔夫（1982）发表的《世界城市形成：研究和行动议程》中认为，世界城市是一种体现世界生产和市场体系的全球城市空间网络，该网络是以城市为主导地位，是全球资本最为集中的活跃区域③。世界城市作为全球城市竞争背景下，具有重要影响力的城市，具有许多共同的本质特性或发展规律。1986年，美国著名经济学家弗里德曼在《世界城市假说》一文中提出"世界城市"的基本标准，主要包括全球金融中心、跨国公司总部、国际化组织、商业服务部门的高速增长、重要的制造中心、主要交通枢纽和人口规模足够大七大标准。

北京作为国家首都，中国所面临的应对全球气候变化的国际压力，同样也是北京的压力，北京城市发展格局直接代表中国的形象，代表中国在国际生态文明建设中的地位与形象。北京需要在生态文明建设中占领主导性的战略地位，在国际舞台展现出积极姿态，展现北京建设中国特色世界城市的风采和形象，需要加快改变传统的高消耗、高排放、高污染的发展

① Geddes Patrick. Cities in Evolution [M]. Williams&Norgate, 1915.
② Hall Peter. The World Cities [M]. London：World University Library. Weidenfeld&Nicolson, 1966.
③ 盛蓉，刘士林. 世界城市理论与上海的世界城市发展进程 [J]. 学术界, 2011 (2)：219-224.

模式和不良形象，需要加快生态文明建设。北京需要在生态文明建设中占领主导性的战略地位，在国际舞台展现出积极姿态，展现北京建设中国特色世界城市的绿色形象，抢占低碳话语权。世界城市不是世界污染型城市，应该是更加低碳、绿色、生态的宜居宜业型城市，具有世界吸引力和正能量影响力的现代绿色城市。北京不能复制老牌世界城市的以高能耗、高污染、高排放为代价的发展道路和模式，要走低碳的、绿色的、发展循环经济的道路①。加快首都生态文明体制改革是建设中国特色世界城市的重要抓手和战略选择。

北京在创建世界城市、国际大都市的过程中，从定位、道路、发展模式上应该有自己的特点，不能复制老牌世界城市的发展道路和模式，要走低碳的、绿色的、发展循环经济的道路，应该具有中国特色和地方特点②。以生态文明建设为契机、以绿色发展为基本理念、以体制创新为动力，构建国际绿色形象，打造世界低碳城市，建设低碳文明的首都城市，才能既彰显北京精神和中国特色，也能摘掉在国际上传统的污染型城市"旧帽子"，提升北京建设中国特色世界城市知名度和影响力。

3.3.4 破除体制障碍与建设美丽北京的重要保障

推进首都生态文明建设，关键在于突破传统体制机制障碍，提升体制运行活力，进而释放生态文明建设内在动力。加强首都生态文明体制改革和制度建设，是破除体制机制障碍、建设美丽北京的关键突破口和重要战略。党的十八届三中全会明确提出要深化生态文明体制改革，加快建立生态文明制度，进而促进美丽北京建设。这一战略要求，为如何突破首都生态文明体制改革指明了方向。深化首都生态文明体制改革，进一步建立和完善首都空间开发、促进资源能源集约化利用、促进首都生态环境的改善与优化的相关体制机制，这是对首都经济社会发展规律认识的深化，是对首都生态文明建设基本规律的科学把握。对生态文明建设发挥主导作用的

---

① 陈弘仁. 北京建设"低碳"世界城市［N］. 中国经济导报，2010 - 6 - 18.
② 陈弘仁. 北京建设"低碳"世界城市［N］. 中国经济导报，2010 - 6 - 18.

是体制制度因素，生态文明建设遇到更多的是体制机制障碍，如果不从根本性的体制机制入手，很难推动生态文明建设的落地。

党的十八届三中全会提出的，要进一步完善发展成果考核评价体系，特别是在生态文明建设考核中要增加资源消耗、生态效益、环境损害、生态效益等指标的考核和评价。增加这些指标的权重能在一定程度上改变传统的以 GDP 为主导的政绩考核体系，从根本上解决传统的只要"黑色" GDP 不要"绿色" GDP、只要"金山银山不要青山绿水"、只要经济不要环境、只要"胃"不要"肺"等体制机制上的"囚徒"困境问题，从根本上解决生态文明建设内生动力不足，就应该从体制机制上"开刀"。加强生态文明体制改革，进一步改善人与生态环境、人与社会、人与城市的单向关系，人类不仅要从社会、自然、城市索取物质财富，更重要的是要对社会、生态环境、自然世界、城市环境的修复、平衡与保护，构成更加和谐、绿色、低碳、宜居的现代生态文明的城市环境。这是人类城市化、服务化、低碳化、生态化后的基本目标，也是确保人类社会更加文明健康、绿色生态、持续和谐发展的必然要求。

3.4　本章小结

本章主要考察首都生态文明体制改革的战略意义和现实紧迫性。一是加快转型升级与绿色增长的迫切要求。长期以来的环境污染问题困扰城市绿色低碳发展。必须重视加快体制改革，推进首都生态文明建设，加快北京节能减排和经济发展方式转变，实现经济绿色增长，不断构建更加绿色低碳的美丽首都。二是打造宜居之都与增进民生福祉的关键战略。北京打造宜居之都，建设美丽北京，面临能源消耗高、环境污染重、雾霾天气频发等诸多生态问题。深化生态文明体制改革是全面推进绿色、生态、低碳的美丽北京建设的重要基础和关键环节。推进首都生态文明建设及体制机制改革创新，是打造宜居之都、建设"绿色北京"、增加民生福祉的关键战略。三是树立绿色世界城市形象与打造低碳首都的重要支撑。以生态文明建设为契机、以绿色发展为基本理念、以体制创新为动力，构建国际绿色形象，打造世界低碳城市，建设低碳文明的首都城市，才能既彰显北京精神和中国特色，也能摘掉在国际上重塑传统污染型城市的"旧帽子"，提升北京建设中国特色世界城市知名度和影响力。四是破除体制障碍与建设美丽北京的重要保障。加强首都生态文明体制改革和制度建设，是破除体制机制障碍、建设美丽北京的关键突破口和重要战略。

4 世界级城市群视域下首都生态文明
建设的空间二重性与体制障碍

    首都北京不仅北京的地域空间概念，而且包含首都地区和京津冀世界级城市群两大空间内涵。从空间视角考察，首都北京具有重要的战略地位和特殊的空间区位特征。一方面，北京空间区位作为国家的首都，首都生态文明建设是对国家生态文明建设战略的具体实施，是对国家目标的具体推进。因而首都生态文明建设是国家目标和意志的重要体现，与国家生态文明建设没有本质上的不同，是国家生态文明战略目标的进一步推进和细化。另一方面，首都生态文明建设又具有明显的区域性和空间性。加强首都生态文明体制改革，需要通过空间尺度、实施主体、重点难点、目标进程以及评价体系等方面，结合首都生态文明建设的演化过程，研究首都生态文明建设的空间二重性，考察首都生态文明建设的自身特征与内在规律。

4.1 世界级城市群视域下首都生态文明建设的空间二重性

    首都北京的生态文明建设不仅要解决好北京自身地域空间的生态环境治理问题，更需要从京津冀协同发展和世界级城市群构建的大空间尺度进行思考和推进。首都北京具有地方性和全局性的二重性空间特点。首都生态文明建设与国家生态文明建设具有共同的空间二重性特征。如表4－1所示①。生态文明是人类在利用自然界的同时又主动保护自然界，积极改善

---

    ① 黄勤，王林梅. 省区生态文明建设的空间性 [J]. 社会科学研究，2011（6）：17－20.

和优化人与自然关系而取得的物质成果、精神成果和制度成果的总和，包括物质文明、精神文明和制度文明三个层次。

表4-1　国家生态文明建设与省区生态文明建设的比较

		国家生态文明建设	省区生态文明建设
共性	内涵层次	物质文明、精神文明和制度文明	
	建设体系	生态文化、生态经济、生态环境、生态制度、生态社会	
	基本要求	基本形成资源节约环境友好的产业结构、生产方式和消费模式；在全社会牢固树立生态文明观念；加强生态建设	
差异性	空间尺度	国家	省级行政区
	实施主体	中央政府	省级政府
	目标进程	处于初级阶段	快慢并存、高低不齐
	评价体系	反映一国可持续发展的全局性问题，体现中华民族文化特点，突出国际地位	反映可持续发展的区域性问题，体现区域资源环境特点，突出地域文化特色，考虑其在全国产业分工地位和生态功能地位

　　建设生态文明是一项涉及政治、经济、社会、文化、资源、环境等多个方面的复杂系统工程。一般认为，生态文明建设包括生态经济建设、生态环境建设、生态制度建设、生态文化建设和生态社会建设五大体系。无论国家战略层面还是首都建设层面，生态文明建设都涵盖上述三个层次，涉及五大建设体系，包括三个基本要求，首都生态文明建设是对国家战略的区域化、具体化和显性化，但相比国家生态文明战略，首都生态文明建设无论在空间尺度、实施主体还是重点难点、目标进程以及评价体系等方面，都存在明显的空间特殊性。

　　从空间尺度看，国家生态文明建设的空间范围是整个国土空间，涉及一国自然、经济、社会大系统，具有整体性、综合性和层次性。首都生态文明建设的空间范围是省（直辖市、自治区）级行政区，既是国家生态文明战略实施的空间单元，又是省市区域可持续发展的空间依托制度等因素综合作用，区域差异性与非均衡性十分明显。首都生态文明建设既要服从中央总体部署，更要立足首都北京情况，因地制宜，突出特色。特定的时空范围规定了北京不同于一般的省市级行政区域。北京首先是中央领导下的省市级地方行政区域，具有地方省市级行政区域相似的特征与空间资源。北京不同于其他省市级行政区域，属于国家首都，承担服务党中央和国务院、服务中央部委及各事业单位和在京的各类国企、央企等。北京作为首都体现为中央搞好服务与保障的神圣职责。生态文明建设及其体制改革需要考虑北京首都这一特色和功能。生态文明建设要服务于中央、为中央及部委机关提供更加良好的生态环境，而体制改革也将涉及中央部委及各类国家级单位的利益，因而会受到多个方面因素的制约。

从实施主体看，国家生态文明战略的实施主体是中央政府，首都生态文明建设由北京市政府组织实施。在我国中央与地方分级管理模式下，中央政府提出建设生态文明的战略决策，在宏观上进行指导和调控，北京市政府理所当然地应该贯彻执行，并发挥中央调控职能的"二传手"作用，搞好服务。同时，由于北京市政府在综合决策、组织协调上具有更大的灵活性，还可以在生态文明建设中大胆试验、积极创新。在推进生态文明建设中，中央政府与地方政府既有一致性，又存在冲突和博弈，二者的关系是决定生态文明战略顺利实施和深入推进的一个重要因素。

从特定时空范围内，生态文明建设的目标是有限的、可行的，相比建设之前应有适度提高和进步。强调首都生态文明建设目标进程的空间性，现实意义在于，应立足首都北京的实际情况，根据自身的社会、经济和自然条件制定符合实际的生态文明建设策略。在世界级城市群视域下，首都北京需要发挥生态文明建设与体制改革的龙头和示范作用。

生态文明建设评价体系的构建，以实现社会经济系统与自然生态系统和谐为目标。就国家层面讲，指标选择应着重反映可持续发展的全局性问题，体现中国悠久历史文明和民族生态文化特色，并与国际接轨，突出国际地位和责任，展示中国在世界可持续发展中所作出的不懈努力。在首都北京层面，应在国家评价体系指导下，反映首都可持续发展中的重点难点，体现首都区域资源环境特点，突出地域文化特色，充分考虑首都区域在全国的生态地位和主体功能定位，突出导向性原则。

4.2　首都生态文明建设的空间矛盾

结合首都北京经济社会发展的过程和空间结构，根据环境库兹涅茨曲线，分析首都经济快速增长与生态环境保护的矛盾。首都人口过快增长、产业在核心区过度集聚、交通拥堵等超越了资源能源和环境承载力。根据首都服务中央的功能定位，分析中央政府与地方政府的诸多矛盾。从京津冀跨区域尺度，分析区域之间利益共享与损失补偿、生态环境建设中的矛盾。

4.2.1　经济快速增长与生态环境保护的矛盾

作为世界级城市群的生态发展要求，首都地区必须以生态环境保护为硬约束，不能以牺牲环境为代价发展经济。但经济增长的迫切需求存在，形成与首都地区生态环境保护的严重矛盾。环境库兹涅茨曲线（EKC）表明，环境质量随经济增长先恶化后改善，在经济发展的初期阶段和高速增长阶段，经济增长与生态环境保护之间存在矛盾。我国环境危机仍然十分严重，环境"拐点"远未出现，而在现行财政体制和干部考核体制下，"发展才是硬道理"对首都各级政府的压力更大，经济快速增长与生态环境保护这一矛盾也更集中地体现在地方层次，给生态文明建设带来挑战。"十二五"期间，全国 GDP 年均增长率规划为 7%，但各省区市 GDP 年均增长率规划全部高于国家水平，31 个省区市中 GDP 年均增长率定为 8% 或 8% 以上的有 4 个，定为 8.5% 的有 1 个，定为 9% 或 9% 以上的有 2 个，定为 10% 或 10% 以上的有 9 个，定为 11% 或 11% 以上的有 2 个，定为 12% 或 12% 以上的有 12 个，定为 13% 的有 1 个。其中 11 个省区市提出五年翻一番或力争翻一番。经济快速增长的惯性仍将继续保持。人们一方面由于反思工业文明的弊端而呼唤生态文明，另一方面生态文明建设中又不得不受制于工业文明的强大惯性。

京津冀区域空气污染严重，重化工业在河北省、天津市较多城市还占一定比重，致使能源消耗和碳排放强度过大，低碳发展目标任重道远。在计划经济体制年代，河北省基于一定的矿产资源和地理区位综合优势，大力发展电力、钢铁、建材、石化等重化工业。以钢铁为例，河北省的产量就从 2000 年的 1230. 10 万吨飙升到 2012 年的 18048.4 万吨，每年的粗钢产量占全世界产量的 1/5。2012 年，河北省消耗燃煤总量由 2006 年的 2 亿多吨上升到 3 亿多吨。河北省的产业结构本来偏重钢铁、建材、石化、电力等行业，能源结构不尽合理，能源消费居全国第二位，单位 GDP 能耗比全国水平高近 60%[①]。

2013 年，河北省三次产业结构为 12. 4∶52. 1∶35. 5，与 2012 年比，第一产业比重上升 0. 4 个百分点；第二产业比重降低 0. 6 个百分点；第三产业比重上升 0. 2 个百分点[②]。2013 年天津市生产总值 14370. 16 亿元，按可比价格计算，比上年增长 12. 5%。分三次产业看，第一产业增加值 188. 45 亿元，增长 3. 7%；第二产业增加值 7276. 68 亿元，增长 12. 7%，其中工业增加值 6678. 60 亿元，增长 12. 8%；第三产业增加值 6905. 03 亿元，增长 12. 5%，占全市生产总值的比重达到 48. 1%[③]。2013 年，天津市三次产业比重分别为 1. 31∶50. 64∶48. 05。2013 年，北京市全年实现地区生产总值 19500. 6 亿元，比上年增长 7. 7%。其中，第一产业增加值 161. 8 亿元，增长 3%；第二产业增加值 4352. 3 亿元，增长 8. 1%；第三产业增加值 14986. 5 亿元，增长 7. 6%，三次产业结构由上年的 0. 8∶22. 7∶76. 5 变为 0. 8∶22. 3∶76. 9[④]。由上可以看出，河北省工业比重过高，天津也有一半比例为工业，北京市二次产业比重为 22. 3%。

根据环境保护部发布的 2014 年 3 月及第一季度京津冀等 74 个城市空气质量状况，邢台、邯郸等 24 个城市达标天数比例不足 50%，3 月空气质量相对较差的前 10 位城市中河北的邢台、石家庄、唐山、保定、邯郸、衡水、廊坊占据了前七位。京津冀地区 13 个城市空气质量平均达标天数比例

---

① 刘俊卿，苗正卿. 河北重化工之重 [J]. 中国经济和信息化，2013 (19).

② 资料来源：http：//finance. ifeng. com/a/20140217/11670225_ 0. shtml.

③ 2013 年天津市生产总值增 12. 5%，第三产业比重达 48. 1% [N]. 天津日报，2014 - 1 - 21.

④ 资料来源：http：//www. bjstats. gov. cn/sjjd/jjxs/201402/t20140213_ 267718. htm.

为 35.1%，平均超标天数比例为 64.9%，其中重度污染天数比例为 21.2%，严重污染天数比例为 3.3%①。2017 年第一季度，根据环境保护部发布空气质量状况表明，全国 74 个城市空气质量相对较差的后 10 位城市中京津冀地区就占了 6 位，分别是石家庄、保定、邢台、邯郸、衡水、唐山。京津冀区域 13 个城市 PM2.5 浓度为 95 微克/立方米，同比上升 26.7%。这充分说明该地区的工业、机动车等污染排放强度依然强劲，给空气质量改善带来较大压力②。

4.2.2 中央政府与地方政府的矛盾

从全国来看，推进生态文明建设，需要各级政府部门的合作与协同发展。但目前中央政府与地方政府在推进生态文明建设上存在一定矛盾，地方政府限于地方财政和 GDP 增长考虑，在建设生态文明方面积极性不够高。中央提出建设生态文明，并对建设的内容体系、重点领域、主要任务以及制度保障等做出了一系列重要部署。一些地方仅将生态文明建设当成国家布置的一项工作任务来落实，在追求经济利益与生态效益方面往往选择的是经济利益，中央政府考核的也主要是经济增长指标，进一步强化地方政府对生态文明建设的忽视和不够重视。生态文明建设被当做临时性的工作任务，一旦中央不再强调时，将继续以环境污染为代价追求经济利益，导致地方政府偏离中央政府整体目标。中央政府与地方政府在生态文明建设方面存在矛盾的原因是多方面的，体制机制障碍是最主要因素。

一是地方政府落实生态文明的体制机制和中央政府的制度安排不吻合。中央政府将生态文明建设作为国家战略，与经济建设、政治建设、文化建设、社会建设一并作为全面建设小康社会的重要任务，而多数地方政府并未将生态文明建设上升至区域战略的高度，仅将生态文明建设纳入环保部门的工作。

---

① 环保部发布 74 城市 2013 年空气质量状况 [EB/OL]．http://news.sohu.com/20140326/n397217067.shtml.

② 环境保护部发布 2017 年 3 月和第一季度重点区域和 74 个城市空气质量状况 [EB/OL]．http://www.zhb.gov.cn/gkml/hbb/qt/201704/t20170410_409562.htm.

二是现行考核机制与生态文明建设的要求不一致。中央政府对地方绩效考核主要集中于经济增长，对生态环境和资源使用效率等的考核虽然得到逐步重视，但仍然不足，现有干部考核体系同生态文明建设目标也存在偏差。

三是现行财政体制的问题。在以间接税为主的财政体制下，地方政府无不积极发展能带来财税收入的工业，特别是重化工业。而对环境保护和生态建设的投入积极性不高，甚至牺牲环境换取经济增长。重大环境污染事件的原因，表面看责任在企业，实际根源在当地政府。地方保护主义浓厚，保护污染企业可以带来直接的 GDP 收入和政绩，政府不作为、乱作为是导致污染事件的根本原因。如何破除体制机制障碍，使地方政府积极配合，与中央政府共同推进生态文明建设，是必须解决的重要难题。

对于首都北京而言，同样存在以上矛盾和障碍。北京环境污染和生态建设存在的问题原因是多方面，有客观层面的原因，如北京地形和地势特征，不利于空气污染物的疏散，处于缺水和干旱区域，雨水少，人口众多、周边工业企业集聚、机动车多等因素，导致污染物排放总量居高不下。从主观层面的原因看，首都北京并没有因为需要服务中央的特殊地位而减少对经济增长的考核压力，相反需要保持足够的经济增长水平以保障财政收入和各级财政的刚性支出、公共服务投入和基础设施建设。因而，在建设生态文明方面，从中央到北京普通市民均对首都北京提出必要的需求与期望，但实际上北京需要承担经济增长、服务中央、空气质量、生态文明的多方面压力和巨大的公共服务责任，换言之，环境污染是大家的，但减少污染或加强环境治理最终落在北京市各级政府的头上。推进生态文明建设也往往受到同级别、或更高级别单位的直接或间接影响。推进首都生态文明建设，加强首都生态文明体制改革，不仅是加强北京市体制改革和制度建设，涉及与首都生态文明建设密切相关的，从中央到北京市各级政府乃至河北省、天津市等各级政府的利益调整或体制机制变革。

因此，中央政府与地方政府之间的矛盾衍射在首都空间层面，表现为中央政府与北京市政府之间的矛盾，表现为北京市级与区县级、乡镇级政府的矛盾，也表现为北京市政府与河北省、天津市政府之间的矛盾，加强首都生态文明体制改革需要对这些矛盾关系进行梳理和体制机制创新。

4.2.3 区域之间利益共享与损失补偿的矛盾

在生态文明建设中区域之间因利益共享与损失补偿不对等而造成的矛盾有多种表现。主要表现为资源输出区与资源受益区之间的矛盾，以及流域上游地区与中下游地区之间的矛盾。在我国传统区域分工格局和资源价格体系下，中西部地区输出原材料到东部发达地区，又以高价从发达地区购买加工产品，造成所谓的"双重利润流失"。这不仅导致欠发达地区资源以初级资源产品的形式大量流失，而且粗放式资源开发给当地带来的生态环境破坏，又因为无力投入必要的资金进行治理致使生态环境恶化日益严重，由此引发资源输出区与资源受益区之间的贫富差距拉大，生活质量悬殊等矛盾越来越突出。流域上游地区肩负着维护全流域生态安全的重任，由于流域生态系统的整体性，上游地区生态环境建设和保护的"区域正外部性"往往更为显著。上游地区因为生态建设或环境保护而造成的经济损失理应得到相应补偿，但由于各种原因，现实中，上游地区与中下游地区由于利益共享与损失补偿的不对等而造成的矛盾普遍存在。

在首都生态文明建设过程中，涉及不同区域之间的利益协调与共享问题。例如，北京市与河北省之间，河北省特别是张家口、承德等地区为确保北京水源供给问题，禁止发展耗水型产业，在经济发展上作出了一定的牺牲。但北京市对于这部分的利益补偿问题形成了区域之间的利益共享与损失补偿的矛盾问题。

京津冀生态补偿和碳交易机制没有真正建立，生态补偿机制不完善。由于环境产权界定不清，利益主体不明，再加上支持资金严重不足、补偿标准低且缺乏可持续性，生态补偿机制尚不完善。京津冀本身作为生态脆弱区、生态涵养区和生态保护区缺乏经济支持，限于GDP困境，碳交易与税收都是限制碳排放的手段，碳交易体系还没有真正开展。实际上在碳交易方面，京津两地有了一定的基础，分别建立了天津排放权交易所和北京环境交易所。但对京津冀三地的生态补偿和碳交易市场开发不够，效果不

够明显，未能发挥推进京津冀生态文明建设的引擎作用。多年来，河北张
家口、承德等地区为京津提供了丰富的水源，但上下游之间现有的生态补
偿机制不健全，补偿标准没有按照市场化的运作方式进行科学计算，加剧
了上下游之间的矛盾，导致部分农民因此出现了政策性返贫现象①。在承
德潮白河流域，迄今为止，先后禁止的工业项目达 800 多项，造成每年损
失利税 10 多亿元；在赤城县，为了节水，县里改变了农作物种植结构，
水稻种植面积由原来的 3600 多 km^2 削减至 360 多 km^2。作为京津的风沙源
治理区，为保护京津大气环境而实施的封山育林、退耕还林还草工程也使
环京津贫困带的农业和畜牧业蒙受了巨大的损失②。在京津冀晋蒙经济合
作过程中，经济发展与环境保护、生态建设方面缺乏统一规划和协调，没
有形成合力分工、优势互补、资源共享、协调发展的局面。由于未建立相
应的环境补偿机制，区域内经济发展与环境保护、生态建设不能同步进
行，而且导致了区域内矛盾突出，不利于区域经济合作的长远发展③。

4.2.4　跨区域生态环境建设中的矛盾

北京人口过于膨胀、产业过于集聚、交通过于拥堵，建筑密度不断
"摊大饼"，不断增加首都北京的资源、能源和生态环境压力，降低了生态
承载力。这些问题没有得到系统的调整和解决，首都生态文明体制改革就
难以成功。因此，生态文明体制是涉及经济、社会、文化、政治、生态环
境等多个领域的体制调整和改革问题，仅从生态环境层面或机构设置与调
整方面，实际很难确保首都生态文明建设的加快推进和目标实现。

生态环境建设是生态文明建设的物质载体。当前，从中央到地方都无
一例外地将生态环境建设作为生态文明建设的核心任务和重要内容，可以
说，每个省区对加强各自辖区内生态环境建设都表现出高度的一致性。但

———————
①　京津冀合作须健全生态补偿机制［N］. 中国经营报，2013 - 06 - 22.
②　钟茂初，潘丽青. 京津冀生态—经济合作机制与环京津贫困带问题研究［J］. 林业经济，
2007（10）：44 - 47.
③　邹正方，李兆洁. 低碳经济视角下的京津冀晋蒙区域经济合作：挑战与选择［J］. 重庆
工商大学学报 2012（5）：37 - 40.

是，生态环境不仅具有外部性，而且在空间上远远超出了经济活动和行政管辖范围，从而使行政区划和行政管理体制在解决跨区域生态环境建设中面临尴尬。

一是跨区域资源环境的无序消费和过度消费。由于生态环境的产权不明晰，跨区域生态环境的产权更是难以界定，生态受益者和污染受损者职责难以确定，加之行政区划和行政管理体制的分割，对于跨区域资源环境的集体消费存在严重无序消费和过度消费现象。在"造福一方"和区域竞争的内外压力下，一些区域在跨区域资源环境利用上甚至达到了"竭泽而渔"的地步，在生态环境污染上不惜"以邻为壑"，以影响和牺牲周边生态环境为代价，获得本地区经济的高速增长。

二是各行政区在共同建设跨区域生态环境中的博弈问题。跨区域的生态处于互相关联的整体性关系之中，其生态环境建设必须相关区域的共同参与，统筹协调，但是，每个行政区从自己的利益出发，都有可能逃避环境治理的责任，但又都等待其他地区投入更多，以便自己可以"搭便车"，这种博弈现象在流域治理、重要生态功能区建设中表现尤为突出。近年来，首都地区水源减少、水质下降、河水污染等现象频现，既是行政区内经济快速增长与生态环境保护矛盾加剧的结果，也与流域治理范围内各行政区之间各自为阵、相互推诿有关。这些问题的解决，迫切需要改革现行绩效考核机制，建立多元联动的区域生态合作治理机制，创新生态文明建设的区际协调机制。

京津冀生态环境建设的合作机制欠缺，没有打破"一亩三分地"的传统思维惯式。尽管京津冀三地的新能源等低碳产业有一定的基础和规模，但加强低碳领域合作的体制机制还不够完善，没有形成抱团协同的创新合力。例如，保定的光伏产业产品在北京应用较少，北京具有较好的光照强度，但使用太阳能设备的领域非常少。北京优势的高科技人才对天津、河北的服务力度不够。京津冀地区与这些地区的交通联系方便，低碳产品和服务有着广阔的市场空间。但由于新能源发电成本高，尤其是光电，在国内的应用还存在大的障碍。在其他政策和产业领域，京津冀三地合作机制不够完善，没有打破习近平总书记指出的自顾"一亩三分地"的传统思维惯式。例如，在高考、基础教育、社会医疗、养老、交通设施等领域没有形成均等化的公共服务，在政策服务、基础设施、公共服务等方面存在明显较大差距，导致北京、天津形成对人才、资本等要素的虹吸效应和过分极地效应，高级人才进的多、流出少，对河北不发达区域的辐射少、贡献少。

以上因素存在导致北京人口过于膨胀、产业过于集聚、交通过于拥堵，建筑密度不断"摊大饼"，不断增加了首都北京的资源、能源和生态环境压力，降低了生态承载力。这些问题没有得到系统的调整和解决，首都生态文明体制改革就难以成功。因此，本书所提出是生态文明体制是涉及经济、社会、文化、政治、生态环境等多个领域的体制调整和改革问题，仅从生态环境层面或机构设置与调整方面实际很难确保首都生态文明建设的加快推进和目标实现。首都生态文明体制改革关乎经济层面、社会层面、政治政策层面、生态环境层面等多个领域的系统调整，在根本上不打破"一亩三分地"的传统思维惯式和实际存在的政策偏差问题，就难以促进京津冀协同发展和低碳发展，难以推进首都生态文明建设进程。

4.3　首都生态文明建设的体制障碍

生态文明体制改革的目标是构建基于政府与企业、政府与社会、政府与市场的综合性思维的制度变迁，应包括四个层面[1]：一是生态（环境）管理制度，需要解决的主要问题是对自然资源、生态景观实施真正符合生态性的管理，而非将生态资源用以赢利，或者将生态资源作为资本进行管理。二是生态经济制度，主要问题是如何构建绿色的生产生活方式；三是生态社会制度，主要问题是社会组织方式、社会生存方式如何体现生态、

---

① 郇庆治. 环境政治学视角的生态文明体制改革与制度建设 [J]. 中共云南省委党校学报，2014（1）：80 - 84.

绿色的要求；四是生态文化制度，主要问题是生态观念的培育、教育和传播，根本性问题是如何改变、提高人的生态文明素质。本书认为，从生态文明体制概念进行分析，首都生态文明体制现状及其问题可以概括为：经济不生态、环保不得力、社会不参与、文化不支撑。体制障碍主要表现为以下四个方面：

4.3.1 生态经济建设层面的体制机制障碍

在经济建设领域，没有建立重视生态经济发展的体制机制。从生态经济体制看，资源能源低价、环境零成本的环境经济制度阻碍生态文明建设，追求GDP经济增长的单一政绩考核体系、产权制度不明晰、生态补偿不到位、价格体系不完善等阻碍生态文明建设，成为牺牲环境、破坏生态的罪魁祸首。

（1）追求GDP经济增长的单一政绩考核体系。在传统经济发展理论中，工业化是推进城镇化发展的主动力，只有实现工业化，才能大幅度提升城镇化水平。受这种传统理论和片面追求GDP增长政绩考核的影响，京津冀都热衷发展工业。北京强调发展现代制造业、高端制造业、高技术产业、战略性新兴产业和"2.5产业"，实际是发展以汽车制造业为代表的工业；津冀也强调发展工业特别是重化工业。结果在工业化发展的进程中京津占有明显的投资、技术和人力资本的竞争力优势，只把低端的、高污染、高能耗的工业留给了河北省，迫使河北跟在京津后面不断调整工业结构，自身城镇化水平难以提升①。在当前的政绩考核体系中，许多部门和地方政府以GDP为主导的发展观仍然没有从根本上改变，由于许多污染企业解决大量就业，关闭不仅意味着经济下滑，更关系到失业等社会经济问题。不少地方为抓"政绩"，片面追求GDP增长率，以消耗资源、牺牲环境、破坏生态为直接恶果和沉重代价，助推短暂的经济繁荣。许多"癌症"村、山洪爆发、地面下陷、水源污染、土地重金属超标等无不与追求

① 朱晓青.京津冀建设世界级城市群面临的突出问题与对策［J］.领导之友，2016（5）：56-61.

经济建设、资源能源开发、重工业发展有关。GDP 至上的政绩考核体系是生态文明建设的最大的、首要的障碍。

对于首都北京而言，为追求 GDP 和保持稳定的经济增长，积极吸引企业入驻，增加政府财政收入。但企业进入，增加了就业，吸引更多人口特别是外来人口进入，导致人口膨胀、住房需求增加和交通出行需求增加。人口、交通、住房等总量增加，进一步加大了首都的人口、资源与环境压力，降低了首都生态环境承载力。GDP 和产业增长的刚性需求存在，在本质上会增加城市生态环境压力和资源能源压力。

（2）环境污染税费和环境交易制度不完善。一方面，排污权、碳排放权交易制度刚起步，相关法律制度尚未确立，使交易的合法性成为问题，即交易后合法的排污量难以界定。另一方面，尚未开征专门的环境税，涉及交通燃油、供暖及加工燃料、机动车辆、自然资源、废弃物管理和污染排放等领域，未充分发挥促进污染减排的作用。

（3）资源节约、环境保护的价格体系欠缺，价格补贴制度不合理。从资源无偿划拨到有偿使用的改革不到位，资源产权市场化程度低，资源行业行政性垄断与自然性垄断并存；资源性产品价格没有体现资源的全部价值，再生资源价格高于初始资源价格，废弃物处理成本高于排放成本，使许多企业进行环保、生态建设动力不足。世界各国通行做法是"谁污染、谁治理"，或"污染者付费制度"，而我国使用价格补贴作为治理排放的经济手段，凡脱硫、脱硝的发电企业，国家上调上网电价和销售电价，补贴其增加的成本，也就说"企业污染，消费者付费"。发电企业不按规定运行脱硫、脱硝设施，电价补贴变成利润留在企业[1]。

（4）能源体制不够完善。在计划经济时期，国家对能源实行高度集中的计划管理。我国能源市场化改革处在计划与市场并存的双重体制下，导致能源利用粗放、能耗过高，能源结构调整缓慢，环境污染严重。一是煤

---

① 范必. 能源体制雾霾不除, 大气雾霾难消 [EB/OL] . http: //finance. sina. com. cn, 2015 - 3 - 2.

炭清洁利用不够。煤炭占我国一次性能源消费的 66%，由于体制原因，发电用煤约占煤炭消费的 50%。二是可再生能源难以推广。近年来，电网规划和审批权没有相应下放，大量风电、光伏项目难以并网。三是油气区块出让仍采用计划分配方式，影响了国内供给，油气流通领域处于高度垄断，少数油企同时拥有原油、成品油进出口权，其他企业不能进入竞争。能源体制障碍包括能源行业准入和行业结构、价格形成机制、政府调控和监管等多方面的困境，能源体制改革面临降低能源消耗与保持经济高速发展的矛盾、保障国家能源安全与当前国际能源市场动荡的矛盾等。

（5）没有建立绿色生态的产业体系，经济发展方式粗放制约生态文明建设。绿色低碳技术创新力度不够，技术支撑体系尚未建立。生态文明建设要摆脱传统工业文明的"技术理性至上"、忽视生态、忽视环境的经济利益至上的价值取向，资源环境问题的解决有赖于一系列绿色低碳技术的创新与开发。目前，首都包括京津冀地区绿色低碳技术创新支撑体系尚未建立，有利生态文明建设的财税、投融资政策还不完善。作为重污染的河北地区，高碳产业比重过高，低碳生态产业体系没有建立，污染企业的关停并转工作任重道远。

北京尽管是第三次产业占主导的服务业经济，三次产业占 GDP 比重超过 70%，但服务业结构中低端、生活型服务业比重大，如餐饮、交通运输、物流、批发零售等服务业的排放大，知识密集型、技术密集型、低碳型服务业比重少，导致北京产业排放仍然强度大。

降低北京周边包括河北省范围内的重化工业的比重，减少污染物排放，加强产业转型和生态产业发展，是推进京津冀生态文明建设的重中之重，也是促进首都生态建设、减少雾霾、改善环境的关键。如何减少京津冀地区的重化工业比重、如何提高企业环保水平、如何真正减少污染物的排放，需要京津冀三地的共同合作与强制性的举措，仅仅认识到而已很难解决，仅仅依靠类似于 APEC 的一次性中央行动也难以持续，需要从中央到京津冀各级政府不再简单追求 GDP 的动真格的实际行动。

4.3.2 生态环境治理层面的体制机制障碍

近些年，首都北京加大了环境保护和污染治理力度，各区县高度重视环境保护工作，取得了一系列成绩，但是首都环境形势依然相当严峻。面对严峻的形势，现行的环保管理体制显得力不从心。之所以如此，是因为当前环保管理体制存在许多的障碍。

一是职能分工不合理，环境治理职责不清、交叉管理。资源、环境和生态管理部门职能分工不合理，环境监督乏力，难以落实和追究环境保护责任，区域、流域环境管理体制亟待改革。地区之间的合作缺乏法制依据，也缺乏有效的议事程序和争端解决办法，致使跨区域环境问题重重，尤其在流域水污染防治方面。北京地上和地下污水治理表现为人为分隔、"多龙治水"、职责不清、互相推诿等现象。环保部门的编制过少、权责不对等，环境保护工作有法难依、执法不严、违法难究。在环境管理的技术操作环节上，北京已经有了很大进展，如在环境设备、人员和资金投入上每年均有大幅提升。但在环境管理体制上，北京却仍然处于政出多门的状态。在环境管理体制上，北京尚处于"九龙治水"的局面，污水、垃圾、生态环境污染等环境管理职能分布在环保局、园林绿化局、市容市政管委、水务局等部门，仅垃圾处理就涉及多个部门。体制不顺、职能交叉、政府缺位，严重降低了北京环境管理的行政效率①，制约了首都生态文明建设。

二是在对建设项目把关难、对违法排污企业查处难、对排污费征收难。环境监察机构落实建设项目"三同时"管理时缺乏必要的强制手段，不能全面执行建设项目、环境影响评价和"三同时"制度，建设项目不向环保部门申报和不经环保部门审批进行开工建设的现象仍然存在。有的建设项目属于违规建设，有的利用绿隔的集体土地进行违建，没有审批、没有监管，对这些项目和违法排污企业难以进行查处。有的企业与环保监管部门玩"躲猫猫"游戏，如果白天监察就白天停工，晚上作业，如许多城乡结合部、偏远农村地区有许多的高污染企业行为难以

---

① 戚本超，周达. 东京环境管理及对北京的借鉴 [J]. 宁夏社会科学，2010（5）.

监管。

三是缺乏对污染现场的监督手段，致使污染设施的运转不到位或不正常，企业偷排、漏排污染物的现象严重。目前，基层的许多新建项目都存在"先上车后买票"现象，有的甚至是"上了车也不买票"；违法排污企业今天查处了，明天又反弹；在排污费的征收上，难以足额征收，上规模的企业均由政府挂牌纳入政府政务中心管理，实行政府定收费额和缴纳时间，在限定的时间内环保部门是无法过问的，一旦企业未缴，环保部门再去执法已时过境迁，而走执法程序又需要很长一段时间。环保部门缺乏必要的行政强制权，包括对地方政府环境违法行为的制约，现行的环保法律法规"号召性和倡导性的多，真正可操作的少，处罚的力度不强"。环保执法工作难以得到当地政府特别是"一把手"的积极配合和高度重视，环境保护工作进展缓慢。环保部门到企业检查、收排污费、处理信访等一系列的正常监督管理工作，常常因没有当地政府的其他职能部门的配合而无法进行。环保执法人员也因暴力抗法事件威胁到人身安全，导致工作热情降低。

四是重表面轻内涵，重末端轻源头。所谓重表面就是过度重视市容环境，如路面是否干净。轻内涵即对环境质量的重视程度仍然不够，尤其是针对规模日益严重的垃圾和汽车尾气污染，有效应对措施不足。重末端轻源头，北京的环境管理更注重市容环境、垃圾等废弃物、汽车尾气等问题的后期治理，而对这些问题产生的源头、控制力和关注力远远不够。

五是重政府投入轻社会参与，经济手段运用不够。政府是目前北京环境管理的绝对主导，作为城市运行重要主体的企业和公众，环境管理参与意识严重缺乏。一方面是政府花费了大量财力、物力、人力，但环境治理效果却不佳；另一方面是政府的环境管理方式也难得到社会公众的广泛认可。重行政手段轻经济手段，为了保证奥运会举办期间北京的空气质量，北京施行了两个多月的机动车单双号限行措施，这是以行政手段进行环境管理的典型模式。为了保障 2014 年北京 APEC 会议成功，首都采取了限车、停产、停工等行政手段，人为干预实现了短暂的"APEC 蓝"。

北京市环保部门发布《APEC 期间空气质量保障措施效果评估意见》，各项措施采取前后，使 2014 年 11 月 1—12 日北京市 PM2.5 日均浓度值平均降低 30%，京津冀周边地区 PM2.5 平均浓度同比下降 29% 左右。不管这一个指标，包括二氧化硫、氮氧化物、挥发性有机物等的减排比例平均在 50%。会议期间车辆限号、工地停工、工厂停产等措施，带来了污染物排放的大量减少。但 APEC 会议结束后，这些措施得以停止，首都雾霾天气恢复常态。国外发达国家针对环境污染普遍应用的税费制度在北京仍未建立。环保部门与经济部门相互合作与制约机制不强，排污收费标准偏低，对超标排污行为的惩罚过低。环境法规规定的行政处罚方式以罚款为主，而且数额过低。

环境执法不严、监管不力。有些环境监管人员在执法时流于形式，执法行为不规范。有些地方保护主义严重，政府甚至成为企业环境违法行为的保护伞。我国环境保护实行的是"环保部门统一监督管理，各部门分工负责"的管理体制。环保部门管理的领域牵涉面广，复杂性强，每做好一件工作，都需要当地政府各个职能部门的密切配合与支持，环保部门无法独立完成。这样，执法的效果总是个未知数。而统一监督管理与联合执法往往无法实现：一是环保部门与有关部门的职责不清、关系不明。二是环保部门与有关部门同属政府平行部门，有关部门能否在环保部门的统一管理下开展环保工作，取决于当地政府的是否重视。排污费数额急剧下降，环境污染纠纷案件得不到及时处理，群众投诉上升，严重影响了污染治理和环境质量改善。

执法人员数量与实际环保工作需求不匹配，执法队伍素质不高，末端环节缺乏运行机构。在现行双重管理体制下，编制权在地方政府，由此造成一些环保部门的人员编制不合理、办公条件差、执法人员少、一人身兼数职的情况普遍存在，以至于许多环境执法工作无法开展。由于地方政府掌握环保部门的干部人事权，有些地方政府对环保不重视，因此，很容易把业务素质不高的人员调入环保队伍。另外，由于地方政府还掌握环保部门的财政支配权，一些地方政府轻视环保或以财力有限为借口，对环保人员教育与培训的财政投入不够，从而影响环保执法的高效、统一。大气污染防治和环境整治的末端环节缺乏运行机构，特别是街道、乡镇、社区缺乏环保执法力量，治安、城管、计生等部门力量没有整合，基层大气污染治理和环保工作缺乏执行者、参与者、监督者和社会支持力量。

生态环保制度创新不够。当前首都生态环境形势严峻、雾霾、水污染等事件频发，社会反应强烈。广大群众殷切期待，切实加大生态环保力度，切实需要加强生态文明建设。近几年，中央和许多地方采取了一系列转变发展方式，促进绿色发展和生态环境改善，加强污染治理的措施。但总体而言，行政管制与财政投入性的措施多，管长远、管全局、有示范意义，特别是充分发挥市场配置资源决定性作用的制度创新少。根本原因并不在于党委政府不重视，而在于制度创新不够，生态环保体制机制改革的决心不够，没有形成社会广泛参与的制度体系，没有从根本上改变思想上和行动上脱节问题，没有从根本上解决希望改善环境，但实际都在参与环境污染，缺乏强制性、权威性、根本性的制度保障，因此往往治标不治本。

4.3.3　生态社会建设层面的体制机制障碍

生态社会是在物质文明高度发展的基础上，经济发展不以环境污染、社会滞后发展为代价，强调经济发展的同时重视社会建设与环境保护，构建人与自然和谐相处、人类社会与自然生态协调发展、互利共生的高度文明社会形态。构建生态社会是当今社会和未来社会发展的必然趋势和强烈要求①。从生态社会制度看，没有形成重视节约、重视生态环境、重视绿色低碳的生活方式、消费模式。关于生态文明、生态发展的社会建设不够，关于生态环保的社会组织发育不良、制度不健全、社会监督不到位。单一政府主导的社会治理方式难以激活社会活力，难以适应多元化的社会需求。政府在生态文明建设中应承担重要作用，但不能"单枪匹马作战"，也不能将所有责任都推到政府部门，应该高度重视社会群众、社会组织在

①　潘赞平，康定华. 析生态社会的基本要求及建设思路［J］. 前沿，2010（14）：138－141.

生态文明建设的主体作用，借鉴国际经验，首都地区社会组织特别是生态建设方面的社会组织发育不良、社会参与力量薄弱、协同治理作用式微是非常严重的问题。

社会组织式微难以在生态文明建设与体制改革中发挥重要的参与、监督、评价等作用。围绕生态文明的社会组织不健全、机制不畅通、对生态文明建设贡献不够，没有发挥好吸引社会力量参与生态文明建设的应有作用，也没有成为推动首都生态文明建设的中坚力量。此外，在生态方面预防和化解社会矛盾体制、健全公共环境安全体系等方面制度缺失。

4.3.4　生态文化建设层面的体制机制障碍

所谓生态文化，是指关于生态文明建设的文化环境和文化氛围形成。生态文明建设离不开内生性的文化氛围，包括生态的精神、意识和理念，生态的制度规范、生态的文化价值选择等。生态文化作为一种社会文化现象，即以生态价值观为指导的社会意识形态，是生态文明建设的核心和灵魂，生态文明建设要靠生态文化的引领和支撑①。从生态文化制度看，生态教育不够，缺乏生态环保理念，公众参与生态文明建设的文化氛围和长效机制尚未建立。主观层面是不想参与，参与意识淡薄；客观层面没有畅通的参与渠道，参与对决策的影响力不够，维权艰难，对参与失去信心。

首都生态文明建设的文化环境不够良好，社会公众积极参与生态文明建设的文化氛围还不够浓厚。例如，市民都抱怨北京环境污染和雾霾天气严重，但很少有人组织活动来形成共同治理环境污染、从自我做起减少排放的活动或行为。嘴上说污染严重，但很少主动少开私家车、很少主动减少对环境的污染。市民的生态价值观没有形成、生态意识不够强烈，难以形成首都生态文明建设的文化氛围。与世界城市东京比较，东京虽然汽车保有量高，但私家车使用强度比北京低，主要是用于周末旅游出行，市民平时上下班都坐地铁。北京公共交通的承载能力和吸引力有限，2010 年小

---

① 杨立新. 论生态文化建设［J］. 湖北社会科学，2008（3）：56－58.

汽车出行比例仍高达 34.8%。北京小汽车出行中，5 公里以下出行比例高
达 44%，而这正是步行和自行车出行的最佳距离。有车必定天天开，"买
瓶酱油也动车"，这是一些汽车族的出行状态，不利于环保也不利于
健康①。

比较发达国家和城市的市民很少开私家车上下班，但在北京很难形
成自发行动，市民既缺乏实际的自觉行动，也缺乏一定的环保组织的集
体制约，更缺乏政府有力的强制性措施确保市民少开私家车，少增加城
市污染的行动。北京市民很少自发组织绿色环保活动，没有形成重视环
境保护、重视环境治理的文化氛围。浪费水资源、乱扔垃圾和垃圾过多
现象比比皆是。在执行生态文明和环保法规制度等力度不够、社会参与
不够、对生态建设和环保监督评价不够，没有形成有效的生态建设监督
制衡机制。

4.4　本章小结

首都具有特殊的历史地位和空间特征。根据首都服务中央的功能定位
分析，主要存在经济快速增长与生态环境保护的矛盾、现行考核机制与生
态文明建设要求不一致的矛盾，区域之间利益共享与损失补偿的矛盾以及
跨区域生态环境建设中的矛盾等。首都生态文明建设的体制障碍主要表现
为环境、经济、社会、文化等领域的体制问题与内在障碍。体制障碍主要
表现为以下四个方面：一是在生态经济建设层面，追求 GDP 经济增长的单
一政绩考核体系，环境污染税费和环境交易制度不完善；资源节约、环境
保护的价格体系欠缺，价格补贴制度不合理；能源体制不够完善；没有建
立绿色生态的产业体系，经济发展方式粗放制约生态文明建设。二是在生
态环境治理层面，职能分工不合理，环境治理职责不清、交叉管理。三是
在生态社会建设层面，没有形成重视节约、重视生态环境、重视绿色低碳

---

① 北京私家车年均行驶 1.5 万公里，使用强度过高 ［EB/OL］. http：//www.china.com.cn，
2011 - 11 - 10.

的生活方式、消费模式，社会组织式微，难以在生态文明建设与体制改革中发挥重要的参与、监督、评价等作用。四是在生态文化层面，生态教育不够，缺乏生态环保理念，公众参与生态文明建设的文化氛围和长效机制尚未建立。

5 生态文明建设的东京都经验

以东京为中心的日本太平洋沿岸城市群是日本经济最发达的空间地带，是日本政治、经济、文化、交通的重要中枢，包含东京、横滨、静冈、名古屋、京都、大阪、神户等诸多城市，包含了以东京、大阪、名古屋为核心的三个城市圈，分布着全日本 80% 以上的金融、教育、出版、信息和研究开发机构。其中，东京都是世界三大国际金融中心之一和著名的都会区。东京都作为世界级城市群经历过由环境污染到生态治理的过程。战后，东京经济进入高速增长期，工业发展和能源高强度消耗带来了严重的环境污染问题，"公害病"事件接连不断，从东京、大阪等大城市到乡村受到污染侵害。快速经济发展导致了东京形成极地效应，形成对周边地区人口、产业的虹吸效应，引发东京城市人口过快增长、产业过度集聚，进而引发了房价过高、交通拥堵、生态承载力下降等诸多"城市病"问题，形成了严重的大气污染、水质污染等严重公害问题①。

东京都各级政府加强生态文明建设与体制改革，将生态文明建设作为重要发展战略，建立综合型、跨部门的生态文明建设体制，采取有效的政策措施和技术创新手段治理环境污染。以严格制度、综合管理、强力执行和有效监督，助推东京城市生态环境的不断改善，助推城市生态质量提升。东京以生态文明建设及其体制改革为重要突破口，打造成为全球清洁城市和绿色低碳城市。东京都生态文明建设与体制改革的经验值得首都北京借鉴。

---

① 刘昌黎. 日本 20 世纪 90 年代的环境问题［DB/OL］. http：//blog.ifeng.com/article/1908397.html.

5.1 由被动防止到低碳社会：东京生态文明建设的四个阶段

东京生态文明建设是伴随城市环境污染的日益严重所推动的。东京随着钢铁、汽车、煤炭、电力等产业发展与能源消耗和高碳排放，长期的工业污染和烟雾排放导致东京城市空气质量下降，雾霾天气频现，多起光化学烟雾事件引发东京市民的强烈不满和抗议。随后东京由被动向主动、由防止到治理、由单一环境保护到经济发展并重、由可持续发展优先到低碳社会的全面转变，先后经历了四个阶段①。

5.1.1 公害频发与防止控制阶段

20 世纪五、六十年代，东京工业发展迅速，钢铁、汽车、煤炭等产业进入高增长、高排放阶段，氮氧化物和碳氢化合物等污染物排放量日趋增长。1952—1953 年，因东京冬季寒冷，市民取暖导致了烟雾排放增多，整个城市"白昼难见太阳"，京滨、中京、阪神、北九州四大核心工业带受到大气环境、水体、土壤、城市噪声等各种环境污染。随后，工业生产导致的废气排放没有得到有效控制，演化为严重的光化学烟雾现象，降低了城市空气质量，严重影响了城市生产生活的正常开展，公害事件多发，带来了直接或间接的经济损失，也迫使当地居民对环境污染问题和生态建设问题的反思和重视。早在 1949 年，东京出台《东京都工厂公害防止条例》，该条例对企业生产形成的各种粉尘、有毒有害气体排放等进行严格控制，明确规定新建项目不得增加有毒有害气体排放，规范新建项目的申报手续，对污染型工厂出台责令改造升级等政策措施。1962 年 12 月，日本出台《煤烟排放控制有关法律》，明确将各种有毒有害气体排放为城市"公害"。1967 年，日本制定了《公害对策基本法》。1969 年，东京出台了对环境污染进行严格控制的《东京都公害控制条例》，强调要降低二氧化硫等污染物排放，强化污染物的排放总量管理和监控。1970 年，东京都建

---

① 王鸿春．日本东京治理大气污染对策研究［N］．北京日报，2007 – 12 – 17.

立了公害治理的专门行政机构，即东京都公害局，这说明东京治理环境污染和工业公害有了专门管理机构和严格法律作为支撑。

5.1.2　环境保护与经济并重阶段

从 20 世纪 80 年代开始，东京从防止公害转变为重视经济与环境的协同并重发展阶段，仅治理环境公害并不能从源头上治理环境，难以真正推进生态文明建设，只有实现经济建设与环境保护的协同发展，才能从根本上解决环境污染问题，要重视由源头预防、末端治理、综合保护的全方位推进生态文明建设。东京都政府强调要建立环保标准，要从源头上进行预防、从过程上加强管理、从末端加强治理，采取综合治理、协同推进的有效政策，才能真正推进城市生态文明建设工作。例如，东京都在《公害防治条例》中明确规定了燃料标准、设备标准、限制对象范围等内容，各种气体排放标准往往高于国家标准。1980 年，东京都加强体制创新和机构改革，将原东京都公害局改为环境保护局，制定和实施《东京都环境影响评价条例》。到了 1987 年，东京制定和颁布了《东京都环境管理规划》，从环境战略规划的高度提高环境治理水平，促进城市环境保护与经济发展的并重和统一协调。

5.1.3　持续发展与主动治理阶段

20 世纪 90 年代，东京都政府从经济发展与环境保护并重转变为可持续发展优先、主动治理的生态文明建设阶段。东京政府严格执行日本政府制定的《减少汽车氮氧化物总排放量的特殊措施法》《环境基本法》等环境治理法制规章。1994 年，东京制定并实施《东京都环境基本条例》，该条例进一步明确了城市环境保护和生态文明建设的相关规定。东京政府为促进经济可持续发展和生态文明建设，制定了可持续发展优先的多项规划，如《东京绿地规划》等专项环境规划相继制定，鼓励企业加强环境和生态文明技术创新，树立生态环保理念，融入企业生产、设计、研发、销售等诸多环节，提升企业主动进行环境治理的意识，依托法律和技术的综合手段实现了可持续发展，主动治理生态环境问题。

5.1.4 环境革命与低碳社会阶段

21 世纪以来,东京都政府主动实施环境革命,建设低能耗、低碳排放型城市。东京都政府采取限车节能、严控汽车尾气排放、积极发展节能环保汽车、促进城市环境革命、打造低碳型城市、构建低碳社会。2002 年,东京都政府制定了《新东京都环境基本计划》,拉开了建设低碳社会、低碳城市的序幕。2006 年颁布《东京都新战略进程》,2007 年颁布《东京都大气变化对策方针》,提出削减二氧化碳气体排放的具体实施策略,鼓励企业和高校积极开展碳减排工作,研发推广低能耗技术和低碳产品。出台《东京绿色建筑计划》等政策,鼓励使用节能设备、打造绿色低碳建筑、使用可再生能源。2010 年,东京都政府明确规定了商业企业和相关部门的排放标准,对其超标排放进行严格监控和管理,要求商业机构提交详细的碳减排规划与措施报告,并对这些排放结果进行评估定级,向社会市民公开,接受社会公众的监督和评价。东京都提出到 2020 年温室气体排放比 2000 年降低 25%,加快低碳社会建设,努力建设和打造成 21 世纪低碳城市。

5.2 综合型环境管理体制:东京生态文明建设的基本经验

东京在一系列环境控制和生态治理政策制定的基础上,加强生态文明体制改革,建立了综合型环境管理体制,采取有效措施治理环境污染和废气排放等公害问题。通过有效措施,东京大气环境得到有效改善,成为日本乃至全球绿色低碳城市的重要典范。东京生态文明建设的基本经验主要有以下几个方面:

5.2.1 建立综合型的环境管理体制

东京在体制层面,重视生态文明建设的综合管理,建立综合型大环境治理机构,将生态环境治理的大多数职能集中到环境管理局,如关于城市大气、水、废弃物等政策制定和责任追究等,实现环境局的权责对等、统筹协调、综合管理。避免环境管理职能交叉、责任推诿和扯皮现象的发生，提高城市环境治理能力和生态文明建设水平。为加强环境治理与生态文明建设，东京制定了《东京都环境基本条例》《东京都环境影响评价条例》等地方法规，完善生态文明建设的法律体系。东京加强了对汽车尾气的治理，倡导和鼓励低排放或无污染的天然气公交汽车出行，提供必要的低公害汽车税优惠、购入资金补贴、天然气加油站建设费补贴等。2003年，东京对柴油机、汽车尾气排放微粒进行明确规定，对 PM2.5 以下颗粒进行严格立法，加强对东京的每一辆柴油车严格检测，没有装过滤器的汽车不能进入东京。东京生态文明建设在体制运行层面，重视各项环境政策和生态文明制度的有效执行，严格标准，确保政策落实到位，加强环境评价和监督。

5.2.2　制定新东京都环境计划和绿地规划

东京制定规划使环境保护纳入战略体系，以法律、法规形式确定环境保护的基本框架。20 世纪 90 年代中后期，为了应对泡沫后的经济萧条，日本政府加强城市战略规划，制定了新东京都再繁荣计划，助推城市转型升级。随着全球能源耗竭和环境污染问题的不断恶化，日本提出都市再繁荣计划，目的是促进城市环境保护与生态文明建设，形成都市经济振兴与生态保护融合开发的理念。东京于 2006 年制定的《十年后的东京发展规划》，将生态文明建设提升到城市发展战略高度，构建由绿化和水包围东京的优美城市形象，打造城市"绿色网络"。东京都加快产业结构优化升级，加强能源结构转型，积极发展公共交通，依托规划和激励性政策有效控制企业污染。特别重视发展轨道交通和公共交通，形成了纵横交错、四通八达的现代轨道交通网络，东京轨道交通承担城市交通客运的 86.5%，有效缓解了城市交通拥堵，从源头进行控制和减少汽车尾气排放，促进城市生态文明建设。

5.2.3　企业和社会组织积极参与生态环保

第一，政府重视和采取措施鼓励企业参与生态文明建设。东京政府重视各类企业、社会组织在生态文明建设的主体作用，充分认识到企业是治理污染和生态文明建设的重要力量。鼓励企业在生态文明建设中发挥重要作用，积极承担生态责任，以优惠税收政策刺激企业参与环境建设投入、执行、监督与评价全过程，有效缓解政府资金压力。社会组织在生态文明建设提供更好的服务，鼓励和引导政企合作、政社合作，利用市场机制，如排污收费、环保税收、环境基金等形成社会激励机制，推动企业和各类慈善机构、社会组织参与生态建设与环境保护。第二，日本企业和社会组织积极参与反公害运动。企业和社会组织积极参与制定各类生态文明制度和环保政策，加强自我管理、低碳技术创新和主动治理环境污染。第三，建立公害诉讼制度，普及生态环保理念，制定日本《救济公害健康受害者特别措施法》等规定，还提出"预测污染物对居民健康的危害是企业必须高度重视和履行的义务"、企业承担污染赔偿责任等理念，建立和完善生态文明建设制度。

5.2.4 重视源头治理与末端环保技术相结合

东京加强技术创新驱动，重视源头治理与末端环保技术相结合。第一，东京减少垃圾填埋占地、创新垃圾焚烧技术、重视垃圾回收利用。创新垃圾焚烧末端无害化处理技术，有效解决垃圾焚烧过程中产生的"二恶英"问题。第二，加强汽车尾气治理，开发和普及低碳汽车技术。出台鼓励合作创新的相关政策，如鼓励政府与汽车企业进行合作创新，鼓励开放低碳新型燃料技术，降低汽车尾气排放强度，实施新排放标准，普及低公害汽车。第三，加强节能技术创新，积极创新太阳能发电技术，引导企业重视生产流程和工艺的改造、优化，降低生产线的污染物排放，构建绿色低碳的管理技术体系。第四，重视改变人们高碳生活方式，推广新型能源消费。日本对家用电器使用制定"节能标签"制度，重视利用天然的光、热、风建造舒适的住宅，加强现有住宅的节能改造。

5.2.5 鼓励公众参与，强化生态文明建设的社会责任

东京鼓励公众参与生态文明建设，利用社会组织和公众参与促进环保法律的严格执行。例如，市民可以针对环境治理提出建设性建议和意见，

政府部门给予及时的回应和处理，加强社会公众环境教育，开展各种生态环境保护宣传，营造生态文明建设的良好文化氛围。积极培育和发展各类社会服务组织和专业团体，高校、科研机构积极参与社会生态文明建设活动，与企业进行合作，向市民和社会组织提供必要的生态环境领域的技术服务和咨询，提供必要的生态环境保护的信息服务。政府还通过环境审议会渠道听取和吸纳社会公众、社会组织、企业部门的意见和建议，进行环境污染治理的协商与利益协调，社会公众积极参与各类环境污染的监督和自我管理。

5.2.6　加强城市绿化建设，提高城市生态承载力

东京都重视城市园林绿化建设。早在20世纪90年代初期，东京制定和出台了城市绿化法律，规定新建大楼，必须提出绿化计划书。1992年制定了城市建筑物绿化计划指南，要求办公场所、市民住宅、商场等建筑物必须有一定比例的绿化面积，屋顶绿化和阳台微型庭院可以作为绿化面积进行计算①。这些明确的法律规定确保东京城市绿化建设。城市绿化建设一方面有利于改善城市生态环境，增加城市美观，另一方面，有利于提高城市生态承载力，提高生态环境的自我净化能力，是控制城市大气污染的经济有效的重要举措。《城市规划法》规定，从东京市内的任何一点向东西南北方向延伸250米的范围内，必须见到公园，否则就属于违法，将会受到严厉的处罚。东京都政府鼓励和支持屋顶绿化，大力发展屋顶绿化业②。鼓励企业、商业机构、学校、医院、社区居民等在设计和建设中实行屋顶绿化，建设空中花园。东京地方政府出台屋顶绿化等补助政策。

5.3　东京都生态文明建设与环境治理对北京的启示

北京尽管比较重视首都生态环境的改善和污染治理，但生态环境质量与世界城市的目标还相差甚远。有研究指出，北京环境管理问题主要表现

---

① 李忠东．东京城市建设的"生态"思维［J］．资源与人居环境，2010（22）：61–62.
② 陈云．东京都的环境经济：挑战和机遇［J］．社会观察，2005（1）：32–33.

为重表面轻内涵、重末端轻源头、重政府投入轻社会参与、重行政手段轻经济手段、重操作轻体制等问题，在环境管理体制上处于政出多门和"九龙治水"的局面①。东京生态文明建设的许多成功经验值得北京借鉴和学习。基于对东京都生态文明建设与环境治理经验的考察，对北京的启示与政策建议主要表现为以下几方面：

5.3.1 在体制层面：深化首都生态文明体制改革，统筹协调职能

借鉴东京经验，应建立综合型的环境管理体制，加强首都生态文明体制改革的顶层设计，明确生态文明体制改革专项小组的职能定位，建立垂直型的环保管理体制，创新组织机构，提高生态环境治理能力。改变当前北京的环境管理职能分散在不同部门，导致职能交叉、责任推诿等问题。在首都生态文明体制改革专项小组的基础上，进一步整合发改委、环境保护局、水务局、园林绿化局等部门职能，提高环境保护局的环保职能和监督执行力度，要按照全市人口数配备和充实环境执法力量。整合各类生态文明体制资源，统筹发改、环保、园林、农业、水务、国土等部门的力量，深化资源环境的行政管理体制改革，建立综合型的跨部门环保管理协调机构。针对首都大气污染、违法建设、垃圾处理、污水减排等群众关心问题，从污染源头治理、污染过程监控、污染末端终止的路径进行环境综合治理。加强垃圾和污水治理的资源化对接，延伸垃圾和污水治理，形成资源化产业链，促进环境治理、环境保护和污染物资源再生利用的综合管理。

5.3.2 在制度层面，完善生态文明制度，加强执行与监督

借鉴东京经验，北京加快制定《北京环境基本条例》《北京环境影响评价条例》等法规，不断完善北京环境保护和生态文明建设的法律体系。在垃圾治理中，加强对涉及减少源头排放、废物循环再利用等全过程管理

---

① 戚本超，周达. 东京环境管理及对北京的借鉴［J］. 宁夏社会科学，2010（5）.

的制度规定。在汽车尾气排放治理中，借鉴东京经验，对 PM2.5 以下颗粒，尤其是机动车尾气排放微粒进行严格立法，规定北京城区机动车必须进行检测，强制性要求汽车安装过滤器，未安装或过滤器不达标的汽车不能进入北京。应鼓励市民购买低公害汽车，如天然气汽车和电动车，新的车牌号主要面向电动汽车、天然气汽车发放，加强充电桩等基础设施建设，鼓励企业使用低公害的低碳汽车。加强各项环境保护政策和生态文明制度的有效执行，鼓励社会组织和公民参与环境评价与监督。

5.3.3 在技术层面：重视低碳生态技术研究、开发和应用

一是借鉴东京垃圾治理经验，创新垃圾焚烧技术，重视垃圾回收利用。不断创新垃圾焚烧末端无害化处理技术，采取市场化机制吸引社会资本参与垃圾焚烧等技术创新和产业运作，提高垃圾回收利用率，减少垃圾占地和二次污染。二是重视汽车尾气治理的技术创新。推动汽车废气净化器等技术创新，改进汽车排污性能，实施和提高汽车排放标准，提高油品，减少排放和环境污染。三是加强低碳技术的产学研合作创新。积极创新新能源汽车技术、太阳能发电技术等，鼓励企业采用先进的清洁生产工艺和技术，加强产业节能减排和升级改造。四是加强低碳技术的普及与应用。鼓励市民选择低碳生活方式，选择具有"节能标签"的低碳产品，鼓励绿色出行、低碳消费，积极参与低碳技术创新、绿色建筑、低碳社区、低碳家庭建设。积极开展低碳科技知识普及活动，鼓励市民积极参与低碳技术创新、低碳生活消费、提高低碳意识，形成重视环境治理的良好社会氛围。

5.3.4 在机制层面，构建多元互动的综合管理模式

在日本和东京生态文明建设过程中，形成市民、社会组织、企业、政府等多元互动模式，在北京比较缺乏市民运动、媒体助推、民间诉讼等环节的有力引导作用。面对首都严重的雾霾天气和环境污染问题，市民意识差、有令不行、有法不依还普遍存在，特别是部分市民环保意识差，不能发挥引导环保的良好作用。首都生态文明体制改革，需要加强政府、企业、公众的互动作用，不能仅靠政府唱独角戏，需要开展广泛的市民生态

环保运动，加强媒体的舆论引导作用，对不负责的环保言论、污染行为要依法严厉制裁，提高执法力度和生态监督力度，建立民间诉讼和社团参与机制，凝聚生态文明的社会共识与共建合力。首都生态文明建设需要充分发挥市场机制在资源配置中的决定性作用，激活生态文明建设的内在活力与体制创新动力，建立政府购买服务、碳交易、生态补偿等多种机制，利用各种税、费减免方式，引导企业和社会自觉减少排放，积极推进生态文明建设。

5.3.5　在宣传层面，积极开展生态文明宣传教育活动

积极开展生态文明领域的宣传教育工作。广泛利用媒体等媒介告知企业、个人所面临的城市环境污染困境，提高对垃圾围城、汽车尾气排放、污水蔓延等生态危害的认识，呼吁企业和社会自觉减少垃圾、减少排放，提高生态环保意识。东京市民具有强烈的环保理念和意识，来源于日本国民崇尚自然、遵守规则、严守法律的国民性格，来源于从娃娃抓起的教育培养。北京要加强生态环保的政策宣传力度，营造和倡导鼓励环保、鄙视和抵制环境污染行为，推动企业和市民自觉参与环保和生态文明建设。东京曾在1990年举办了全球首次大规模的"垃圾节"活动，建立废弃物联络会、废弃物行政讲演会、区市町村清洁协议会等机构。东京都还推行不乘车日活动，鼓励市民低碳绿色出行，鼓励乘坐公共交通，减少机动车尾气排放①。借鉴东京经验，建议北京召开首都垃圾节、无车日、无车周活动，减少垃圾、尾气排放，将每年11月至次年3月的5个月作为"冬季雾霾重点防治期"，在目前单双号限行的基础上，分别将每周一、周四确定为无车日。

5.3.6　在环境层面，鼓励植树造林，鼓励低碳出行

在治理污染的历史上，东京提倡植树种草，甚至规定"每买一辆车就要种一棵树"。借鉴东京经验，北京应制定《首都屋顶绿化战略》和《首

---

① 　孙宝林. 东京都：环境问题与对策 ［J］. 城市问题，1997（3）：59 – 62.

都绿色规划法》，大力发展绿色建筑，建设绿色屋顶。基于北京日照时间长、雨水少等特点，鼓励广大市民、社会力量参与首都屋顶绿化工程建设，鼓励市民在自家屋顶或公共屋顶开辟绿地。鼓励和支持屋顶绿化，形成兴建屋顶花园和墙上"草坪"的热潮，新建房屋必须设计为绿色屋顶，建立屋顶绿化补助金，免收物业管理费。各类屋顶可以低价或免费租给企业或个人安装太阳能发电、太阳能热水器和屋顶绿化，物业公司需提供必要性的指导和支持，但不得阻碍和拒绝申请。鼓励空地、工厂厂房改造为公共绿地和城市花园，改建筑用地为城市绿地，增加城市绿化面积。加强首都地铁圈和公共交通体系建设，积极发展电动车、公共自行车、地铁等绿色交通，鼓励选择地铁、公交、自行车以及步行等低碳出行，倡导购买电动车，引导和鼓励私家车在周末休闲时出行，明确规定"每买一辆车必须栽种或领养五棵树"，从根本上减少汽车尾气排放量，营造低碳出行、生态文明新北京的良好氛围。

5.4 本章小结

本章主要研究东京都在生态文明建设及体制改革方面的成功经验，提出对北京的主要政策启示。东京都以生态文明建设及体制改革为重要突破口，打造成为全球清洁城市和绿色低碳城市。东京生态文明建设的四个阶段主要包括，公害频发与防止控制阶段、环境保护与经济并重阶段、持续发展与主动治理阶段、环境革命与低碳社会阶段。东京在一系列环境控制和生态治理政策制定的基础上，加强生态文明体制改革，建立了综合型环境管理体制，采取有效措施治理环境污染和废气排放等公害问题。基于对东京生态文明建设与环境治理经验的考察，对北京的启示与政策建议主要表现为：在体制层面，深化首都生态文明体制改革，统筹协调职能；在制度层面，制定生态文明制度，加强执行与监督；在技术层面，重视低碳生态技术研究、开发和应用；在机制层面，形成多元互动的综合管理模式；在宣传层面，积极开展生态文明宣传教育活动；在环境层面，鼓励植树造林，鼓励低碳出行。

6　生态文明建设的伦敦都市圈经验

伦敦都市圈是产业革命后，英国主要的经济核心区。是以英国伦敦—利物浦为轴线，包含伦敦、利物浦、曼彻斯特、利兹、伯明翰、谢菲尔德等城市。这是产业革命后英国主要的生产基地，其中伦敦现已成为欧洲最大的金融中心，同时也是世界三大国际金融中心之一。由伦敦城和其他 32 个行政区共同组成的大伦敦是这个都市圈的核心，其发展由工业中心慢慢演变成金融和贸易中心。雾霾现象在英国伦敦也曾出现过，"伦敦毒雾"致死 4000 人，但 40 多年的有效努力和协同治理，大力推进生态文明建设与低碳发展，伦敦城市空气得到有效改善。已经从 1952 年的因空气污染"能杀人"的严重状况转变为目前"PM2.5 浓度只超过 25 微克/立方米"，空气质量的极大改善效果为世界其他城市所关注，伦敦也成功实现了由"雾都"变为世界城市级别的绿色首都，成为绿色宜居之都。以雾霾治理为例，伦敦生态文明建设对北京提供了重要的经验借鉴和政策启示。

6.1　伦敦都市圈生态文明建设的三个阶段：以雾霾治理为例

6.1.1　煤烟污染阶段

长达 200 多年的工业发展，伦敦作为传统工业城市，不断积累了严重的环境污染问题。英国工业革命之后，工业得到迅速发展，许多工厂企业创立在市区内，集聚了大量居民，工厂和家庭生活用煤导致了烟雾排放量持续增进，环境污染不断恶化。1952 年 12 月 5 日到 8 日，伦敦空气污染大雾导致 4000 多人死亡。随后一个星期内，伦敦市民出行出现了不程度的呼吸类疾病，因空气污染导致的支气管炎、冠心病、心脏衰竭、结核病等死亡多人。而肺炎、肺癌、流行性感冒等呼吸系统疾病的发病率也不断增加，这些均与伦敦雾霾问题密切相关。两个月之后又有 8000 多人丧生，形成"伦敦大雾"事件①。这一时期，伦敦城市生态建设与环境治理主要是针对工业污染特别是煤烟污染的治理。

6.1.2　汽车尾气阶段

20 世纪 80 年代后，交通污染取代工业污染成为伦敦空气质量的首要威胁。汽车取代煤成为英国大气的主要污染源。20 世纪 80 年代末 90 年代初，由于伦敦城市汽车总量的不断增多，汽车尾气排放导致城市空气污染物不断累积，如氮氧化物、一氧化碳、不稳定有机化合物等过度排放严重影响了市民的工作和生活，这些物质在阳光作用下发生光化学反应，形成"光化学烟雾"。这一阶段主要是针对汽车尾气为重点的生态治理，并出台多项政策制度。

6.1.3　法制治霾阶段

由于严重的煤烟污染、汽车尾气污染等事件的发生，英国及其各级政府和社会公众反思和重视空气污染的后果，从多个方面采取有效措施加强生态文明建设和环境治理。1875 年，英国通过公共卫生法案力求减少雾霾污染。1956 年，"清洁空气法案"得到通过和颁布，明确了清洁空气标准和相关治理措施。1974 年出台"空气污染控制法案"。经过这些有效的法制政策，促进环境污染的治理，特别空气污染和雾霾得到有效控制，目前从"滚滚毒雾"到蓝天白云，"铁腕"治霾的成绩显著。经过多年持续不断的治污，伦敦空气质量大为改善，终于摘掉"雾都"的帽子②。

6.2　伦敦都市圈生态文明建设的五条经验：多种手段齐抓共管

从伦敦环境污染特别是空气污染及其治理的阶段来看，伦敦生态文明

---

① 唐佑安. 伦敦治理"雾都"的启示 [N]. 法制日报，2013 - 01 - 30.
② 王亚宏. 英国专家称伦敦雾霾治理经验可适用于北京 [EB/OL]. http://www. chinadaily. com. cn，2013 - 03 - 17.

建设也不是一蹴而就的，环境污染是一个漫长的过程，生态文明建设也是一项系统工程。总结伦敦生态文明建设的基本经验，主要在于采取多种手段进行综合施策、协同治理、齐抓共管。威严的法规政策和执行力，使伦敦终于走出雾都的魔窟，大力推进生态文明建设，变成了具有清洁空气、生态宜居的世界绿都。

6.2.1 法律治理：制定清洁空气法案

伦敦重视建章立制，以完善和严格的法律制度保障生态文明的顺利推进。早在 1954 年，伦敦市出台《伦敦城法案》，该法案提出要加强城市环境污染的控制和治理，指出要严格控制和减少烟雾排放，净化城市环境，为市民提供良好的空气。1956 年英国制定和实施《清洁空气法案》，这是从国家层面以法律制度规定了生态文明建设。1990 年，英国政府加强机动车尾气监管的法律规定，出台法律规定新车必须安装净化器，以减少尾气污染物排放，减少空气污染，严格控制机动车尾气排放。1995 年，英国制定《环境法》，规定加强城市空气质量情况的评价、监督与检查，不达标城市则划出空气质量管理区域，强制达标。2007 年，英国修订《空气质量战略》。伦敦严格执行英国政府各项政策法规，进一步加强适合伦敦城市发展的各项环境治理措施的制定与执行，这些对伦敦的大气污染治理和保护城市环境、生态文明建设发挥了至关重要作用。

6.2.2 政策治理：收取拥堵费和发展公共交通

一是加强政策制定，收取拥堵费，采取严格的处罚措施。英国除对汽车本身和燃料等做出种种规定和管制外，严格控制机动车数量增加、收取交通拥堵费、严格限制私家车进入城市核心区的频率，特别是对大排量汽车的进城费用提高，增加其使用成本。拥堵费制度使收费地区交通拥堵程度减少了 30%。伦敦还计划 20 年后私家车减少 9%。

二是完善雾霾治理的配套措施。伦敦市政府 2004 年出台《伦敦市空气质量战略》，加强各部门治理职责的统筹协调，完善城市环境治理制度，出台一系列措施治理机动车尾气污染，鼓励公交出行和绿色出行，降低私家车使用强度。

三是发展公共交通特别是轨道交通，减少交通拥堵和污染。伦敦有140多年悠久历史的地铁，轨道交通非常发达，成为伦敦市民上下班出行的首选，也是市民绿色出行的自觉行动。高密度和换乘便利的轨道交通改善了市民出行，减少对私家车出行的需求。城际铁路、港区轻轨、公交线路分流了路面人群。通过大力发展公共交通，2010年市中心交通流量已经减少10%~15%。

6.2.3 技术治理：利用新型胶水"黏"住污染物

英国政府重视雾霾治理的技术创新，在街道使用新型胶水。如钙基黏合剂治理空气污染。通过街道清扫工在主要街道特别是污染严重的城区使用，一定程度降低了空气污染物微粒浓度，监测结果显示微粒已经下降了14%。2011年起，伦敦还在交通最繁忙路段喷洒"醋酸钙镁溶剂"，将悬浮颗粒污染物"黏"起来，坠落地面，改善空气质量①。此外，伦敦市民积极参与雾霾治理中的技术创新，通过网络查询空气质量情况，为城市空气质量改善建言献策②。许多好的技术方案都是在市民和社会组织、科研机构的合力推动下不断实施。

6.2.4 绿色治理：增加绿地和使用绿色能源

20世纪80年代，伦敦市高度重视城市绿化建设，在城市周边建设了大量的绿化带、森林公园等。政府开辟更多的绿化带，以及推广使用清洁能源等。重视绿地和开放空间建设，外伦敦的绿带和都市开放地占外伦敦总土地面积的32.3%③。内伦敦的绿带和都市开放地，占到内伦敦总面积的11%。伦敦重视土地的合理利用和科学规划，重视城市的开放空间建设，大力开发和建设绿色空间和河流湖泊等水面，如鼓励建设空中花园、

---

① 雾都不再——伦敦治理空气污染的历史［EB/OL］. 新华社，2001-08-26.

② 伦敦治理雾都带给中国的启示［EB/OL］..http：//www.nbd.com.cn，2013-01-14.

③ 刘欣葵，武永春.试析世界城市环境特点及北京的差距［J］.转变经济发展方式，奠定世界城市基础—2010城市国际化论坛论文集［C］.2010.

公共场地等均提高绿化面积①。

伦敦还鼓励市民购买低排放量的小型汽车，鼓励购买天然气、电动车等新能源车，以减少尾气排放，提高空气质量。

6.2.5 社会治理：鼓励公众讨论和媒体曝光

伦敦鼓励公众参与讨论生态环境污染及治理问题，鼓励媒体对污染行为进行曝光。政府治理空气的疏忽和过失均会引起社会公众的质疑和新闻媒体的积极参与与组织②。2012 年 7 月，英国《星期日泰晤士报》组织清洁空气调查报告，与各类社会组织特别环保组织和社会公众进行协同参与讨论空气问题。公众讨论和参与、媒体的介入与曝光，促进雾霾治理的信息对称与信息公开，提高社会治理雾霾的参与度和有效性，推进伦敦环境污染治理进程。

6.3 伦敦都市圈生态文明建设对北京的政策启示

北京作为国家首都，雾霾天气影响了市民健康，对经济社会发展造成极大的负面影响，也损害了北京建设世界城市形象。加快雾霾治理和大气污染防治是当前北京市委、市政府的工作之重。伦敦都市圈雾霾治理的经验启示及北京的对策建议主要表现在以下几个方面：

6.3.1 制定首都空气清洁法规，加强生态文明制度建设

党的十八大报告指出，保护生态环境必须依靠制度。党的十九大报告再次强调要建立生态文明制度体系。治理雾霾天气，应该加强空气质量提升的法制建设。北京大气污染主要来自工业燃煤污染、机动车尾气排放、建筑垃圾、地面扬尘、生活污染等，以煤为主的能源结构、以重化工业为主导的产业结构导致北京大气污染严重。借鉴伦敦经验，应尽快出台《首

---

① 韩慧，李光勤. 大伦敦都市圈生态文明建设及对中国的启示 [J]. 世界农业，2015 (4)：40 - 45，56，203.

② 伦敦告别"雾都"：严密法条下全民参与治理 [DB/OL]. http：//news. xhby. net/system/2013/01/14/015933946. shtml.

都空气清洁法》，重视对燃煤、机动车尾气排放、建筑废弃物排放等污染源的制度控制，对排污和尾气排放不达标的企业和机动车主进行严厉处罚，进一步加强和完善首都生态文明制度建设

6.3.2　设立和增加污染检测点，严控尾气排放

借鉴伦敦经验，要加强对汽车本身和燃料等进行严格规定和管制，在核心区特殊时期（如上下班时间）收取交通堵塞费。设立污染检测点，加强机动车的路检、年检，以控制中心城区汽车数量，提高燃油标准。加强机动车尾气治理，所有机动车必须加装净化器，消除冒黑烟现象。严格执行排放标准，出台政策规定所有机动车加装过滤器，不合格车辆加快报废。强制性地安装尾气减排装置，加强监督，严格管理，不达标不得上路，加大对外地车辆的排污控制，统一标准和监管制度，最大程度上减少机动车尾气排放。

6.3.3　加强生态文明建设的技术攻关

以持续改善空气质量为中心，加强机动车排放的技术监管和技术支持，在解决影响和制约机动车监管的"瓶颈"问题上下功夫，完成好实验室建设、年检场监管、路检路查等，加大对加油站、炼油厂的监督、检查、举报、信息公开。借鉴伦敦经验，加快重大减排技术的创新，实现环境治理的关键性突破。北京雾霾治理必须高度重视和加强技术创新和技术改进，依托技术实现环境改善和减排降耗。研发使用一种钙基黏合剂治理空气污染。此外，要进一步优化产业结构，重视服务业减排治理，减少生活污染。

6.3.4　发展绿色公共交通，使用清洁低碳能源

与伦敦相比，北京公共交通还不够发达，公共汽车还不能满足市民出行要求，部分线路拥堵现象严重。地铁发展跟不上城市发展速度，地铁拥堵比较严重，换乘复杂、上下班拥堵严重。借鉴伦敦经验，一是应该加大力度发展公共交通，改善地铁条件，减少拥堵，对出租车、公交车限期进行清洁能源改造。陆续更换市内性能较差、碳排放量较大的公共交通车

辆，改用舒适性较强、使用清洁能源的新型公交车辆。大力推广无污染交通工具使用，吸引社会资本参与绿色低碳的公共交通特别是轨道交通、电动公交等的建设和管理。二是加强电动车及其基础设施建设，创新体制机制吸引社会资本参与充电桩等基层设施建设，大力发展电动汽车，加快发展城市轨道交通和公共自行车。三是加强城市绿地建设。要暂停或缓建新高层建筑，多建绿地，进一步提高核心城区绿化率。加快周边新城建设，建立多中心城市发展模式，在核心城区与周边城区建立绿化隔离带，加强环境治理。

6.3.5 重视社会群众参与首都生态文明建设

伦敦空气污染的防控和治理，离不开政府对社会组织、新闻媒体、社会群众参与的高度重视和更加宽松、自由、公开的舆论环境，环境保护人人有责，治理雾霾人人参与。主流媒体不会替政府粉饰遮掩，而是大胆抨击和有效监督，新闻媒体、环保组织能展开调查、公开讨论和协商对策，政府与社会群众是站在同一立场上关注对环境污染问题的治理，欢迎监督、参与和举报，而不是怕监督、怕举报、怕维稳。

一是鼓励重视群众参与。借鉴伦敦经验，应该鼓励和倡导市民广泛参与环境污染的治理，建立各种环保志愿者组织和协会，依托环保社会组织和行业协会，加强对各种环境污染行为的监督、公开、评价和举报，集体行动起来才能有效治理污染。

二是实行信息公开，加强治污监督。建立首都环境污染信息发布平台，鼓励社会组织、市民积极参与首都环境污染治理、污染源监督、生态文明建设。鼓励社会参与各类环境污染信息收集、平台建设、监督评价，首都生态文明建设必须获得群众支持、普及环保信息、耐心做好疏导、避免矛盾升级。要突出以改善环境、建立绿色宜居城市、人民满意的城市生态环境为目标；在治理范围方面，从单中心向多中心、周边区域联合治理转变。

6.4　本章小结

本章主要研究伦敦经验。雾霾现象在英国伦敦也曾出现过，"伦敦毒雾"致死4000人，但40多年的有效努力和协同治理，大力推进生态文明建设与低碳发展，伦敦城市空气得到有效改善。以雾霾治理为例，伦敦生态文明建设对北京提供了重要的经验借鉴和政策启示。以雾霾治理为例，伦敦经历三个阶段：煤烟污染阶段、汽车尾气阶段、法制治霾阶段。总结伦敦生态文明建设的基本经验，主要在于采取多种手段进行综合施策、协同治理、齐抓共管。伦敦雾霾治理的经验启示及北京的对策建议主要表现：制定首都空气清洁法规，加强生态文明制度建设；设立和增加污染检测点，严控尾气排放，加强监督，严格管理，不达标不得上路，加大对外地车辆的排污控制，统一标准和监管制度；加强生态文明建设的技术攻关，高度重视和加强技术创新和技术改进，依托技术实现环境改善和减排降耗；发展绿色公共交通，使用清洁低碳能源；重视社会群众参与首都生态文明建设。

7 生态文明建设的纽约都市圈经验

纽约都市圈，即美国大西洋沿岸城市群，是全球闻名的世界级城市群。纽约都市圈拥有纽约、波士顿、费城、巴尔的摩和华盛顿5座大城市，以及40座10万人以上的中小城市。北起缅因州，南至弗吉尼亚州，跨越了美国东北部的10个州，面积约占美国本土面积的五分之一。纽约都市圈的制造业产值占全美国的30%以上，被视为美国经济的中心。纽约都市圈基于良好的区位优势和产业基础，经历了工业化、服务化、知识化、绿色化的转型，大力推进生态文明建设，引领世界绿色经济发展和城市绿色转型潮流[1]。

纽约都市圈尽管没有明确提出要加强生态文明建设，但多年来的重视生态环境保护、重视城市园林绿化建设、重视绿色基础设施配套、重视产业转型和绿色发展，实际上也彰显了生态文明建设的重要内涵。纽约都市圈通过加强城市绿色转型与生态文明建设，资源能源得到集约化利用，环境污染不断改善，使城市居民享受到更加生态、绿色、低碳、宜居的高端城市品位。纽约都市圈以城市转型和绿色发展，极大地增强了全球资源整合与创新能力，形成强大的国际影响力和城市竞争力，成为具有国际示范和标杆作用的世界级城市群。对于构建以首都北京为核心的世界级城市群、推进首都北京生态文明建设提供了重要经验借鉴与政策启示。

---

[1] 陆小成. 纽约城市转型与绿色发展对北京的启示 [J]. 城市观察，2013 (1)：125-132，168.

7.1　从工业化到绿色化:纽约都市圈生态文明建设的主要历程

纽约都市圈依托其强大的工业基础，引领世界经济发展，但工业化的同时带来了严重的环境污染问题，后来通过生态环境治理，推进生态文明建设，实现了都市圈的生态化转型，成为建设生态宜居的世界级城市群的重要典范。纽约根据世界经济发展动态不断加快产业转型和结构调整，集中较多的跨国公司、国际金融机构和国际经济与政治组织，是国际资本集散中心，在世界经济中具有强大的竞争力和控制力，具有明显的国际化、区域化、专业化特征，成为世界经济、贸易和金融中心之一。纽约城市的转型轨迹主要是通过产业的转型实现城市经济、社会、文化等全面转型，表现出由制造业到服务业再到高端的知识型服务业、文化服务业和绿色发展的演进历程。具体而言，主要表现在以下几个方面:

7.1.1　由制造业中心到制造业衰退的工业化转型

基于纽约便利的港口区位条件，位于美国大西洋沿岸中部的纽约港，是世界上最大的良港之一，具有深、宽、隐蔽、潮差小、冬季不冻、易于停靠等优点，具有内河航运的特殊位置优势，为纽约发展捕鱼业和造船业提供了重要条件。19 世纪中叶的工业革命助推纽约制造业发展，19 世纪末成为美国重要的制造业中心。制造业的兴旺发达加快纽约城市化进程，快速成为重要的世界城市。二战之后，随着城市化、工业化进程的完成，纽约制造业发展从 20 世纪 40 年代末开始逐渐衰退，最突出的阶段发生于 20 世纪七、八十年代。1966—1991 年，纽约制衣业雇工减少 64%；纺织品、橡胶及塑料制品、运输设备及多种制成品行业工作岗位减少约 2/3；纸制品、金属加工制品、石陶及玻璃制品、家具和家居设备、皮革与皮革制品和初级金属制品，甚至经历了 70% 甚至更多的失业。应对制造业萎缩的困境，纽约加强部分制造业的技术升级和高端发展，如服装、印刷、化妆品等行业在美国还具有一定竞争力，机器制造、军火生产、石油加工和食品加工依然占有重要地位。纽约积极发挥政府政策引导和市场的双向作用，加强制造业的转型升级和结构调整，如制订产业结构调整复兴计划、提高研发投入水平、降低税收鼓励私人投资、重视企业技术创新，实现传统制造业的升级、转型和持续发展，一定程度上减少了制造业衰退所带来的负面影响，也为纽约城市由第二产业向第三产业结构转型提供条件，实现纽约城市转型与复兴。

7.1.2　由第二产业到第三产业转变的服务化转型

此阶段主要发生在 19 世纪 80 年代到 20 世纪末，基本表现为服务业的快速发展并占据主导地位，制造业与服务业的高度融合，制造业服务化发展到生产性服务业和社会服务业的繁荣发展，到目前依然表现为强劲势头。随着制造业的衰退、转型、升级，特别是后工业化阶段的制造业服务化趋势演进，服务业快速发展，成为纽约城市的支柱产业，服务业就业结构占比由 1970 年的 76% 提升到 2000 年的 90% 。在美国南北战争时期，华尔街成功帮助北方政府的战争融资，纽约因此成为美国重要金融中心，成为位于伦敦之后的全球第二大金融市场。金融服务业的发展和制造业中心的地位促进了生产性服务业发展，在后工业化阶段实体产业发展需求助推专业服务、辅助服务、计算机服务等服务业发展。文化艺术、教育、医疗保健、设计、时装、旅游等服务业得到迅速发展，第三产业成为纽约的支柱产业，实现纽约城市服务化转型。

纽约都市圈以服务业为重要转型方向，实现低能耗、高效益的经济结构，逐渐成为集多种功能于一体的世界级城市群。由于服务业属于低能耗、低污染的绿色低碳产业，大力发展服务业能有效减少污染物排放，减少对生态环境的破坏。纽约都市圈以服务业为重要产业导向，实现由工业向服务业的转型，既能提高产业质量和效益，也能有效减少能耗和污染强度。纽约在城市转型中，重视产业结构调整，大力发展高新技术产业和第三产业，设立科技园区和兴建中央商务区，重视建设自由经济区，服务业转型与快速发展提供了众多的就业机会，进而提升纽约城市的国际竞争力和吸引力。

7.1.3 注重资源集约和环境保护的绿色化转型

绿色发展和转型成为纽约重要方向和基本趋势。在追求价值实现、休闲娱乐、和谐宜居城市生活的同时，重视对城市环境的改善和生态环境的维护。城市绿化美化、重视环境保护，大力发展环保产业和绿色产业成为纽约现代服务业发展的重要潮流。纽约都市圈重视知识密集型服务业和文化产业的发展，这样有利于城市环境的改善。应对全球气候变化需要，降低城市能源消耗强度和碳排放，构建低碳、绿色、生态、宜居的现代城市是世界城市转型与发展的潮流，也是纽约都市圈在城市转型与生态文明建设中表现出来的阶段性特征。

纽约城市转型过程中一直重视城市绿化美化建设，通过屋顶绿化和绿色建筑建设来实现城市的旧城改造。绿色屋顶已经成为纽约的一道亮丽风景线，天台、阳台、墙体、立交桥等建筑空间均通过科学设计和建设成为绿色屋顶。高线公园就是对过去高架铁路线充分利用和绿化建设所打造的世界最长绿色屋顶，既绿化纽约城市空间，增加了城市森林碳汇，降低碳排放，也提升纽约的国际绿色形象和低碳城市地位。纽约鼓励市民参与绿色屋顶建设，具有城市环保、绿色、美观、食品安全、效益等多方面的功效，充当生产安全果蔬的"有机农场"。美国布莱特农场公司在纽约布鲁克林一座建筑屋顶上修建 400 平方米温室，预计每年出产 30 吨果蔬，销往当地菜场和饭馆。纽约城市展现出绿色、生态、舒适、效益等多赢的绿色发展理念。

7.2 纽约都市圈生态文明建设的主要经验

7.2.1 以创新战略推动绿色发展

纽约都市圈依托创新战略推动了城市的绿色转型，推进了生态文明建设。纽约结合自身区位条件、交通枢纽、教育集聚、文化创意、金融服务等方面的优势，实施创新驱动战略，通过区划法规的强制性控制，实现城市的战略转型和绿色发展。创新驱动包括科技创新和产业创新，纽约通过科技创新、金融创新和服务创新战略，实现了金融业和商务服务业的繁荣与发达。纽约都市圈采取有效措施吸引更多的创新企业进入。据报道，从2007年到2011年，接近500个纽约创业公司得到注资，自2007年起纽约的创业资本成交量就上升了32%。纽约对高科技采取开放包容和鼓励发展的基本理念，曼哈顿熨斗大楼街区和布鲁克林区陆续出现了许多高技术公司，吸引了全球著名的新能源汽车公司特斯拉和Etsy。在风险投资吸纳上，纽约仅次于硅谷，正在成为科技业的前沿阵地。2012年，纽约在各方面的风险投资吸纳超越了硅谷。2005—2010年，纽约高科技产业创造的工作岗位增长了近30%。自2002年起，纽约启动了超过40个项目扶持生物科技产业，帮助建立了一系列的孵化网络扶持该地区的起步公司。纽约设立了政府创业基金，斯坦福大学计划投资20亿美元在纽约罗斯福岛建立61万平方米的园区，地铁一站路即可到达纽约中城①。纽约都市圈构建高效、服务、自由的创新环境，提出建立"数字化纽约"的战略目标，整合科技创新、文化创意、人才集聚等资源，实施大力发展金融服务、商务服务、文化创意产业等创新战略，使纽约成为国际金融中心、总部经济中心和文化创意经济中心。创新驱动战略的指引，明确了城市转型与发展的方向，同时大力发展金融服务、商务服务、文化创意等产业创新，也是实现城市绿色发展的重要方面，是实现资源集约利用，降低资源投入和能源消耗强度，推进城市绿色转型与生态文明建设。

7.2.2 以产业升级降低环境压力

纽约都市圈经历工业化阶段后，通过产业转型升级，大力发展服务业，降低能耗和污染强度，有效降低环境压力，实现城市的绿色提升。纽约都市圈大力发展高端服务业，以金融服务、商务服务、文化创意产业为主导的服务业发展呈现集群发展态势。1994—1999年，纽约商务服务业增加11.9万个工作岗位，增长率达到24.8%。2004年金融服务业的就业人数为51.5万人，占整个纽约州金融从业人员的60%。纽约城市转型表现

---

① 江文君．纽约城市发展转型及对上海的启示［N］．文汇报，2014–02–17．

出服务业高度化、集群化、知识化的特征①。现代高端服务业的集群，提高城市产业技术含量和市场竞争力，形成对全球产业与经济发展的引领和标杆作用，也为纽约城市品质提升和国际影响力提供了经济基础和文化品位。

7.2.3 以基础设施建设提高资源利用效率

城市基础设施建设是城市转型和产业发展的基石，是降低企业成本和增强产业关联的重要条件。纽约在通信网络、物流、交通、场馆等硬件和软件建设方面加强基础设施供给，促进基础设施建设与产业的对接和关联，为产业转型和发展提供基础。纽约城市通信网络容量和可靠性的强大，为全美和全球 1600 家金融企业处理 2600 万宗交易提供完善、安全、便捷的信息交换，通信设施的建设和信息网络的发达，提升纽约全球金融中心和信息中心的国际地位。物流基础设施的建设为美国区域性乃至国际性的物流业务提供了强大的自动化立体仓库、自动分拣系统、电子订货系统，有效降低库存，提高物流业的整体效率，促进城市物流业的发展和产业转型。纽约在交通、场馆等领域的硬件基础设施建设和政策法规、管理模式等软环境建设与完善，为纽约实现产业关联和城市转型提供了重要基础。纽约注重先进的管理方式，如对于会展场馆的管理，纽约便有政府直接管理、委员会管理和私人管理等 3 种方式相得益彰②。

纽约都市圈重视绿色基础设施建设，发挥绿色基础设施在雨洪管理中的重要地位③。绿色基础设施是关于开放空间规划和土地保护方面的一种新理念，应用于城市雨洪管理领域，可通过一系列多目标综合性的技术减轻城市排水和处理系统负荷，减少水污染和改善城市生态环境，减轻和适应气候改变，实现生态、环境、景观相协调的可持续城市发展。自 2010 年

---

① 张晨光，李健，闫彦明. 纽约城市产业转型及对北京建设世界城市的启示 [J]. 投资北京，2011 (9)：93 – 95.

② 徐婧. 纽约的城市发展对上海的借鉴意义 [EB/OL]. http：//manage. org. cn，2009 – 09 – 11.

③ 姜丽宁，应君，徐俊涛. 基于绿色基础设施理论的城市雨洪管理研究——以美国纽约市为例 [J]. 中国城市林业，2012，10 (6)：59 – 62.

9 月，纽约市政府正式发布《纽约市绿色基础设施规划》以来，逐步建立了相应的管理机构，召开多次会议来实施规划。2010 年 10 月，召开了第一次绿色基础设施专项小组会议。2011 年，纽约市政府创建跨部门的绿色基础设施专项小组，在市环保署创建了绿色基础设施办公室。2012 年 2 月底，纽约环保署宣布更换了所有合流制污水溢流排水口的标识牌，以提高公众的防范意识。除此之外，系统的日常检查和维护可以阻止街道雨水的浸入，保持场地的整洁，也会延长基础设施的使用寿命①。

纽约都市圈还重视交通碳减排实现城市绿色转型与发展，提高城市资源能源利用效率。鼓励研发和推广使用混合动力型节能车辆、鼓励汽车少用油少上路，限制地面交通的尾气排放；推广和倡导轨道交通等公共交通利用，使用非机动车类交通工具的比例高达近 80%。纽约目前共有 24 条地铁线纵横交错，线路总长 1300 公里，468 个车站遍布纽约全市各地；纽约有 5900 多辆公共汽车，运营线路达 230 多条。发达的绿色公交系统完全满足人们出行需要，控制私人汽车使用量，无车家庭比例远高于其他城市，有效控制城市交通碳排放水平，实现城市绿色发展和生态文明建设。

7.2.4 以城市绿化和新能源开发推进生态建设

城市绿化、发展低碳经济和循环经济，实现节能减排的整体规划促进纽约城市转型与生态文明建设。一方面，城市绿化特别屋顶绿化建设，建筑节能改造为城市建设创造良好的生态环境，缓解"城市病"和城市污染的压力。纽约州政府 2008 年出台减税措施，鼓励居民绿化屋顶，规定只要业主绿化 50% 以上屋顶面积，就能减免地产税。每平方米绿色屋顶每年能为业主减税大约 45 美元，减税总额上限可达 10 万美元。历经多年发展，绿色屋顶已经成为纽约的一道亮的风景线。另一方面，倡导低碳新能源开发，实现城市绿色低碳发展。城市绿色发展不仅表现在城市绿化美化方面，还包括太阳能、风能等低碳新能源的开发使用、资源循环利用、能源

---

① 姜丽宁，应君. 绿色基础设施与纽约城市雨洪管理 [J]. 城乡建设，2012（11）：88 - 90.

集约利用等多个方面。纽约政府重视太阳能、风能等可再生能源的开发利用，特别是建筑节能与太阳能一体化，积极发展专业节能技术咨询服务公司，推广合同能源服务；推行资源和废弃物减量化和循环利用，提倡污染预防。

7.3 纽约都市圈生态文明建设对北京的启示

转型升级是推动科学发展、加快转变经济发展方式的重要路径。借鉴纽约都市圈生态文明建设的重要经验，首都生态文明建设及体制改革需要进行战略性思维。根据新的发展形势，依据北京在国内和国际上特殊的社会、政治、经济、文化地位作出战略判断，从国际背景、绿色崛起、创新驱动的战略高度构建北京建设世界城市清晰的、统一的、前瞻性、宜居的、绿色的战略框架，协调城市转型中的各方智慧、多种力量、各项行动，解决城市转型过程中的各种矛盾和问题，促进北京城市绿色转型。具体而言，纽约城市转型对北京的启示和政策建议主要表现在以下几个方面：

7.3.1 重视服务业发展，降低产业能耗和排放强度

加强教育、医疗、文化休闲等服务业发展，提高城市转型的宜居水平和舒适度。根据著名社会学家丹尼斯·贝尔的服务业发展三阶段论，由个人服务和商业服务到金融商务服务，最后到休闲服务和公共服务。金融危机之后，纽约市积极发展教育、医疗、卫生、文化休闲等服务业发展，兴起新一轮服务业升级与转型。纽约教育体系发达，政府致力于制定适应市场要求的人才培训体系，使教育适应科学技术发展的需要。教育、医疗、文化、卫生等服务业与人的生活密切相关，随着生活水平和教育素质提升，人们更加重视医疗保健、卫生、教育和文化休闲，以此提升人们的生活质量和生活品味，实现人的全面发展和自我价值的提升。对应后工业化阶段，北京产业转型尽管还没有完全达到纽约城市发展水平，但是也展现出金融商务服务的第二阶段和休闲服务与公共服务的第三阶段融合发展特

征。因此，北京在大力发展金融服务业和商务服务业的同时，顺应世界产业转型潮流，应该有重点地适时地发展教育、医疗、文化、卫生、休闲等服务业。特别是中国由计划经济体制向市场经济体制转变，市场经济体制还不够完善和成熟，计划经济体制特别是相关管理制度和文化理念对现代城市发展还存在一定制约影响。对于北京而言，教育、医疗、卫生、文化休闲等服务业还不够发达，在区域空间分布上极不均衡，过于集中在核心城区，市场化程度不高，各种制度人为地限制了教育、医疗、卫生、休闲等服务业的快速发展。因此北京城市转型与绿色发展，需要进一步放开教育、医疗、卫生、文化休闲等服务市场和行政管理权限，改革行政审批制度，鼓励私人资本投入和兴办教育、医疗卫生等服务产业，加强人才教育与培养、引入市场机制、提高市场活力，搞好公共服务，提高北京作为中国首都和世界城市建设战略目标的宜居水平和舒适度，促进城市和谐、宜居、生态、绿色发展。

7.3.2 加强城市空间优化布局，完善绿色交通体系

城市布局的合理性直接决定了城市交通系统和通勤距离的长短。由于人口密度较高，纽约市从 1982 年开始耗资 720 亿美元，建成了北美最大的公共交通系统。北京核心城市圈人口密度过高，交通过于拥堵，公共交通特别是轨道交通发展滞后，借鉴纽约经验模式具有重要意义。如果不改变人口大规模增长和单中心集聚的趋势，不尽快提供便捷舒适的公共交通，一个在"汽车轮子上"的城市将很难成为世界城市和宜居城市①。不同交通工具碳排放量差距极大，鼓励市民尽可能采用公共交通出行有利于提高公交资源的使用效率，从而降低交通方面的碳排放水平②。因此，北京城市转型与绿色发展，必须避免单中心集聚和人口、产业过度集中核心城区模式，大力发展地铁等公共交通系统，并将轨道交通延伸到城乡结合部，延伸到远郊区县和周边城区，促进城乡结合部和远郊区县，以及延伸至周

---

① 吴良镛. 北京城市发展模式转型的战略思考 [J]. 北京规划建设, 2012 (3)：6-11.
② 孙宇飞. 城市低碳发展战略与措施研究—以纽约市为例 [J]. 中国外资, 2011 (4)：2-4.

边城市的统筹、协调、均衡发展，大力发展电动汽车和绿色交通，降低碳排放，助推首都经济圈发展和世界城市建设。

7.3.3 强化创新驱动，发展低碳产业，构建高精尖经济结构

构建以首都为核心的世界级城市群，必须强化创新驱动战略实施，不断淘汰传统落后产能，降低京津冀地区的产业能耗强度和污染强度，加快构建国际一流的和谐宜居之都。首都地区必须正视京津冀区域发展的短板，直面深化转型的痛点，继续深入推进供给侧结构性改革，坚持创新驱动发展，更多地依靠科技、创意、资本、人才等无形要素的投入，减少对土地、资源等要素的投入，推进资源节约和循环经济发展，释放新需求、创造新供给，以创新激发经济发展的内生活力与动力，推动新技术、新产业、新业态发展。

解决当前环境污染严重、资源能源"瓶颈"性危机等问题，要大力发展绿色低碳产业，加快构建绿色转型的战略规划框架，加快转变经济发展方式，制订绿色发展中长期规划，把绿色技术作为重点内容纳入首都发展规划与相关技术产业发展规划，加强能源技术和减排技术的低碳创新。要充分利用首都北京的以服务业为主导的产业基础优势，积极发展绿色低碳产业，特别是低碳高科技产业，加快构建"高精尖"经济结构。要加强传统能源结构转型升级，围绕传统能源技术改造和新能源、节能环保技术创新，发展低碳型的能源环保产业。要聚焦大气污染治理、节能减排、垃圾污水处理、新能源利用等领域技术优势，构建低碳能源产业联盟，积极发展能源互联网、新能源汽车、高效节能装备等能源环保产业，强化新能源开发利用、水处理、大气污染治理、再生资源利用、高效节能设备、环保监控检测等领域的关键技术与产品研发，构建低碳型的能源环保产业体系，进而加快构建"高精尖"经济结构。

加快构建"高精尖"产业结构是推进京津冀地区供给侧结构性改革适应经济发展新常态的需要。当前，首都地区经济发展呈现增长速度从高速转向中高速、发展方式从规模速度型转向质量效率型、经济结构调整从增量扩能转向调整存量与做优增量并举、发展动力从主要依靠资源和低成本

劳动力等因素转向创新驱动的新常态，调整产业结构、转换增长动力、实现转型升级任务艰巨。加快构建"高精尖"产业结构，培育发展尖端科技与高端产业，实现经济提质增效发展。要坚持首都城市战略定位，推进京津冀协同发展，着力破解人口资源环境的"瓶颈"制约，以疏解拓空间、以承接提质量、以管控促集约，加快构建"高精尖"产业结构，有序疏解非首都功能，全力推进产业结构、动力结构、要素结构和增长模式的转变，建设高端引领、创新驱动、绿色低碳的产业发展格局。

7.3.4 重视城市园林绿化，加快构建世界级绿色城市群

纽约都市圈高度重视城市绿化和屋顶绿化、建筑节能改造，绿色交通发展，倡导资源循环利用和低碳发展。借鉴纽约都市圈经验，首都北京要高度重视城市园林绿化建设，加快实现首都城市绿色低碳发展。加快城市园林绿化建设是加快疏解非首都功能、治理特大"城市病"和环境污染等问题的重要举措。园林绿化是维护首都地区生态安全、保障生态平衡的重要基础，是提升生态环境、改善空气质量的重要支撑，也是塑造城市形象、惠及市民福祉、构建国际一流的和谐宜居之都和世界级绿色城市群的重要载体。构建以首都为核心的世界级城市群，深化首都生态文明体制改革，要牢固树立创新、协调、绿色、开放、共享的发展理念，将首都地区建成绿色城市、森林城市、海绵城市、智慧城市，不断扩大环境容量和生态空间，加快推进大尺度森林绿地和湿地建设，提升区域生态环境，惠及人民绿色福祉。

加强首都城市园林绿化建设，一是要坚持规划先行和理念创新，树立绿色低碳理念进行首都城市规划。以创造历史、追求艺术的精神开展城市园林绿化规划建设，实现园林绿化建设统一规划设计、统一质量标准、统一进度安排，确保高起点规划、高质量建设。要积极发扬"工匠"精神，借鉴纽约都市圈的绿色屋顶、雨洪管理等经验，广泛集成和应用先进的理念、技术、标准、材料、工艺，着力提高首都城市的生态性和宜居性，努力建设绿色城市、森林城市、海绵城市、智慧城市。二是要按照生态园林城市的建设理念，将违建拆迁后空地用于建设集中连片的大尺度森林景

观、互联互通的绿色生态廊道和南北贯通的大规模湿地群，加快推进公园绿地建设，提高首都地区市民生活空间宜居适度。三是要加快推进重点通道绿化建设，加快景观生态林带建设，重视湿地保护与恢复，充分发挥湿地"地球之肾"的生态服务功能，降解污染物、净化水质、维持自然生态健康平衡。四是要加强建筑节能、屋顶绿化建设，强化清洁能源、绿色能源开发和利用，加强清洁生产和绿色消费，鼓励公众参与植树造林，增加碳汇，强化绿色转型的社会责任，构建中关村绿色低碳创新示范区和北京区域低碳创新系统，建设绿色宜居的世界级城市群。

7.4　本章小结

纽约都市圈以加快城市转型和绿色发展。推进生态文明建设，主要表现为工业化、服务化、绿色化等阶段性特征，主要表现为重视创新驱动、产业升级、绿色基础设施建设、城市绿化建设等特征。借鉴纽约都市圈生态文明建设经验，首都北京应重视服务业发展，降低产业能耗和排放强度，加强城市空间优化布局，完善绿色交通体系，强化创新驱动，发展低碳产业，构建"高精尖"经济结构，重视城市园林绿化，加快构建世界级绿色城市群。

8 生态文明建设的洛杉矶经验

洛杉矶作为美国比较典型的工业城市，经济繁荣的同时也带来相对严重的空气污染问题。1943 年，洛杉矶地区发生了严重的雾霾事件，后来又发生了"光化学烟雾"污染事件，让当地市民深受其害，震惊全球，最终迫使当地政府下定决心要根治污染。经过几十年的治理，洛杉矶地区的空气质量得到了明显改善，2011 年加州空气污染达到不健康水平的次数比 10 年前大幅减少。加州全境内臭氧污染有所下降，颗粒物质排放有所减少。总结洛杉矶经验，为京津冀大气污染治理和首都生态文明体制改革提供重要经验借鉴和政策启示。

8.1 洛杉矶空气污染的历程与成因

早在世界第二次战争时期，战争物质生产的需求为美国洛杉矶城市的工业化带来极大的机遇，工业迅速发展促进洛杉矶城市化进程。但以传统能源供给为主的工业结构，带来了高能耗、高污染、高排放，烟雾弥漫成为工业化的副产品。工业化进程提速，吸引更多的外来人口，高污染型工厂和机动车过快增长，人口膨胀、交通拥堵、环境污染等城市病不断凸显。1939—1943 年，有气象记录表明，洛杉矶空气污染不断加剧①。洛杉矶被大面积的烟雾和烟尘所困扰。1943 年 7 月 26 日，烟雾笼罩城区，洛杉矶市中心昏天黑地，白天能见度只到 3 个街区以内，当时天气炎热，热

---

① 美国洛杉矶治理雾霾措施与启示 [EB/OL]．http：//scitech. people. com. cn/n/2014/0303/c376843 – 24514288. html.

浪与烟雾毒气袭击市民身体，使人产生难以忍受的刺痛感，被误认为的是日本所投放的"毒气"，这成为世界有名的"洛杉矶雾霾"事件。1952 年和 1955 年，洛杉矶先后发生了两次数百名 65 岁以上老人因雾霾引发呼吸系统衰竭导致死亡事件，即洛杉矶的"光化学烟雾"、"雾霾之城"成为洛杉矶污染名片，引起市民的严重不满和抗议。

空气污染的来源及原因成为洛杉矶当地政府、科学家、市民共同关注和思考的焦点问题。在 1943 年洛杉矶出现的雾霾事件后，人们通过观察认为南加州燃气公司生产厂因为布局在城市核心区，丁二烯产品生产过程中形成的污染物排放是空气污染的重要来源，该厂不得不在市民的强烈抵制中被迫临时关闭。但该厂的关闭并没有直接减少洛杉矶的雾霾，反而日益严重。雾霾的来源进一步需要深入研究和广泛观察，人们还发现了其他污染源，机车和柴油机车的尾气排放，各种焚烧炉、城市垃圾场、锯木厂、废木厂焚烧的垃圾等均可能产生各种废气，对洛杉矶的空气污染有着不可忽视的影响。随后有专家提出要禁止在后院焚烧废橡胶，减少废气排放等解决方案。特别是 1952 年，加州理工学院化学家 Arie J. Haagen - Smit 通过研究发现，认为臭氧是雾霾的主要成分，机动车尾气排放在光化学反应下可能形成了雾霾微粒。该研究成果引起市民的广泛关注。此外，许多专家通过研究还发现了不同季节所产生的空气污染是不相同的，如在夏天主要是由机动车尾气、工业排放和住宅等引起的排放污染，主要是臭氧，而在冬天主要是取暖排放、工业、机动车尾气等引起 PM2.5。从空气污染来源进行考察，如表 8 - 1 所示，空气污染的 23% 左右来自于静态来源，如企业和建筑或者住宅引起排放，其他 77% 左右主要是货车、汽车和巴士、船舶、火车和飞机等在运输过程中产生的排放物①。

---

① 高洪善. 洛杉矶的雾霾治理及其启示 [J]. 全球科技经济瞭望, 2014（1）.

表 8－1 南加州地区形成臭氧的污染物来源

污染物来源	所占比例（%）
机动车辆（汽车、货车、巴士）	42
其他移动污染源	33
涂料和挥发性溶剂	13
静态燃料燃烧源	5
工业与各种加工	4
石油加工储藏与转运	3

资料来源：http：//www. aqmd. gov/aqmd/index. html.

以上科学家对空气污染来源分析，让市民更加清楚地了解到污染的成因，明白污染与每个人的生活排放有关，因此选择科学的绿色低碳生活消费方式，将有效减少空气污染物排放，改善城市生态环境。城市生态环境污染不是一个人、或一个企业的责任，每个市民都应该承担环境治理和生态文明建设的重要责任。城市生态文明建设也离不开每个人的积极参与和不懈努力。人人拥有汽车，但汽车对空气污染的贡献比较大，减少污染和排放就应该减少汽车尾气排放，需要"把汽车整干净"或"把燃料整干净"。减少汽车尾气排放或者降低污染物成为市民的共识和基本理念，于是当地政府联合各部门出台了汽车废气排放标准、制定车辆排放设备规定等，还组织专门机构和人员对炼油、燃料添加等过程进行渗漏、汽化等检测，督查其减少废气排放，减少对空气污染。不过，在汽车装备标准、限制汽油中烯烃含量、开放天然气等新型低碳燃料等规定的出台或者执行过程中也不是平坦的，遭到了汽车公司、石油公司等相关利益部门或者企业机构的抵制与反对。对跨国集团等强大利益部门的制约，仅靠城市政府很难得到有效实施，必须寻求更高层级的联邦立法[①]。

8.2 洛杉矶生态文明建设与污染治理的阶段性特征

针对洛杉矶空气污染及成因的分析，采取有效治理措施成为洛杉矶各

---

① 美国洛杉矶治理雾霾措施与启示［EB/OL］. http：//scitech. people. com. cn/n/2014/0303/c376843－24514288. html.

级政府、社会组织、市民共同长期考虑的重大问题。洛杉矶对空气污染的
认识及治理措施的出台，不是一蹴而就的，而是针对不同时期，具体情况
具体分析，对症下药，最终取得成效。如 8 - 2 所示。20 世纪 60 年代末，
美国民权运动、反战运动等系列活动提升人们对生态环境的重视，越来越
多的公民、社会组织、政府部门等关注环境污染问题。1970 年，联邦政府
制定和颁布了《清洁空气法》，制定环境污染标准，从而使洛杉矶的汽车
排放和石油燃料的超标限制规定得到执行。美国相继爆发了环保大游行等
群众性环境保护运动，还催生了"地球日"、联合国第一次人类环境会议
等的出现，有效推动了城市空气污染治理进程。从 1977 年洛杉矶有 180 天
空气质量不达标，到 2004 年洛杉矶仅有数天空气质量不达标，洛杉矶空气
污染的治理经历相对漫长的过程。洛杉矶空气污染的治理先后经历了组织
法规治理时期、市场技术治理时期、转型协同治理时期三个阶段①。从总
体上看，主要是经历了从发展工业到城市污染严重，再到市民寻求空气污
染成因分析，最后到促成相关规定和空气污染治理法规的出台，有效治理
空气污染问题。

表 8 - 2　洛杉矶空气污染治理的阶段性特征

阶段	时间点	治理重点与主要措施
建立组织 与完善法 规阶段	20 世纪 40 年代 至 50 年代初	治理重点包括对露天垃圾燃烧、禁止后院焚烧、减少工厂烟雾排放、削减炼油厂二氧化硫的排放等
	20 世纪 50 年代 以后	治理重点削减炼油厂和加油操作的油气挥发、建立机动车尾气排放标准、减缓重污染企业的发展、发展快速公交系统等
	20 世纪 60 年代 至 70 年代初	严格监管碳氢化合物的化工溶剂、垃圾填埋场有毒气体、热电厂氮氧化物、处理动物工厂的排放
	20 世纪 70 年代 至 80 年代	重点控制臭氧、悬浮颗粒物、一氧化碳、二氧化氮、二氧化硫和铅等六种污染物。淘汰含铅汽油使用，石化企业提供清洁汽油。采取措施控制特殊有毒污染物，如六价铬、石棉、氟氯化碳。制定交通共乘方案

————————

① 城市案例：洛杉矶的治霾经验 [EB. OL]. http：//news. 163. com/14/1027/22/A9JIUOO200014
SEH. html.

阶段	时间点	治理重点与主要措施
依靠市场与技术创新阶段	20 世纪 90 年代后	重点制定运输和市场激励措施，明确清洁车辆和燃料的发展目标
	1992 年	实施区域清洁空气市场激励方案。要求污染企业外迁，加强产业结构转型升级和技术提升
	2003 年	重视减排技术创新，制定和细化直接排放源和间接排放源的监控与治理措施，包括工业及商业固定源和燃烧设施、家庭壁炉和采暖、机动车排放标准、锅炉、发电设施、发动机、家用炉具、建筑涂装、溶剂使用等
转型发展与协同治理阶段	2008 年至今	洛杉矶重视产业转型升级，加快电子、通信、生物技术、软件、互联网、多媒体、服务业等新兴低碳产业的发展。20 世纪 90 年代以来，洛杉矶大力发展汽车设计、时装设计等低碳产业。当地高校、部分企业和商业机构自发成立加州环境行动注册会，共同制定节能减排行动计划，协同治理空气污染问题

8.2.1 组织法规治理时期：20 世纪 40 年代至 80 年代

从 1943 年洛杉矶雾霾事件到 20 世纪 80 年代末，洛杉矶通过完善法规，建立管理机构，空气污染治理成效初步显现。洛杉矶对城市空气污染的治理，一方面，重视利用严格的法律规章进行治理。另一方面，建立跨行政区的管理组织机构加强严格执法，促进整个区域的节能减排，有效治理空气污染等问题。

第一，建立跨行政区的空气污染治理组织机构

从联邦政府和跨行政区层面分别建立了专门的空气质量管理机构，如表 8-3 所示①。在 20 世纪 60 年代以前，美国对废气、废水、废物的处理主要是依靠地方行政部门自行管理，联邦政府和州政府一般不进行直接干预。地方空气污染治理的效果完全取决于地方经济社会发展水平，而经济发展落后或者城市周边地区缺乏有效的治理，"三废"排放比较严重，地方政府对污染问题治理不力，引起了当地居民的不满，这种自上而下治理

① 《美国洛杉矶治理雾霾措施与启示》，http://scitech.people.com.cn/n/2014/0303/c376843-24514288.html.

模式存在许多的问题，导致社会投诉和抱怨增多。对此，美国建立了环境保护署，真正履行联邦政府在环境保护和污染治理中的职责，对各地的环境问题有最终仲裁权。

洛杉矶区域建立了跨行政区的联防联控机构，协同治理区域性空气污染问题。1946 年，洛杉矶市成立烟雾控制局。1947 年，洛杉矶划定空气污染控制区。1967 年，加州成立空气资源委员会（ARB）。1977 年，洛杉矶都市区成立了跨县市的南海岸空气质量管理局。该管理局是加州洛杉矶、奥兰治县（Orange County）、河边市（Riverside）和圣贝纳迪诺县（San Bernardino）共同成立的空气污染防治机构，在所辖区内设置 38 个空气质量监控站，统一监管区域内污染物排放，及时公布空气质量情况。该部门主要负责制定区域空气质量管理规划和政策，成为区域联防联控的典范①。

表 8 - 3　美国及洛杉矶空气质量管理机构

级别	机构	职责与主要措施
联邦政府层面	美国环境保护署	美国民众在 1970 年地球日进行街头游行，抗议政府对环境污染治理的乏力，强烈要求政府加强治理。美国联邦政府迫于压力成立了美国环境保护署（EPA），主要职责是对全国环境污染及其保护履行基本职责，制定国家环境保护法律法规，开展环保科学研究，为地方环境保护及其污染治理提供必要的资金支持和技术指导。为加强管理，环境保护署将美国划为 10 个大区，每个大区设立区域环境办公室，加强辖区及跨州环境污染问题的治理
地方政府层面	洛杉矶烟雾控制局	1946 年，洛杉矶市成立烟雾控制局，许多污染企业和工厂被迫关闭或外迁。1947 年，洛杉矶县成立了空气污染控制区，对辖区内工业设置空气污染准入制度
	加州空气资源委员会	1967 年，加州成立空气资源委员会（ARB），其职责是控制和减少空气污染物排放，避免民众接触污染源。该委员会制定了全美国第一个总悬浮颗粒物、光化学氧化剂等污染物的质量标准
	南海岸空气质量管理局	1977 年，为实现跨地区大气环境污染联防联控，联合部分地区成立了南海岸空气质量管理局，制定跨域空气质量管理规划，完善生态文明制度，对区域内污染物进行统一防控和治理，协同促进区域性环境污染问题的治理

① 《美国洛杉矶治理雾霾措施与启示》，http://scitech.people.com.cn/n/2014/0303/c376843 - 24514288.html.

南海岸空气质量管理局管辖范围包含洛杉矶及周边几个县，由辖区内民选政府代表和民选州长指定代表组成董事会，由董事会遴选局长负责法律执行。该局拥有充足的经费来源作为行政开支，还招聘了一批专业的环境保护、工程技术、法律、计算机等高级专门人才，依据环境保护、空气污染治理等法律法规，进行监管和执法工作。该局还建立了各种可燃物燃烧排放空气污染物标准、各类使用燃料的器具车辆的空气污染物排放标准、各类固定空气污染源排放标准及相关环境许可证的规定等，相关空气污染预防与治理的法规不断完善，执行时比联邦法律更为严格，洛杉矶地区空气质量得到不断改善。该局局长还通过努力，加快城市轨道交通的规划和建设，减少传统高排放的机动车使用，大大降低了空气污染物的排放，优化了空气质量。该局制定和实施"空气质量管理计划"，定期检查产品是否符合标准，在所辖区域内设置38个空气质量监控站，及时向社会民众公布空气质量情况。监控站涉及发电厂、炼油厂、加油站等空气污染静态来源站点，对消费性产品包括建筑涂料、家具清漆、含挥发性溶剂的产品等静态来源也加强监测。

第二，制定和完善空气污染治理政策法规

美国及洛杉矶制定相对完善的空气污染治理法律法规，各级政府根据其权限和职责制定相关空气质量法规和政策。如表8-4所示。

表8-4　美国及洛杉矶空气污染治理法律法规

级别	主要法律	主要内容
联邦政府层面	空气污染控制法、清洁空气法、国家环境空气质量标准等	美国联邦政府先后于1955年制定《空气污染控制法》、1963年制定《清洁空气法》、1967年制定《空气质量控制法》，1970年在以上法律的基础上制定《清洁空气法》，1977年、1990年又对其进行了修正。1971年，美国政府颁布《国家环境空气质量标准》。1987年美国环保署制定PM10的标准。1997年，美国环保署制定PM2.5的标准
州政府层面	加州洁净空气法	在州政府层面，1988年加州通过了《加州洁净空气法》，规划空气质量控制目标

级别	主要法律	主要内容
跨行政区层面	跨区空气质量监管规划和政策	在跨行政区管理层面，南海岸空气质量管理局负责跨区域污染源监管，制定跨区域空气质量管理规划和相关政策，加强对跨区域空气污染的联防联控
地方政府层面	区域交通规划、执行减排政策	在地方政府层面，由南加州政府协会负责区域交通规划研究，协调各城市之间的合作和协助地方执行减排政策。洛杉矶市政府制定和实施环境治理措施，加强对空气质量的监测、评价和管理

在联邦政府层面，由美国环境保护署制定全国性空气污染治理法规。1970 年，联邦政府制定《清洁空气法》，制定空气质量标准。根据法律规定成立美国环境保护署，负责全国范围内重大环境污染事件的处理，对污染空气行为提起诉讼，加强对空气污染防控的治理。1971 年，美国颁布《国家环境空气质量标准》，对飘浮空气的"总悬浮颗粒物（TSP）"等 6 种空气污染物进行管制。1987 年美国环保署制定了 PM10 的标准。1997 年，美国环保署首次增加了 PM2.5 的标准。

在州政府层面，1988 年，加州通过了《加州洁净空气法》，对空气质量进行规划。20 世纪 60 年代初，市民通过各种社团、政治游说等活动，向州政府提出了加强环境保护与空气质量监管的法律诉求，市民和政客们与政府部门进行协调、沟通，终于获得《1963 年洁净空气法》等法律的颁布与实施。这些法律法规对相关企业排放行为及其标准进行了严格规定，明确了联邦政府、州政府以及地方政府的职责权利。加州空气资源局对移动污染源排放标准、汽车燃料标准、消费品标准等履行实施和监管职责，对标准落实不到位的进行督促和查处，同时负责制定具体的州层面的空气质量实施计划，确保各项标准能够落地，促进本区域空气质量的改善。在地区管理层面，南海岸空气质量管理局负责监管跨行政区的空气污染物的排放，负责具体治理空气质量的相关规划政策的制定与实施。在地方政府层面，南加州政府部门及其相关协会负责本区域的排放监控和减排计划的实施，还负责区域交通规划研究，加强各城市之间在空气质量改善和减排合作，协助地方组织执行好减排政策，促进本区域空气污染的有效治理和空气质量的改善。

8.2.2 市场机制与技术治理时期：20 世纪 90 年代至 2008 年

洛杉矶对空气污染的治理，通过一个阶段的完善法律法规，建立组织机构，一定程度上促进了空气污染治理工作的开展，但长期以来，真正提升空气质量，仅靠政府部门和法律之手还不够，还需要重视市场机制和技术创新的力量。从 20 世纪 90 年代到 2008 年美债金融危机之前，洛杉矶重视发挥市场力量和市场机制作用加强对空气污染的治理。尽管美国及洛杉矶先后出台了许多关于环境保护和空气污染治理的法律法规，一定程度上保护了空气，减少了环境污染，但法律法规的执行是靠人进行的，政府部门的力量还难以真正确保空气不受污染，法律法规的边际效应不断减少。这时需要更多的力量参与和支持，特别要充分发挥市场主体的力量，发挥市场机制在环境污染治理中的突出作用和重要地位，重视空气污染治理的技术创新，依靠技术创新和市场力量共同促进污染治理，成为该时期洛杉矶空气污染治理的重要阶段性特征。

1991 年，南加空气管理局制定《空气质量管理规划》。主要采取了三大类的空气质量管理措施。一是易于实施的短期措施，如明确规定和鼓励市民乘坐公交上下班，鼓励私家车与他人合乘，避免空驾或一人使用私家车。例如，制定相对灵活、弹性的上下班工作制，错峰上下班时间，避免交通拥堵等。二是推广节能减排技术，鼓励和推广实施更高比例的合乘汽车上下班和轮休制度，利用互联网远程办公，购买和使用更加节能减排的油电混合动力车，以尽可能地减少能耗和废气排放，降低对空气的污染程度，从源头上减少污染物排放，加强生态建设和环境治理。三是推广大规模市场化的低碳技术，减少空气污染。大范围推广纯电动车、超导电力传输、太阳能建筑等。引入市场机制和激励机制，对少排放者可以获得奖励或者补偿，多排放者必须付费，到其他企业或者机构购买节省的排放量，依托跨区域的空气污染排放权的市场交易，有效降低了企业节能减排的效益。加州重视利用技术创新加强对空气污染的治理和检测。企业进行节能减排及其技术创新，有效降低了空气污染①。

1988 年，加州空气质量管理局成立技术进步办公室，推动和引导企业加快低碳减排技术创新和应用，对机动车使用零排放燃料电池和混合技术进行一定的资助；为柴油拖船、建筑设备和重型卡车等清洁能源转换提供资金支持；还资助研究空气污染对健康特别是儿童、运动员、呼吸系统患者的影响等。通过技术研发和创新，有效降低碳排放和空气污染，进而达到真正减少和治理空气污染、提高空气质量的目的。政府部门加强对空气污染成分的监测②。加州在监测空气污染方面领跑镁，如：1970 年代，率先监测 PM_{10}，1980 年代，监测废气中的铅和 SO_2；1984 年，监测 $PM_{2.5}$；1990 年，分析 $PM_{2.5}$ 的化学成分等，③ 通过监测实时掌握空气污染排放情况和污染源动态，也为促进相关技术发展和污染治理提供数据支撑。

8.2.3 转型发展与协同治理时期：后金融危机时代

到了后金融危机时代，金融危机带来了经济社会发展大萧条，也加速了经济社会的转型发展。空气污染治理的任务更加艰巨，也需要结合转型契机，加强空气污染的协同治理。2008 年的金融危机，对美国经济社会各个领域产生强烈冲击，实体经济下滑导致财政税收减少，许多政府机构也因办公经费缩减而影响了有效运行，不少公共支出减少也引发市民抗议。部分企业主却要求降低环保标准，以减少企业成本。这些要求对政府部门产生一定冲击。但市民对环保的大力支持和环保运动的深远影响，南海岸空气质量管理局加强与社会组织和市民的沟通与合作，较多市民坚决支持空气污染治理行动。当地高校、部分企业和商业机构自发成立加州环境行动注册会，制定节能减排行动计划，自发减少废水、废气、废物排放，有效降低温室气体排放。高校和社会组织以及市民的自发组织为空气污染治理发挥重要的贡献，促进了该地区经济社会的可持续发展，促进经济发展

---

① 李家才.洛杉矶经验与珠三角地区灰霾治理 [J].环境保护.2010 (18).

② 洛杉矶、伦敦、巴黎等城市治理雾霾与大气污染的措施与启示 [J].公关世界，2014 (4).

③ 高洪善.洛杉矶的雾霾治理及其启示 [J].全球科经济瞭望，2014 (1).

与空气污染治理的协同推进。

8.3　洛杉矶生态文明建设与污染治理的政策启示

对于京津冀地区的空气污染治理，也不能一蹴而就，更不可能有"一药治万病"的良方妙药，也需要不断提高认识、不断总结经验、不断提高治理成效，最后达到有效治理北京"城市病"，建设国际一流的和谐宜居之都的目的。有研究指出，洛杉矶与北京具有许多的相似之处①，如都出现了人口过度膨胀、车辆快速增多、经济不断增长。北京在几十年内实现人口由数百万人到两千多万人口增长，人口城市化过快，必然导致城市基础设施、资源能源和环境承载力受到限制，容易引发大面积雾霾等问题。洛杉矶和北京都拥有惊人数量的小汽车总量，巨量的小汽车出行带来严重交通拥堵和空气污染问题，都面临着"成长的烦恼"，这些方面都有许多相似之处。因此洛杉矶在治理"城市病"特别是空气污染中所形成的成功经验值得北京借鉴。具体而言，根据洛杉矶空气污染治理的阶段性特征及其具体政策措施，为北京"城市病"治理提供重要借鉴，具体而言主要表现在以下几个方面：

8.3.1　建立跨区污染治理机构，倡导联防联控

治理机构是加强空气污染治理的组织保障。任何治理措施的出台及政策执行都离不开具体的实施主体。从洛杉矶治理空气污染中可以看出，从联邦政府到州政府、跨行政区机构和地方政府建立层次清晰、责任明确的治理机构，特别是针对空气的流动性，空气污染具有明显的跨区域特征，离不开跨区域组织机构及其机制的作用。北京雾霾天气频现，外地污染源传输和本地产生的污染源共同作用，加剧了空气污染程度。因此要有效地治理北京地区空气污染问题，迫切需要借鉴洛杉矶经验，建立跨北京、天津、河北及周边行政区域的空气污染治理机构，有明确的责任主体和实施

---

① 城市案例：洛杉矶的治霾经验［EB. OL］. http：//news. 163. com/14/1027/22/A9JIU0O 200014SEH. html.

机构，才能保证大气环境污染治理的有效、有力。通过建立跨区域、跨部门、跨组织的空气污染治理的组织机构，尽可能打破行政区域限制和自我保护主义思想的束缚。

建立跨行政区空气污染治理的长效机制，如污染治理信息共享机制，建立京津冀空气污染监测信息平台，公众随时可以查看京津冀三地空气污染情况，特别是重点污染源、重点污染企业的排放数据，以便加强监控，提高公众环保意识和参与程度。加强对排污企业的监督、评价以及及时处理，提高污染治理机构的权威性和公共参与性，真正遏制住排污企业天不怕、地不怕、任意排污的嚣张气焰。要建立跨区域的大气污染联防联控机制。

8.3.2 制定空气质量管理规划和标准，强化政策执行

空气污染治理的难点在于执行无机构、执行无标准、执行无政策。洛杉矶在解决了空气污染治理的主要问题，同时建立更加严格的标准和治理政策，确保政策的执行和标准实施。一方面，对所有污染源进行严格规划控制。洛杉矶控制工业污染源和道路机动车、非道路机动车等尾气排放[①]。另一方面，制定和执行非常严格的空气治理管理标准。严格的政策以及严格的执行机制来保障空气污染治理目标的达成。例如，建立严格的污染源排放标准、严格的空气质量监管标准、严格的汽车尾气强制检测制度等，还制定了低碳清洁能源政策，大面积推广机动车的能源改造，加强能源消费结构转变，鼓励使用低碳可再生能源，最大限度降低碳排放和空气污染。

借鉴洛杉矶经验，北京需要做的事情还很多，如缺乏污染源排放标准、缺乏空气质量监管标准、缺乏机动车尾气排放检测标准及其执行的系列制度，制度不够严格，执行不够威严，很多针对空气污染治理的措施仅限于建议和鼓励，缺乏强制性的制度安排。例如，机动车尾气的排放，北京一直缺乏严格的标准执行，也缺乏严格的执行机构，许多污染企业偷

---

① 李家才. 洛杉矶经验与珠三角地区灰霾治理 [J]. 环境保护，2010（18）.

排、多排、乱排现象没有得到遏制，机动车尾气排放没有实际性的举措进行遏制，导致空气污染问题没有明显的改善。北京借鉴洛杉矶经验，应该不断探索、不断总结、不断推进，分阶段、分步骤地推进空气污染治理的各项制度制定及其实施，通过一定时期如 5 年至 10 年乃至 20 年左右能够真正治理好空气污染问题。

8.3.3 鼓励市民参与空气污染治理，鼓励共建共享

空气污染问题关乎每个人对清洁空气的迫切需求。空气无法"特供"，正是反映了市民对治理好首都环境的迫切期望。在其他方面可以适度忍受的情况下，唯独空气不能忍受，因为没有空气，就无法生存，水可以从外部输入、无毒蔬菜可以从外部输入，但空气每时每刻、无处不在呼吸着，难以依靠外部输入进行局部净化。洛杉矶市民的呼声促成了清洁空气法律法规的出台，促成了相关汇报机构的成立，洛杉矶市民通过法律诉讼和其他行动向政府施加压力，环保运动和政治领袖的决心推动洛杉矶空气污染治理。市民广泛参与空气治理和生态文明建设，形成共建共享的治理合力。

洛杉矶的雾霾治理中，立法机构、科学家、企业界、社会组织、乃至普通市民都参与其中。洛杉矶公民关注环境，勇于向政府和污染企业问责。洛杉矶市民的呼声促成《清洁空气法》的出台，通过共建共享推动雾霾治理，印刷"雾霾明信片"促使社会各界重视污染问题，特别是 20 世纪 50 年代，一群家庭妇女自发组成"驱除烟雾"（Stamp Out Smog）团体，做调研、写报告、向州长进言治理倡议。科学家研究发现雾霾来自于汽车尾气与阳光的光化学反应，产生了臭氧等物质，推动了污染治理进程。NGO 组织举行环保活动，为居民免费车辆排放检测、介绍新能源车、普及相关环保知识。

既要响应市民诉求，又要治理好首都北京空气污染问题，借鉴洛杉矶经验，应该鼓励、引导、支持市民的参与空气污染治理。市民对空气污染的强烈诉求不仅不会造成政治风险，相反会形成加速空气污染治理的政治动力，政府对这种诉求不应该抵制和担忧，相反，要鼓励、引导并充分利

用群众的智慧和力量，建立空气污染治理的共建共享机制。

借鉴洛杉矶经验，北京要鼓励和引导市民全面参与首都北京空气污染治理的各项制度制定、各项政策执行、各个监测点的监督和服务，既能对空气污染治理进行群策群力，又能形成污染治理的监督力量、执行主体和保障力量。实际上空气污染治理最终要依靠群众、要服务群众，离开市民参与，北京空气污染治理就难以取得实际成效，因为预防污染和治理各种排放行为需要从个人做起、从我做起、从小事做起。在空气污染治理过程中，要建立市民、社会组织与政府、企业的互动和协调机制，市民、社会组织当好政府的信息传播者和治污效果反馈者，政府则当好市民的服务者，企业当好治污的排头兵，通过市民、社会组织、政府、企业等多方面的合作与协调，共同推进首都空气污染治理，共同构建国际一流的和谐宜居之都。

8.3.4　加强供给侧结构性改革，重现低碳创新

洛杉矶重视产业转型升级与创新驱动，加强对传统高能耗、高污染型企业的改造和外迁，建立低碳技术创新机制。依靠低碳技术创新和研发，实现了真正意义上的节能减排，有效减少了废气排放，在一定程度上缓解了空气污染程度。通过加强能源技术创新和低碳转型，促进能源消费结构转型。一是通过低碳能源技术创新，提高能源供给侧的低碳生产，改变传统高碳能源结构，大力发展清洁能源和可再生能源。二是通过提高能源利用效率，鼓励使用低碳新型能源，降低能源消费侧或者需求侧的能耗和废气排放，实现低碳消费和低碳排放，进而有效减少排放和空气污染。美国环保署和洛杉矶相关环保部门针对发电站、工厂、机动车、火车、船舶等微小颗粒物排放源发布了规范，对公共汽车和轻型卡车使用清洁能源，对柴油发动机等废气排放标准规定，加强可再生能源和提高能源使用效率研发，大大减少废气排放。借鉴洛杉矶经验，北京应该加强对传统能源消费结构的转型升级，要加强低碳技术创新，通过煤改气、煤改电工程，减少高碳排放的传统能源结构。要加强产业结构的调整，对低端、高能耗的产业进行淘汰、转型和升级，积极发展"高精尖"经济结构，发展能耗低、

排放低、效益好的高端新兴产业。加强能源技术创新，加强对低碳新型能源的开发与利用，如太阳能、风能等新型能源开发，提高低碳新能源在整个首都地区能源结构中的比重，特别要减少煤炭、石油等传统能源的比重，以能源消费结构和能源消费方式转型促进节能减排，促进空气质量的提升和雾霾治理。

8.3.5　积极建设绿色交通和建筑，推进低碳发展

洛杉矶积极发展公共交通和轨道交通，降低私家车出现频率和使用强度，鼓励和引导绿色低碳出行。洛杉矶鼓励合乘汽车出行，淘汰高污染柴油车辆等。这些举措对于减少废气排放和能源消耗，治理空气污染具有源头治理上的实际意义，北京应该充分借鉴和吸收，积极做好首都空气质量规划，积极发展公共交通，特别是轨道交通，打造轨道上的京津冀，建设绿色交通体系。建立城市交通和建筑的低碳发展机制，实现"职住"平衡，鼓励就近租房、买房、就业，避免"睡城"现象发生，缩减上下班的距离，真正意义上降低私家车使用强度。还要发展绿色低碳建筑特别是建设绿色屋顶、节能住房，提倡使用节能灯和节能设备，注重资源循环利用，减少垃圾，建设低碳社区和低碳城市，增加碳汇和城市绿化率。

8.4　本章小结

本章主要研究洛杉矶经验。作为美国比较典型的工业城市，经济繁荣的同时也带来相对严重的空气污染问题。洛杉矶生态文明建设与污染治理先后经历组织法规治理、市场技术治理、转型发展与协同治理等时期。根据洛杉矶空气污染治理的阶段性特征及其具体政策措施，为北京"城市病"治理提供重要借鉴，主要包括：建立跨区污染治理机构，倡导联防联控；制定空气质量管理规划和标准，强化政策执行；鼓励市民参与空气污染治理，鼓励共建共享；加强供给侧结构性改革，重视低碳创新；积极建设绿色交通和建筑，推进低碳发展等。

9　世界级城市群视域下首都生态文明体制改革的对策选择

　　《北京城市总体规划（2016—2035 年）》明确提出要发挥好北京"一核"的辐射带动作用，强化北京、天津双城在京津冀协同发展中的主要引擎作用，发挥节点城市的支撑作用；推进交通、生态、产业等重点领域率先突破，着力构建协同创新共同体，推动公共服务共建共享，推动京津冀区域建设成为以首都为核心的世界级城市群、区域整体协同发展改革引领区、全国创新驱动经济增长新引擎、生态修复环境改善示范区。京津冀地域面积 21.6 万平方公里，2014 年常住人口 1.1 亿人，城镇化率 61.1%，涵盖京津两大直辖市，北京至河北最远端的设区市邯郸只有 400 多公里，地缘经济具备建设世界级城市群的潜力①。以首都为核心的世界级城市群既是京津冀建设的载体，也是京津冀经济发展的重要支撑。推进京津冀协同发展，构建以首都为核心的世界级城市群，需要在大气污染治理、生态文明建设层面加强协同发展，重点加快首都地区的生态文明体制改革。首都生态文明建设关键是要以体制创新释放发展动力与活力，形成首都绿色低碳发展的新引擎，打造全国生态文明综合改革示范区，进而构建环境美好、生态文明、绿色宜居的新北京，落实首都"四个服务"城市功能、"四个中心"战略定位，实现低碳、和谐、科学发展的重要保障和必然要求。结合首都生态文明建设实际，提出加快首都生态文明体制改革的对策选择。

---

　　①　朱晓青. 京津冀建设世界级城市群面临的突出问题与对策 [J]. 领导之友，2016（5）：56 –61.

9.1 总体思路与基本原则

9.1.1 总体思路

构建以首都为核心的世界级城市群，要以党的十九大报告中提出的"加强生态文明体制改革，建设美丽中国"的基本精神为指导，充分认识到首都生态文明体制改革的重要性、长期性和艰巨性，切实增强责任感和使命感，促进生产生活方式、生态观念的转变；坚持资源整合、机构重组、制度创新、机制完善的系统化路径，全面深化生态文明体制改革，破解首都生态文明建设的各种体制机制障碍；以大气环境、水体净化、垃圾回收为切入点，以完善法制、严格管理、创新技术、联防联控为基本手段，加强首都环境保护，加快经济转型升级，提升生态建设水平，实现北京天更蓝、水更净、地更绿的目标；鼓励群众参与，集聚市民智慧，集聚社会资源，集聚首都能量，提高首都生态文明建设的协同治理能力，让生态治理成果更多更快惠及群众，争取成为全国生态文明建设先行区和示范区，加快构建以首都为核心的世界级绿色低碳城市群。

9.1.2 基本原则

第一，坚持整体推进与重点突破相结合的原则。

生态文明体制改革是一项系统工程。构建以首都为核心的世界级城市群，推进首都生态文明建设，要坚持以首都生态文明体制改革为整体推进，才能统筹协调，把握改革大局。整体推进就是要从整体、全局、系统的战略高度推进体制改革，避免"头痛医头，脚痛医脚"的弊端。生态文明建设及其体制改革涉及经济、政治、社会、文化、生态五位一体，牵一发而动全身，因此需要以整体推进为重要原则。坚持以首都生态文明体制改革为重点突破，才能以点带面，激发改革动力。首都生态文明体制改革要坚持整体推进和统筹兼顾。

第二，坚持政府主导与多方参与相结合的原则。

首都生态文明体制改革与生态文明建设，不能简单寄希望于政府部门的机构合并或分设，也并非是几个环保部门就可以完成的工作。生态文明体制改革既需要体制层面的顶层设计和上级领导的高度重视，又需要中央及部委领导、北京市委市政府领导、北京市环保局、发改委、水务局等相关职能部门、北京市各区县政府、天津市与河北省各级政府的积极配合与协同推动，还需要社会力量的积极参与、积极监督、积极推动自上而下与自下而上的双向结合。

首都生态文明体制改革要改变"政府唱独角戏"的传统体制模式，就要发挥各级政府部门在生态文明体制改革与建设中的"引导"作用，动员和带领全社会企事业单位、社会组织、社会群众实施首都生态文明建设战略，努力形成政府主导、多元投入、市场配置、社会参与的生态文明建设体制机制。在生态文明建设中，社会参与是基础、重点、活力；市场配置是有益补充；多元投入是重要支持；政府主导是重中之重，是关键因素。首都生态文明体制改革应强调政府主导责任的充分担当及主要作用的充分发挥，更好地实现政府在生态文明建设中的责任担当。

要鼓励各类社会组织、社会资本、社会力量、社会群众积极参与到首都生态文明体制改革和建设中来，首都市民和社会组织不能做生态文明建设的旁观者、生态环保的冷淡者、环境污染的参与者和受害者，各类社会组织、社会资本、社会力量、社会群众应成为首都生态文明建设、体制改革、监督评价、运营管理的重要主体、核心力量、关键支撑。发挥强大的社会组织和社会参与作用促进首都生态文明体制改革步伐，推进首都生态文明建设进程。

第三，生态保护、低碳发展、环境优先原则。

以生态保护为原则。任何损害生态环境的经济行为必须得到遏制，尊重生态规律。以低碳发展为原则。加快产业转型升级，加快高碳产业外迁、转移、升级及低碳化改造，加快低碳产业发展，形成以低碳为主要特征的首都高精尖经济结构的原则，促进首都生态文明体制改革和生态文明建设。

以环境优先为原则。生态优先理念是首都经济社会发展的"制高点"，经济发展和城市建设不能以牺牲环境治理和生态效益为代价，应将经济建设与生态建设、环境治理同步，没有生态效益和破坏自然环境的经济建设是要遭到子孙后代唾骂和自然界报复的，应在城市规划、经济发展、社会建设、文化建设、民生改善等各个方面树立生态优先的基本原则。生态文明体制改革不仅服务于经济建设，而且经济增长应与环境污染脱钩，以环境优先为原则加强体制创新，从而促进首都经济社会的持续发展和绿色增长。

第四，坚持优化布局、分类指导、严格管理原则。

以合理布局为原则，构建生态文明建设空间秩序，优化生态文明建设与管理资源配置，严格城市建设用地规划，严格保护城市生态空间结构，以多增绿地少建房为原则进行合理布局，从而形成开发和保护合理有序的空间格局。

以分类指导为原则，整合生态建设的各类资源，创新体制，完善机构，制定差异化的管控措施，紧抓人口增长过快这个影响首都生态环境的症结，推进首都基本公共服务均等化发展和区域均衡发展，实现以利减人，加大首都产业结构调整力度，实现以业控人，加强首都出租房屋，规范化管理，做到以房管人。

以严格管理为原则，加强首都人口、交通、大气、垃圾、水资源等领域的依法管理，探索用立法形式把交通拥堵、大气污染、污水排放等顽症痼疾转化为全市人民的共同意志，高度重视首都生态文明建设加强交通、大气、污水等领域治理的体制机制创新。

第五，坚持统筹谋划、综合治理、四个转变原则。

以统筹谋划为原则。理顺首都生态文明建设的各种体制与关系，提升环境治理能力。以综合治理为原则，针对首都大气污染、违法建设、垃圾处理、污水减排等群众关心的问题，完善管理体系，多种手段综合使用，从污染源头治理、污染过程监控、污染末端终止的路径进行环境综合治理，加强垃圾和污水治理的资源化对接，促进污染物综合管理。

以四个转变为原则。在治理对象方面，从单纯的管理城市经济增长和空间规模扩张转变为管理城市经济、社会、环境复合系统的协调发展，追求城市生态福利最大化；在治理主体方面，从政府一元化的行政管理转变为政府、企业、社会组织、社会群众多元化的环境综合治理，鼓励社会组织和市民参与环境治理，加强环境综合治理监督和生态综合评价；在治理目标和绩效方面，从以物为本、GDP 至上的绩效目标转变为以改善环境、建立绿色宜居城市、人民满意的城市生态环境为重要目标；在治理范围方面，从单中心向多中心转变为周边区域联合治理、协同发展。

9.2 重要目标：四个促进

加强首都生态文明体制改革，必须以"四个促进"为重要目标。

第一，促进首都生态文明建设的各种体制机制得到改革和优化，首都大气、交通、污水、垃圾等领域的治理机构得到整合，体制得到理顺，制度得到创新，机制得到完善。

第二，促进全社会环境保护投入占 GDP 比重明显提高，单位 GDP 能耗、主要污染物排放总量明显下降，首都 PM2.5 明显下降，大气污染治理、交通尾气治理、水污染防治、城乡环境综合整治效果不断显现。

第三，促进全社会生态文明意识和城市绿色基础设施支撑能力明显增强，首都生态文明建设示范区不断强化，广泛开展生态区县、生态街道、生态园区、生态社区、生态学校、生态企业等一系列生态示范创建工作。

第四，促进首都环境污染得到有效治理，以实现空气质量改善、水体生态净化、垃圾综合利用为基本目标，建立综合治理和联防联控的体制机制，到 2020 年空气中细颗粒物（PM2.5）、可吸入颗粒物（PM10）、总悬浮颗粒物、二氧化硫、二氧化氮等主要污染物的年均浓度均比 2014 年下降 15%～30%，建设成为全国生态文明城市，进而加快构建以首都为核心的世界级绿色低碳城市群。

9.3 改革路径：四大领域体制创新

生态文明体制改革涉及经济、社会、文化、政治等多个领域，单一领域、单一区域的改革难以全面推进生态文明建设。首都生态文明体制改革应加强经济、环境、社会、文化等多领域的改革创新，重点领域与改革路径包括以下四个方面：

9.3.1 加强经济体制创新，建立生态产业体系

加强经济体制改革，实现经济建设与环境污染的脱钩，实现经济发展与生态文明建设之间的"双赢"。

（1）建立生态的经济体系，构建高精尖经济结构，加快产业转型升级，大力发展低碳、绿色、生态产业。

建立绿色生态经济体系，降低环境污染和碳排放，提高经济效益，实现经济增长与环境污染脱钩，以生态产业、生态经济促进首都生态文明建设。有学者指出，发展世界级城市群，创新为目标，生态要优先，产业是支撑。着眼于提升京津冀区域在全世界的综合竞争力，应紧紧围绕创新驱动，处理好生态与产业的关系，不仅要建立生态补偿机制，而且要做好生态和经济相结合、促进生态经济发展的大文章。要把京津冀打造成世界级城市群，应根据京津冀各自的功能定位，以"产业生态化、生态产业化"作为产业发展的原则，将生态保护和经济发展协调统一，以经济发展带动生态保护，以生态开发推动经济发展，实现经济发展与生态文明互促共赢[①]。加快构建高精尖经济结构，加快产业转型升级，大力发展低碳产业，建立生态的首都经济体系。加强产业转型和生态产业发展，是推进京津冀生态文明建设的重中之重，也是促进首都生态建设、减少雾霾、改善环境的关键。特别是京津冀协同发展的河北地区，应该充分利用低劳动力成本、廉价土地及丰富的生产资源等比较优势，在国家政策的引导和京津两市的辐射效应下，充分利用两地转移的产业大力发展现代高端制造业、现代农业及现代服务业，通过政策引导与市场配置的渠道，加大对京津两市的人才吸引以促进当地的研发和创新功能，加强与北京、天津地区的技

---

① 宋文新．打造京津冀世界级城市群若干重大问题的思考［J］．经济与管理，2015，29（5）：11－14.

术、人才、产业等全方位合作，共同构建高精尖经济结构，大力发展生态经济体系，有效降低产业能耗和污染强度，推进京津冀地区生态文明建设。

（2）加强生态区的经济补偿，完善生态补偿机制。首都生态涵养区主要位于边远的山区等生态薄弱地带，包括延庆、怀柔、密云、平谷等区县，经济和公共服务基础比较薄弱。首都生态文明体制改革应建立以生态发展为导向的一般性财政转移支付机制，探讨生态保护区与优化开发区的税收分成和税收转移规模及其比例。

（3）加强能源体制改革，大力发展新型能源产业。生态经济发展涉及能源经济领域，传统能源供给与消费体制阻碍了资源能源的集约化利用和能源排放、环境污染等问题的治理。能源体制改革是推动经济增长和节能减排的重要领域。能源革命主要是解决能耗过高的问题。从国家层面，建议统筹推进国企改革与能源行业改革①。北京发挥能源科技资源优势，加大新能源技术创新，大力发展太阳能、风能等新型能源产业，提高低碳可再生能源在能源结构中的比重，减少碳排放和环境污染。

9.3.2 加强环境管理体制创新，提高环保执法力度

推进首都生态文明建设，必须对现行的不符合生态文明要求的制度、体制、机制进行改革与创新。党的十一届三中全会以来，我国建立了以政府为主导的环境行政管理体制，在生态环境治理方面取得了一定成绩。但是，经济管理和行政管理还未能形成对粗放型、外延扩张型的经济发展方式的有效制约，致使不少地方片面追求生产总值的增长，以破坏生态环境为代价获得短时期内的经济增长，自然资源的消耗越来越多，对环境的破坏越来越大，生态越来越恶化。面对严峻形势，必须加强生态环境保护与污染防治的体制建设，加强生态文明的制度建设。

---

① 范必. 能源体制雾霾不除，大气雾霾难消 [EB/OL]. http：//finance. sina. com. cn，2015 - 03 - 02.

（1）加强顶层设计，建立垂直型、综合型、区域型的生态治理机构

加强顶层设计，加快生态文明行政管理体制创新，以转变政府职能为核心，探索生态型区域管理体制和考核体制的改革创新。在管理体制方面，可通过建立高规格的协调和决策机构，进行基层管理扁平化改革创新。对具有战略性发展意义的区域或领域设立高规格的协调和决策机构，是国内外管理体制设计的共性。一方面可提高行政办事效率，避免按照传统行政程序而耽误重大战略的发展。另一方面可整合各方面资源，集中解决核心问题。生态文明发展不同于常规工业化发展，迫切需要建立高规格的协调和决策机构，突破落后的行政体制束缚。针对生态区管理人口少、经济总量少等特征，可探讨实施基层管理扁平化改革试点创新；设立独立的生态保护管理局，强化生态保护和管理的职能；整合现有街道办事处和社区工作站管理资源，减少行政层级，提高行政效率，构建绿色政府。

加强首都生态文明体制改革的顶层设计，发挥首都生态文明体制改革专项小组的推动改革作用，建立垂直型的环保管理体制，创新组织机构，提高生态环境治理能力。打破传统的环保机构设置按照行政区域来划分体制，避免地方环保机构在人事、经费等方面受当地政府领导和制约。在管理体制上，市环境保护局下设分局及派出机构，人、财、物均垂直领导和管理，与区县政府脱钩。在运行过程中，要减少金字塔式的官僚程序，实行扁平化管理，各地环境分局及其派出机构能够直接与市环保局沟通，实现垂直领导，做到下情上达，减少地方保护主义对环保执法的干扰，加强环保管理的权威性和统一性。要利用微信、网络问政等现代化网络平台和技术手段，建立领导层级上垂直化、管理机制上扁平化、信息共享上网络化的生态治理体制机制。

加强综合型的环保管理机构建设，在首都生态文明体制改革专项小组的基础上，整合体制资源，统筹发改、环保、园林、农业、水务、国土等部门的力量，深化资源环境行政管理体制改革，建立跨部门生态文明协调机构。要改变环保部门监管弱化倾向，强化环保部门监管的主体责任、权威和地位，避免多部门管理、无人管理，"多龙治水""无龙治水"的现

象，将所有涉及到环保、生态等方面的监管统一纳入环保部门，明确环保责任主体，并依法提高惩罚力度和强化责任追究。明确部门职责分工，协调环境保护和生态建设工作，制定环境保护与经济发展相协调的环境政策。合理划分北京与区县环境保护职权，加强基层环保机构建设，强化跨区域环境管理。对流域管理部门在法律上明确其独立的行政主体地位，赋予其应有的执法权限，使其能更好地行使其流域管理的职能。加强环保队伍自身建设，根据环境执法和监督的实际需要，增进环境执法编制，环保部门与交通部门、水务部门、城管部门建立联合执法队伍，实现执法队伍下沉，夯实乡镇、社区、村庄的环保执法力量，造就一支"政治强、作风硬、业务精、纪律严"的环保队伍，提升环保机构的执法能力和业务水平及环保执法的覆盖面，加强环保管理机构的队伍建设，提升环保管理机构的职业素养、执法能力和业务水平。

加强京津冀区域型的环保管理机构建设，建立环境治理联防联控机制。环保官僚机构是生态文明建设的重要实施者，是连接上级部门与基层群众的桥梁，是生态文明建设的关键主体。加强跨域环保管理机构建设，要加强跨区域间管理机构的对接与联络，赋予跨域环保管理机构的必要权力并承担明确的职责，实现权责对等。北京要发挥首都排头兵作用，牵头协同天津、河北等周边地区建立首都经济圈生态文明建设联防联控机制，建立区域性环保管理机构，实现综合控制污染、统筹规划产业布局、优化产业结构，做到既发展经济又保护环境，实现环境保护与经济发展的双赢。根据区域社会经济、自然生态状况进行统筹协调产业布局、环保规划、污染治理，打破以往按照行政单元的分割管理，扭转环境治理中分而治之、力量分散、花费大而效果不明显的局面，以期达到区域环境综合治理、经济协调发展的效果，实现经济、环境、社会和谐可持续发展。

抓住大气、水务、垃圾等领域为治理重点，首都生态文明体制改革专项小组进一步整合大气污染治理体制改革专项小组、首都环境建设委员会、首都经济体制改革小组等力量，以生态环境优先为原则，由市环保局加大对规划、发改、交通、工商等部门的生态文明建设及相关环保工作的监督和评价，改变传统的环境保护工作让位于经济建设的现状。

加强首都大气环境治理体制创新。加强首都污染型产业外迁或转型升级，重视交通尾气治理，设立收费区和低排放区管理机制，强力治理大气污染，争取中央支持，建立跨区域的京津冀大气环境治理协同体制机制，加强大气环境污染的严格执法。

建立跨区域的京津冀大气环境治理协同体制机制，加强大气环境污染的严格执法，建议北京生态文明体制改革专项小组联合河北、天津两省市建立京津冀或环渤海大气环境信息网，建立京津冀污染源信息发布平台，强制要求重污染区域、产业、企业制定污染减排目标或淘汰、转型升级时间表，明确每年的减排任务和目标，对京津冀三地所有的污染源安装监控设备和相关监测指标设施，进行实时监控、实时反馈、实时追责，迫使重污染区域政府和企业采取刚性措施不断减少污染，提高环保水平，促进首都乃至京津冀生态文明建设。

重视交通尾气治理，设立首都核心城区"收费区"，规定进入市核心城区的机动车辆必须缴纳一定的"交通堵塞费"或"环境污染税"；市环保部门与交通部门联合建立交通尾气监控和治理中心，在四环或三环内建立"低排放区"，不允许污染严重的车辆进入这些区域，对超标机动车进行全天候监控，对超标排放机动车进行重罚；提高停车费标准，对于乱停车加大惩罚力度，降低私家车使用强度，减少交通拥堵的同时减少机动车尾气排放；北京五环以内的机动车辆均使用清洁燃料，加快公共汽车、出租车等使用清洁能源和安装过滤器，减少排放量，加强执法检查，加大尾气排放超标惩罚力度；鼓励使用电动车，规定牌照面向机动车发放，完善充电配套设施，减少机动车尾气排放，促进首都大气环境改善和生态治理。

加强首都水务治理体制创新。要加强面向地表和地下水务治理的环保、水务等相关部门改革和机构整合，建立健全河道管理、排水管理、水源保护等全流程的水务治理体制，将与水务相关的政府职能部门进行整合，或统一纳入首都生态文明体制改革专项小组体系之内。积极推广生态河道建设，建立流域综合治理体系，以点、线、面结合强化系统治理，建立首都水务协同治理体制。即抓住重点难点，点点击破，按照集中与分散相结合布局再生水厂，针对不同的污染类型建立不同种类的污水处理设施，充分考虑污水处理后就地回用。从源头收集和处理污水，根据生活污染源布局，完善城市生活污水收集管网，完成沿线截污管线建设和雨污合流改造，严格控制并减少流入河道的污水量，提高污水治理标准。线，分横向和纵向。横向以流域内水资源、生物资源承载力为基础，开展陆地生态、水陆交错生态、水生态三个梯次的治理。纵向以联结河道、营造水景观为基础，构造有生命的河流，恢复生物多样性，逐步形成清洁生态廊道。面，以流域综合治理带动社区生态建设，由生态环境到生态经济、生态人文，全面构建清洁社区、绿色城区，发展低碳绿色经济。

加强首都垃圾治理体制创新。要夯实全过程精细化管理基础，强化顶层设计，把减量化作为根本途径，探索实施最严格的排放源头管理措施。针对社区、企事业单位、农村等不同对象，落实垃圾分类管理责任人制度，进一步摸清全市和各区各类垃圾产生、排放和流向底数，夯实精细化管理基础。统一垃圾分类标识引导系统，统一垃圾分类收集设施技术规范和设置标准，统一规划垃圾分类分流回收与运输体系，做好前端分类、回收运输与焚烧、生化等处理设施有效衔接、合理匹配的顶层方案，协同推进。以餐厨和厨余垃圾为重点，大力推进垃圾分类系统建设，深入开展餐厨垃圾排放登记试点工作，在市级党政机关、区县政府所在地、学校、星级宾馆等开展餐厨垃圾就地资源化处理。进一步完善垃圾分类收集、运输和处理体系，继续推进垃圾分类达标试点任务，在中央直属机构、在京中央国家机关及市级党政机关开展垃圾分类试点，在公共场所开展新型垃圾分类收集箱试点，基本完成城镇地区密闭式清洁站改造任务。

（2）创新生态制度，建立资源产权、生态补偿、群众参与制度

建立资源产权制度。对首都水流、森林、山岭、荒地、滩涂等自然生态空间进行统一确权登记，形成归属清晰、权责明确、监管有效的自然资源资产产权制度。建立完善集体林权制度改革，健全国有林区经营管理体

制，建立独立的环境监管和行政执法体制，统一监管所有污染物排放，建立生态系统保护修复和污染防治区域联动体制机制。

科学划定和保护生态红线。在核心区、生态涵养区、功能拓展区等全方位确定区域内林地和森林资源、湿地、石漠化治理、耕地、水源地、水资源管理、河湖保护、物种等红线范围，实行严格的耕地、林地和水资源保护制度，实行红线区域分级分类管理，一级管控区禁止一切形式的开发建设活动，二级管控区严禁影响其主体功能的开发建设活动。五环以内限制或延缓批准新增建设用地，核心区以疏解低端产业、疏解人口、减少资源能源环境压力为目标，尽可能拓展生态红线，增加园林绿化用地，改建设用地为首都国家公园用地。

建立资源环境承载能力监测预警机制，对水土资源、环境容量超载区域实行限制性措施。坚持使用资源付费和谁污染环境、谁破坏生态谁付费原则，实行加快自然资源及其产品价格改革，全面反映市场供求、资源稀缺程度、生态环境损害成本和修复效益，将资源税扩展到占用各种自然生态空间中。

建立生态补偿机制。发挥市场机制在首都生态文明资源配置中的决定性作用，坚持谁受益、谁补偿原则，完善对重点生态功能区的生态补偿机制，推动首都核心区与远郊区县、首都北京与津冀地区间建立横向生态补偿制度。联合天津、河北共同制定《首都生态补偿管理条例》，明确法理、法律依据，使代内、代际的生态公平通过实施生态补偿机制走上法制化轨道，多方筹措生态补偿资金。通过政府财政转移支付、生态受益者付费、生态使用者付费、生态税、社会捐赠等方式筹集，探索建立生态补偿标准体系、生态补偿的资金来源、补偿渠道、补偿方式和保障体系。在延庆、怀柔、密云、平谷等生态涵养区实施生态补偿机制，适时将范围扩大到其他区域。积极开展节能量、排污权、水权等交易试点，加快建立化学需氧量、二氧化硫等排污权有偿使用与交易制度。加强清洁发展机制项目建设，进一步完善首都碳排放权交易制度，在现有的北京碳交易市场基础上进一步拓展到京津冀地区乃至周边更大区域。

按照主体功能区规划，建立首都国土空间开发保护体制和空间规划体系，划定生产、生活、生态空间开发管制界限，落实用途管制，健全能源、水、土地节约集约使用制度。明确各类国土空间开发、利用、保护边界，实现能源、水资源、矿产资源按质量分级、梯级利用，发挥资源最大效能。

建立和完善首都生态文明教育制度、全民节约制度、环境信息公布制度、社会监督举报和群众参与制度。运用经济和社会力量，推动环保市场发展，建立吸引社会资本投入生态环境保护的市场化机制，推行环境污染第三方治理。建立京津冀生态文明建设相关的重点产业领域的行业协会，由行业协会、中介机构、社会群众等共同发挥社会化监督、全民化参与、第三方治理的有效作用，加强对行业内企业排放的监控和年度排名，对污染严重企业加强行业监管和减排督促，政府部门对社会组织和第三方的评价结果为依据对污染企业进行惩罚，以强大的社会力量和舆论作用促进污染企业的淘汰、转型与改造，进而促进整个首都地区的生态文明建设。

（3）坚持严格的耕地保护政策，完善生态用地保护制度，建立首都土地督察制度，建立和完善开发权转移和容积率奖励制度

一是推进土地综合整治，实施耕地"建设性"保护，冻结征用具有重要生态功能的荒地、林地、湿地，减少城市建筑用地，增加首都城市生态空间。对优质耕地必须严格保护，优化用地布局，提高耕地产能，稳定生态环境，改善生产生活条件，发挥耕地的生态功能，营造良好宜居的田园风光和生活环境。首先，增加生态空间，缓解环境压力，提高环境承载力，建立生态用地保护和委托管理制度。生态用地是负担重要生态功能的土地，其生态功能体现在保护生物多样性、调节气候、涵养水源、净化环境、防止土地退化及减少自然灾害、维系区域生命支持系统的正常运行。其次，依据首都土地利用总体规划，严格执行土地用途管制制度，明确土地承包者的生态环境保护责任，加强生态用地保护。最后，完善和严格执行生态用地规划制度、生态用地用途管制制度、生态用地禁止征收制度、生态用地转用审批制度、生态用地占补平衡制度。

摒弃贪大求全、大手笔建设的用地思路，现代文明不是高楼林立、厂房密集，村村点火、处处冒烟，而是追求宜居、和谐、可持续的社会状态。通过节约集约用地，走新型城镇化之路，破解资源约束，实现可持续发展，优化国土空间开发格局，提高首都城市绿化率。土地利用要尊重自然规律，这是生态文明建设的本质要求。在土地适宜性评价的基础上，全面实施国土空间开发总体战略，从首都层面根据劳动地域分工和生产力布局，确定土地开发利用方向，构建开发、保护、整治"三位一体"的格局，推进全域立体开发，避免开发区遍地开花、产业结构趋同恶性竞争、新城区盲目扩张、后备资源无序开发的问题。核心区的资源环境承载力低，应该减少产业布局和建筑用地规划，开展核心区和功能拓展区的生态红线保护工作，规划和布局城市绿地建设，多建园林绿地，少布局建筑。

二是建立首都土地督察制度。土地督察机构在促进生态文明建设中责无旁贷，确保生态文明战略目标的实现。要拓展对土地利用方式合理性的督察，突出对土地利用环节的督察；加强调查研究，积极宣传督促引导督察区域转变土地利用方式、转变发展理念，科学合理用地。重视规划的落实、定期检查监督和责任追究，规划委和环保部门联合加大对违规违建及时查处力度，提高惩罚标准，维护规划的法制权威性，避免在绿隔、集体土地上违规建设，避免不断侵占生态用地，避免扩大城市规模边界导致摊大饼现象重演。

三是建立和完善开发权转移和容积率奖励制度。建议首都在生态功能区对涉及历史文化遗产区域进行整体改造或城市更新时，探索使用开发权转移和容积率奖励政策，对能够保留历史文化遗产的开发商或开发主体，采取额外建筑容积率补偿的政策。"容积率奖励"是指土地开发管理部门为取得与开发商的合作，在开发商提供一定的公共空间或为保护特定公益性设施（如古文化遗产）的前提下，奖励开发商一定的建筑面积。"开发权转移"作为容积率应用的补充和深化，将奖励范围扩大化，在土地开发价值得到规划管理部门肯定的前提下，以转让土地开发权为条件，换取对生态及历史环境的保护或经济补偿，同时将换取的开发权转移到更具有开发潜力的地方。容积率奖励和开发权转移政策的突出优点，是能够协调保护与开发建设间的矛盾。当首都在生态功能区对涉及历史文化遗产区域进行整体改造或城市更新时，使用开发权转移和容积率奖励政策：即以政府为主导，引进社会资本。对能够保留历史文化遗产的开发商或开发主体，采取额外建筑容积率补偿的政策。

（4）强化生态行政，建立生态文明政绩考核体系

对现有的环境保护管理体制进行重大改革，探索建立生态行政管理体制。按照科学发展观的要求，发挥行政体制改革的关键作用，推动生态文明体制深化改革，促进经济发展方式转变，促进生产方式和生活方式的生态化，推动整个社会走上生产发展、生活富裕、生态良好的文明发展之路。各级政府把保护生态环境作为重要职责，切实加强政府生态建设公共服务功能。

建设生态文明政绩考核指标体系，将生态文明指标替代传统的 GDP 政绩考核指标。制定实施《首都生态文明建设目标考核实施办法》，将生态文明建设综合考评指数优劣状况作为综合考核区县领导班子和领导干部的重要内容。落实生态环境责任制，将区县资源消耗、环境损害、生态效益纳入经济社会发展评价体系，建立体现首都生态文明要求的目标体系、考核办法和奖惩机制，对限制开发区域如东城、西城和生态脆弱的生态涵养区域取消地区生产总值考核，加大对区域环境改善成效的考核和奖励力度。建立首都财政制度，加大对区域环境改善成效的考核和奖励力度。引导各级政府重视生态建设投入，重视城市绿色基础设施、城市园林绿化、绿色建筑、绿色交通和绿色社区等建设。

本书编制首都自然资源资产核算体系及负债表方案，采用总表与分表相结合的编制方法。用总表反映首都自然资源资产总量，用分表反映单一自然资源资产的价值构成和自然资源量值的存量情况。自然资源被分为林地、饮用水、湿地、城市绿地、古树名木等；负债方面包括饮用水资源保护投入资金、河流治理投入资金等多个指标，构建具有可操作性、定量评估自然资源资产的核算方法，区域生态环境质量越差，管理部门所拥有的

自然资产权益越小，越远离自然资源资产价值的达标价值。

研究制定首都自然资源资产离任审计制度。审计对象应包括市级政府领导及各职能部门领导、区县级政府各部门、各街道办事处正职或主持工作的副职领导，审计内容包括是否有因个人决策失误给自然资源资产造成破坏、损毁的行为；是否存在违法占有、浪费、破坏、污染自然资源情况；任职期内对违法破坏自然资源案件的查处率、结案率等。根据制度设计，将自然资源资产离任审计结果作为该区领导干部任用、处理时的参考依据。对严重违反国家法律法规、应当给予党纪政纪处分和严重损毁自然资源资产的，将由纪检监察机关处理；涉嫌违法犯罪的，移送司法机关处理。

完善污染物排放许可制，实行企事业单位污染物排放总量控制制度，对造成生态环境损害的责任者严格实行赔偿制度，依法追究刑事责任。建立生态环境损害责任终身追究制。要使生态环境方面的制度与经济建设、政治建设、文化建设和社会建设的各项制度相互衔接，成为完整的、无缝隙的制度体系。

（5）建立生态文明综合配套改革试验区

根据党的十八大报告提出的生态文明建设目标及经济发展方式转变的需要，首都生态文明体制改革可设立首都生态文明综合配套改革试验区，探索生态文明发展模式的配套改革路径。北京作为重污染型城市，加强环境保护和生态文明建设意义重大，在首都特别是污染相对严重、雾霾相对严重的大兴、通州、昌平、朝阳、东城、西城等区域，建立国家生态文明综合配套改革试验区既能有效推进首都生态文明建设，又能在全国形成典型的示范效应，助推全国生态文明体制改革与生态文明建设，为建设美丽中国、美丽首都发挥领头羊和示范推广作用。

当前，延庆、怀柔、密云、平谷等作为首都生态涵养区，密云、延庆已经入选为国家生态文明先行示范区，这些区县的生态建设相对较好，环境污染没有首都核心区及功能拓展区严重。考虑到首都北京核心区作为城市污染、生态恶化、城市病突出的重灾区，应选择东城、西城、朝阳、大兴、昌平、海淀等区域为生态文明体制改革和生态文明建设的重要试点或试验区，这些区域的生态文明建设进程及其效果直接关系到整个北京的生态环保建设。核心区污染相对严重，雾霾程度比生态涵养区严重得多，加强首都生态文明建设首先，需要加强这些污染严重区域的生态文明建设。其次，所谓生态文明建设示范区和试验区不能只放在生态基础较好的涵养区，还应考虑放在污染最严重的城市核心区。最后鉴于生态文明建设政策创新涉及财政、金融、土地、行政管理等方面，建议发挥先行先试的使命，选择重污染区作为国家生态文明综合配套改革试验区，研究这些污染相对严重、环境承载力低的核心城区，如何通过产业调整、技术创新、制度完善促进这些区域的生态文明建设，引导这些区域走出又好又快的生态型经济社会发展道路。

9.3.3　加强社会体制创新，积极培育生态环保组织

生态文明建设的目标是实现社会公正。实现社会公正，需要有效整合和凝聚社会各领域、各阶层的力量，推动符合广大人民利益的改革，能够及时反映社会多数群体的意愿，在体制改革、制度安排、程序设计中必须能有效整合社会大多数人的意志和利益诉求，建立体现社会公正、集中力量、权衡利益的法律和制度，弱化利益冲突和社会对立，推动社会进步，重建文化和道德秩序，从深层结构方面提高生态文明水平，维护社会公正。因此，首都生态文明体制改革需要加强和重视对社会领域的生态治理。社会治理体制创新体现了整合生态文明建设的社会各领域、各阶层的力量及其主体地位，体现了生态文明多元参与、良性互动、基层民主的体制创新，是实现生态文明建设由统治、管理、管制走向治理、善政和善治的体制创新。

（1）梳理各级政府、个人与社会中介组织，或民间组织间的关系。将公共利益特别是生态文明利益作为最高价值要求，在生态文明体制中纳入、整合广大首都人民群众的力量、利益诉求和思想智慧，通过多元参与、在对话、沟通、交流中，形成关于首都生态文明公共利益的共识。党的十八大报告及十八届三中全会不仅为我们进一步推进环境保护公众参与

提出了明确的政治思路和要求，而且提供了强大的政治动力与战略部署。深化生态文明体制改革，需抓住环境保护公众参与的症结所在并极力推进①。社会治理体制创新要体现多元主体共同参与。这些主体除了各级政府及其所属职能部门和企事业单位之外，还应该包括各类与生态文明建设相关的非政府组织、社会中介机构、民间组织、公民个体及民营企业等。

（2）积极培育生态文明建设的社会中介机构、环保类的社会服务组织，积极推进环境第三方治理。建立企业、政府、社会联动的环保常态机制，增强生态文明建设的社会发展活力，依托社会力量和群众组织的资源整合，提高生态文明建设的社会治理水平和社会监督能力。要激发生态文明建设的社会组织活力，加快实施政社分开，推进社会组织明确权责、依法自治、发挥作用。适合由社会组织提供的生态文明领域的公共服务和解决的事项，交由社会组织承担。支持和发展生态环保领域的志愿服务组织，真正发挥社会组织为承接生态文明建设和环境治理的政府职能，履行社会责任，群策群力，共同加强生态文明建设和环境治理。十八届三中全会明确提出"建立吸引社会资本投入生态环境保护的市场化机制，推行环境污染第三方治理"。改变传统依靠政府主导企业自觉治污模式，第三方治理强调由排污企业出钱购买环保公司、环保类社会中介机构和社会服务组织的治污服务，专业治理的优势明显，环保部门集中监管，降低执法成本，提高治污效果，改善环境。建立吸引社会资本投入生态环境保护的市场化机制，推行环境污染第三方治理。

（3）加强生态社区、低碳社区建设，改进社会治理方式。鼓励和支持生态文明建设中的基层社区群众参与，实现生态文明建设的政府治理和社会自我调节、居民自治良性互动。坚持生态文明建设和环境防治的源头治理、社区治理、标本兼治、重在治本，以网格化管理、社区化服务、生态化治理为方向，健全生态文明建设的基层综合服务管理平台和社区群众参

---

① 郇庆治. 推进环境保护公众参与 深化生态文明体制改革 [J]. 环境保护，2013（23）：14－17.

与服务网络，及时反映和协调首都人民群众在生态文明建设中的利益诉求，提高首都人民群众的生态环保意识和生态文明建设的参与意识、参与能力、参与水平。

9.3.4　加强文化体制创新，形成重视生态环保的文化氛围

加强生态文化及其体制改革与创新，就是要构建起具有生态低碳道德要求的社会意识形态，放弃人类中心主义的发展思路和发展模式，构建尊重自然规律、倡导人与自然和谐共处、发展的同时要尊重公平公正，要不损害下一代人发展机会的文化环境。生态文化是要从更深层次的、从人的精神价值层面、从意识形态层面构建生态伦理和生态道德，形成人们自觉重视生态文明建设的内在动力和实际行动。要重视文化发展领域的生态文明建设和生态文化建设，加强生态文明体制创新与改革。

（1）要树立生态、绿色、低碳的文化价值理念。价值观影响人们的行为选择。生态的价值观就是要指导和影响人们具有重视生态环境保护的社会行为，树立生态绿色的文化意识和价值理念。要加强生态文明价值观教育和文化宣传。树立生态绿色的文化意识，营造重视生态文明建设的文化氛围。要增强国家生态、环保、低碳的文化软实力，培育和践行人与自然和谐的社会主义生态文明核心价值观，提高全社会生态文化意识。

（2）推行绿色生活方式和低碳消费模式，丰富生态文化内涵，开展节约减排行动。低碳消费方式是在全球环境恶化和能源危机下产生的新型消费方式，要求从保护消费者身体健康、保护生态环境、承担社会责任角度出发，在生活消费过程中减少资源浪费和防止污染而采用的一种理性消费方式①。生态文明的核心内涵之一是提倡以构建低碳消费为主要内容的科学消费方式，低碳消费与生态文明的意蕴是内在统一的，作为消费主体的个人、作为消费载体的企业、作为消费的规范者和引导者的政府部门都应该为促进低碳消费的推广而努力②。利用广播电台、电视台、互联网、微

---

① 赵敏. 低碳消费方式实现途径探讨［J］. 经济问题探索，2011（2）：33－37.
② 刘妙桃，苏小明. 低碳消费：构建生态文明的必然选择［J］. 消费经济，2011（1）：76－79.

信等平台开展绿色低碳生活的科普活动，引导首都居民广泛使用节能型电器、节水型设备，鼓励绿色消费，推动绿色出行，推广绿色建筑。

（3）建立健全生态低碳的文化市场体系，重视生态文化产业发展。完善文化市场准入和退出机制，鼓励各类市场主体积极参与生态宣传、生态建设的文化产品生产和创新，构建生态文明的现代文化传播体系。

（4）构建生态文明建设的公共文化服务体系。建立生态文明建设的协调机制，统筹服务设施网络建设，推动生态文化惠民项目与群众文化需求有效对接。整合基层宣传生态文明、生态环保科技普及、绿色环保健身等设施，建设综合性生态文化服务中心。

（5）保护和开发生态文化资源，建设一批首都生态文化保护区。维护生态文化多样化，加强对首都历史文化名镇（村）、历史文化街区、传统村落的生态保护力度，加快建设和形成一批以绿色企业、低碳社区、生态村庄为主体的生态文化宣传教育基地。

9.4　保障措施：思想、法治、技术、监督、合作

9.4.1　提高思想认识，破解体制障碍

生态文明建设要破解体制障碍，提高生态文明建设的思想觉悟，在思想上统一认识，促进政府、企业、社会组织、市民的重视与共同理解。各级领导要高度重视生态文明建设和体制改革的重要性、长期性、艰巨性，深刻认识到牺牲环境的经济建设代价和社会成本，深刻认识到重视生态文明建设的战略意义，深刻认识到经济与环境脱钩、经济绿色增长的深远意义，深刻认识到搞好环境保护、绿色低碳发展才是真正的经济效益。企业、社会组织和市民积极响应政府，不能将所有生态文明建设工作都视为政府的单方面责任，忽视或弱化社会群众的主体责任和群策群力的社会参与作用。从企业自身行为做起，市民从自我做起，重视生态建设，减少对环境的污染，减少对生态执法的阻扰和干预，积极配合，主动参与，加强监督，口头与行动一致，行为与观念相一致，推进首都生态文明体制改革

和制度建设，有效治理首都生态环境污染问题。

9.4.2 加强法治建设，提高执法力度

生态文明建设与体制改革要严格立法、有法可依、权责对等。进一步完善环境污染的法制建设和责任设计，有针对性地加强立法，科学地运用法制手段，充分行使政府对环境保护的强制控制措施，加强对生态文明建设的责任追究。完善相应的环境保护、卫生管理、河道管理、排水管理、水源保护等制度，改造企业为清洁生产，形成生态运作，同时对环境进行及时性、长期性监测并实施生态恢复措施，维护城市生态环境。加大对环境污染行为的监督、惩罚力度，严格执行环保法制。加强实施，严格执法，做到以防为主、以治为辅，坚持"谁污染，谁付费"的原则征收污染税、环境设施使用费，充分利用碳交易、生态补偿的市场机制来实现环境保护的目标，明确环境资源产权和生态责任，推行可交易的排污许可证制度。

9.4.3 加强技术创新，促进产业升级

加快重大减排技术的创新，实现生态文明建设与体制改革的关键性突破。环境污染治理离不开科学的技术创新，技术改进是环境污染治理的重要出路，技术创新是实现生态文明体制改革的核心动力。各种污染治理技术、减排技术、生态修复技术均是治理环境污染最为可行的方法和手段。环境污染治理必须高度重视和加强技术创新和技术改进，依托技术实现环境改善和减排降耗。要特别重视绿色低碳技术创新，带动和促进传统产业转型升级，构建战略型、高技术型、绿色低碳型的现代产业体系。

优化产业结构，重视服务业污染治理，减少生活服务业污染。服务业占主导地位，相对全国来说已经比较优化。但与发达国家比较，北京服务业比较低端或低层次，服务业竞争能力不强，服务业污染和排放对环境的影响不可忽视，特别是生活性服务业比重比较大，对环境污染的贡献率较高。因此，北京应该进一步提高服务业的质量和效益，特别是大力发展科技服务业和高端文化创意产业，提高产业的创新能力和科技含量，提高北

京产业的竞争力。

加快周边新城建设，建立多中心城市发展模式，促进核心城区产业、行政机关和企业事业单位转移和人口转移，缩小区域差距，降低核心城区污染程度。人口过度集中、产业过度集中，高层建筑过度集中，形成排放和污染高度集聚效应。加强控制和减少核心区（四环或五环以内）高层建筑物建设，避免建筑物增多吸引更多的企业入驻，吸引更多的就业人口，进一步增加核心区人口密度和交通压力。因此，要暂停或缓建新高层建筑，多建绿地，进一步提高核心城区绿化率。加快周边新城建设，建立多中心城市发展模式，在核心城区与周边城区建立绿化隔离带，加强环境治理。疏解非首都功能，需要解决疏解区域交通不便、公共服务差的两大"短板"，在难以突破既有利益格局的前提下实行保存量改增量的工作原则和工作方案，地铁加快向周边城市延伸，商务区、教育机构、医疗机构特别是北京名校和三甲医院向周边区域搬迁或建立分支机构，促进核心城区产业转移和人口转移，带动非首都功能疏解，缩小区域差距，降低核心城区污染程度。

9.4.4 实行信息公开，鼓励参与监督

实现信息公开，建立治理环境污染信访工作的综合协调机制。制定和完善首都生态文明建设的公众参与、信息公开、环境诉讼的具体制度。建立北京、天津、河北三地的生态监测信息系统。对京津冀三地污染源进行及时监控，向社会及时发布污染源数据，对重污染企业进行排名，限期整顿和关闭，促使周边地区加强产业转型与升级，减少整个首都经济圈环境污染程度。应该鼓励和倡导市民广泛参与环境污染的治理，建立各种环保志愿者组织和协会，依托环保社会组织和行业协会加强对各种环境污染行为的监督、公开、评价和举报，集体行动起来才能有效治理污染。鼓励市民从日常生活入手，树立节能减排意识，广泛使用太阳能等，在自家屋顶或建筑物建立太阳能分布式发电系统，使用太阳能产品，选择公交出行，选择电动汽车。鼓励市民积极参与城市绿化美化活动，多种形式提高城市绿化水平，鼓励市民种树并绿化阳台屋顶屋面，在老旧小区推广垂直绿

化。鼓励单位与市民按照园林部门统一规划，在中心城区公共区域植树。大力倡导机关、企事业单位、家庭等开展室内绿化活动。加强交通干线道路绿化封闭措施，采取经济林管理办法确保可持续发展。

9.4.5　加强风险评估，构建预警机制

要加强风险评估，谨防首都生态文明建设与体制改革过程中存在的各种风险与挑战。要积极排查风险点，加强评估，构建预警机制，特别是要建立生态文明重大项目风险评估机制和市民健康的预警机制。

一是建立重大项目的生态环境风险评估机制。对涉及群众切身利益的重大决策前，由政府牵头，环保部门配合召开环境风险分析评估会。相关领导、人大代表、政协委员、群众代表等参加评估会，按程序进行环境风险评估。重点要加强调查研究、掌握信息、收集动态、分析预测、排查隐患、风险评估。利用这种方式对重大项目立项充分考虑对周边居民生活的影响因素，更多引入公众参与机制，充分反映民意、集中民智。

二是建立城市生态环境与健康风险评估机制。建立健全城市风险评估制度和评估程序，制定城市环境与健康风险等级区划，提高对可控制环境有害因素和健康危害的预测及管理决策能力，逐步实现环境与健康风险成本控制。

三是对可能发生的严重环境污染及其健康危害进行生态预警，提出管理与技术应对措施，实现科学决策与预防。完善预警和预防措施及手段，努力做到早分析、早预报、早干预，防止重大环境污染与健康损害事件发生；以重点控制环境污染及其健康损害为对象，研究环境污染与健康损害响应关系，合理制定不同风险等级预警，不断提高防范重大环境与健康风险水平。

9.4.6　加强区域合作，强化联防联控

由社会参与扩大到周边地区，应该倡导建立区域联防联控机制，北京环境污染有周边地区的贡献，北京污染治理也可以造福周边环境，因此，需要高度重视北京与周边地区的协同联动，从产业结构调整、对污染严重

的企业和项目的关、停、并、转加强联动与合作,一方面,北京不能简单地将污染性产业转移到周边地区;另一方面,周边地区产业转型升级离不开北京的帮助与扶持,发挥北京科技优势、信息优势和人才优势,加强对周边地区经济扶持和共同发展。坚持多部门、多领域、多主体、跨区域进行联合行动,建立联防联控的工作机制,促进经济、社会与环境一体化发展,在更大范围和更高层次上促使发展与环保相协调,确保环境污染治理取得长期性成效,从根本上解决首都雾霾、水体污染、垃圾等污染问题。

应从国家世界级城市群和京津冀协同发展的战略高度,进一步完善京津冀大气污染防治协作小组的功能,建立有效运行的长效机制,加强对重大污染问题的协同治理,重点治理环渤海地区的污染治理与环境、生态保护,统一协调陆源污染与近海海洋污染,监控点源污染与面源污染排放,全面改善京津唐与渤海环境质量。行政区域涉及北京市、天津市、河北省等,目前该区域的大量耕地已被占用,淡水资源紧缺,交通负荷非常沉重,大气、沉降高值区之一。特别是河北省许多工业城市的重度污染区域,需要从区域生态文明建设与环境治理的战略高度,加快北京周边重污染城市的工业调整、转型升级,借鉴 APEC 环境治理的做法,通过政府强制关闭转型的行政手段和适当利益补偿、激励、引导的市场手段相结合的方式,加强对污染严重的企业的停产、整顿和淘汰,促进京津冀低碳协同发展和生态文明建设。

建立京津冀区域环境污染型企业清单制度,制定京津冀区域污染企业关闭或转型时间表和路线图,采取第三方评价,计算京津冀各企业污染排放物总量和增量,对零排放或减排企业进行适当奖励和补贴,对污染严重企业限期改造、转型或关闭,制定北京、天津各级政府和高技术企业对河北企业技术改造、环境污染治理的一对一帮扶制度,发挥北京与天津的技术优势、人才优势和资本优势,促进河北、天津的污染严重区域的生态文明建设。

9.5　本章小结

本章研究提出首都生态文明体制改革的总体思路、基本原则、重要目标、改革路径、保障措施等。结合首都生态文明建设实际，加强经济、环境、社会、文化等领域的改革创新，提出体制改革以下几个具体政策建议。一是加强经济层面的体制创新，构建高精尖经济结构，加快产业转型升级，大力发展低碳、绿色、生态产业，发展新型低碳的新能源结构。二是加强环境管理体制创新，依托顶层设计，构建垂直型、综合型、区域型的管理架构。三是加强社会体制创新，积极培育社会组织参与首都生态文明建设，提升社会活力和新动能。四是加强文化体制创新，形成重视生态环保的文化氛围。在实施措施上，要提高思想认识，破解体制障碍；加强法制建设，提高执法力度；加强技术创新，促进产业升级；实行信息公开，鼓励参与监督；加强风险评估，构建预警机制；加强区域合作，强化联防联控。

10 世界级城市群视域下首都生态文明建设的理念与机制

在世界级城市群视域下，首都生态文明建设要从全球的战略高度，树立科学的发展理念和长效机制，引领世界潮流。党的十八届五中全会创造性地提出了创新、协调、绿色、开放、共享的五大发展理念，并将生态文明建设纳入"十三五"发展规划。五大发展理念主题主旨相通、目标指向一致①。党和国家提出的生态文明建设与五大发展理念意义重大、目标明确、方向正确，体现党和国家领导人对尊重自然、维护自然生态平衡、实现生态文明和绿色发展的战略部署。当前，随着全球资源能源危机日益突出，资源约束日益紧张，生态恶化与环境污染程度不断加深，生物多样性减少，加强生态文明建设成为世界各国人们的共同愿望。在中国，长期以来的粗放型经济增长模式导致资源能源消耗过快、生态环境污染问题突出，如何破解发展难题，厚植发展优势，开拓发展格局，必须以创新、协调、绿色、开放、共享为发展理念为引领，必须高度重视生态文明建设及其体制机制改革。

10.1 首都生态文明建设要以五大发展理念为统领

推进生态文明建设不仅对中国经济社会发展进入新常态有深远影响，也是面对全球气候变暖和生态恶化问题作出的庄严承诺和减排义务。生态文明是人类对传统文明形态特别是工业文明进行深刻反思的成果，是人类

---

① 刘云山. 牢固树立和自觉践行五大发展理念 [J]. 党建, 2015 (12): 8–11.

社会转变发展理念和发展方式，选择人与自然和谐的新型文明形态，是人类社会向现代文明转变的新道路、新模式①。党中央提出的五大发展理念是在总结国际经验、适应经济新常态、推进生态文明建设的理念创新，关系到国经济社会持续发展全局、建设生态文明和美丽中国的深刻变革。创新、协调、绿色、开放、共享发展理念，从不同的层面提出新的发展思路，各有其独特的丰富内涵②。新常态下推进首都首都生态文明建设，必须坚持以五大发展理念为统领。

10.1.1　创新发展是首都生态文明建设的关键动力

世界级城市群是创新的"领头羊"，也是引领世界经济社会发展的航标和活水源头。缺乏创新的城市群将走向衰落，世界级城市群要始终占领世界经济高端，必须重视创新发展。应对全球气候变化、技术进步、日益增长的社会需求以及全球金融危机的挑战，世界级城市群依托创新驱动提升区域竞争力。如何在不危及经济多样性、人的发展和环境的前提下实现城市的可持续增长，已经成为世界各国面临的重大挑战，而解决方案之一就是采取创新性发展策略。据全球创新数据机构 2thinknow 最新发布的2016—2017 年度城市创新指数，英国伦敦成为全球最具创新力的城市，美国纽约和日本东京紧随其后，分别排在第二位、第三位③。

对于中国而言，要实现追赶式发展和保持可持续发展，加快构建以首都为核心的世界级城市群，离不开创新发展。创新发展是中华民族进步的灵魂，是中华民族复兴的不竭动力，是推进首都生态文明建设、全面深化改革、建设世界级城市群的新动力、新引擎。人类社会在长期与自然作斗争的过程中，过度掠夺自然资源，导致严重的生态退化、大气污染、水质下降、土壤污染等问题，严重威胁着人类社会的持续发展，充分说明发展

---

① 赵其国，黄国勤，马艳芹．中国生态环境状况与生态文明建设［J］．生态学报，2016 (19)：1 - 7.

② 陈金龙．五大发展理念的多维审视［J］．思想理论教育，2016（1）：4 - 5.

③ 全球创新城市比拼，北京上海跻身 35 强［EB/OL］．http：//www．biaozhun007．com/articles/d07934b973e2dfbe．html.

的"双刃剑"效应①。在经济新常态下，经济增速换挡、发展动力转换、发展方式转变，污染型、高碳型的粗放经济模式已难以为继，转变发展方式、推进首都生态文明建设必须以创新为重要动力。推进首都生态文明建设，前提是创新观念，必须认真领会中央关于推进首都生态文明建设的基本精神，把首都生态文明建设摆在突出位置，以创新突破生态文明体制机制障碍，开辟新的路径，构建新的模式。既要以体制机制创新，加快转变传统的高能耗、高污染、高排放的粗放型、高碳型经济发展道路和模式；也要以技术创新特别是低碳科技创新，加强首都绿色发展、循环发展、低碳发展，以创新为驱动力推进首都生态文明建设，力争实现经济发展与生态建设的共赢格局。

10.1.2 协调发展是首都生态文明建设的基本要求

协调发展理念主要是强调整合资源和利益协调，破解区域差距扩大等发展非均衡问题，首都生态文明建设的提出就是要以协调发展为重要理念和基本要求，破解长期以来的经济建设与环境保护脱节、经济发展与生态文明发展不平衡等系列难题。我国长期存在的城乡二元结构、区域发展失衡、经济建设与环境不断恶化等发展不平衡问题，严重阻碍全面建成小康社会目标的实现，经济发展到一定时期后，需要重视发展不协调问题，需要以系统性、整体性、均衡性为要求促进发展中的利益协调、关系调整、短板提升。而继续走先污染后治理、以牺牲环境为代价实现经济增长的老路不可持续。因此，协调发展理念是推进首都生态文明建设的基本要求。要以重视经济与社会、人与自然的协调发展为基本要求，加强首都生态文明建设各个领域、各个部门、各个行业的统筹协调，加强统筹协调城乡发展、经济社会发展、多种所有制经济共同发展，促进经济与社会、人与自然的协调发展、和谐发展，重视并整合各阶层的生态环保利益，实现环境公平和生态安全保障。

---

① 杜祥琬. 以低碳发展促进生态文明建设的战略思考 [J]. 环境保护, 2015 (24): 17 - 22.

10.1.3　绿色发展是首都生态文明建设的主要路径

绿色既是实现人与自然和谐、经济与社会永续发展的必要条件，也是人民对生态宜居环境、清新空气、清洁水源等的美好梦想与强烈期待。不走西方资本主义国家的"先污染，后治理"的老路，区别传统的高能耗、高污染、高排放的发展道路，必须重视以生态绿色为基本理念和重要路径，处理好经济与社会、人与自然的关系。"绿水青山就是金山银山。"绿色发展在经济社会生活各个领域，时刻树立绿色发展理念，从个人到家庭、从家庭到社会、从企业到政府坚持绿色发展道路，以生态环境容量和资源承载力为基本前提，以绿色、循环、低碳为重要特征，在工业生产、社会生活、环境生态中走可持续的绿色低碳发展道路。

10.1.4　开放发展是首都生态文明建设的强大支撑

中国将在更大范围、更宽领域、更深层次上加强改革开放，以开放包容提升经济竞争力和发展水平。开放发展是突破自我受限、自我设障、自我闭塞的传统思维，寻求外部资源整合、协同合作、开放包容，是推进首都生态文明建设，整合生态文明建设中各种资源与动能的重要支撑和基本理念。坚持开放发展，必须积极应对全球气候变化，积极应对来自外部的各种风险、挑战和危机，以开放性资源整合构建更加广泛、包容的生态利益共同体。中国作为发展中大国，提升全球影响力和话语权，需要积极承担有区别的国际责任和义务，在生态文明建设领域需要坚持开放的基本理念，积极参与国际谈判、竞争与合作，积极参与全球生态治理，在新技术、新能源、新材料等领域加强合作，化危机为生机，提高我国在碳减排、碳贸易、生态安全等领域的生态话语权。积极主动地扩大对外开放，以开放吸引外部资源，以开放促进内部提升，以开放吸引国际先进的绿色低碳技术和相关技术，改造传统的高能耗、低效益的粗放型工业模式。同时，也通过开放加快走出去步伐，将中国的先进绿色低碳技术和产品推介到国外，改变中国高污染的传统形象，树立绿色形象和提升生态文明的全球竞争力。

10.1.5 共享发展是首都生态文明建设的重要保障

共享是发展的根本目的和中国特色社会主义的本质要求。共享要坚持经济发展以保障和改善民生为出发点和落脚点，全面解决好人民群众关心的教育、就业、社保、医疗卫生、食品安全等问题，让改革发展成果更多、更公平、更实在地惠及广大人民群众①。首都生态文明建设关乎每个人的核心利益，清净空气和清洁水源是每个人的必需品，需要每个人亲力亲为，从自我做起。首都生态文明建设需要以共建共享为基本理念，以共享发展为基本保障，也就是既要发挥人民群众的共建智慧，群策群力，共同建设和打造生态优美的美丽中国；也要推进首都生态文明建设，为人民群众共享社会主义建设成果，特别是生态环境成果，通过共建共享，使全体人民在首都生态文明建设和经济社会发展中有更多获得感、幸福感、清新感，实现生态安全广覆盖、生态文明共享受。

10.2 首都生态文明建设要科学处理五大理念之间的关系

创新、协调、绿色、开放、共享的五大理念内涵丰富、相互关联、相互促进，在首都生态文明建设中体现为紧密关联的内在关系和有机整体。在首都生态文明建设中，要科学处理五大理念之间的内在关系，五大理念各有侧重又相互支撑，共同构成了推进首都生态文明建设前景的顶层设计和逻辑架构。如表 10-1 所示，系统把握、科学阐释首都生态文明建设中五大理念的内在关系，并贯彻落实到具体实践之中，将使我国进入首都生态文明建设的新境界、新格局、新常态。

---

① 顾海良. 五大发展理念的"中国智慧"[J]. 前线, 2016 (1): 17-19.

表 10 – 1　首都生态文明建设的五大发展理念及其关系

理念	基本要求	主要联系
创新	以技术创新破解资源能源和环境"瓶颈"性制约，引领首都生态文明建设的新常态，以制度创新、文化创新形成绿色低碳发展的生产模式、消费方式和治理结构，提高经济社会发展的质量和效益	创新发展是协调、绿色、开放、共享发展的核心动力，依托创新实现绿色低碳发展具有更高质量和效益，走绿色低碳创新道路，依托创新形成协调、绿色、开放、共享发展的强推力
协调	实现首都生态文明建设的平衡性、协调性和可持续性，破解各种不协调、不均衡等发展问题，破解资源能源耗竭和生态环境恶化、生物多样性减少等难题	协调发展是创新、绿色、开放、共享发展的基本策略，注重区域之间更加均衡、绿色、和谐，避免仅注重部分人富裕而忽视多数人共享成果
绿色	坚持"绿水青山就是金山银山"的理念，以绿色出效益、绿色出质量、选择更加清洁生产模式和绿色消费方式，在产业和项目引进中更加注重节能减排，更加注重绿色发展、循环发展、低碳发展	绿色发展是创新、协调、开放、共享发展的基本原则，创新需要坚持绿色低碳发展，需要加强各部门、区域之间的协调性和开放性，提高环保标准，满足人民群众对清新空气、清洁水源等环保需求与共享期待
开放	以开放、包容的新理念新思维新战略制定生态文明建设规划和制度，突出生态文明领域的对外开放内涵，改变传统封闭、落后的发展模式，着力发展更高层次的开放型、绿色型、低碳型经济，提高经济质量和效益	开放发展是创新、协调、绿色、共享发展的重要条件，以开放获得更多人才、信息、技术等资源，以开放增强区域创新动力与活力，促进区域发展更加均衡协调与绿色低碳，以开放增强绿色发展的竞争性、参与性，实现共享发展
共享	共享更加注重公平与正义，要求首都生态文明建设要为了人民，也要依靠人民，发展成果应该全民共享。首都生态文明建设本身就是实现群众共享发展成果，是人民群众共享宜居空间的共同福祉，维护生态公平与环境正义	共享发展是创新、协调、绿色、开放发展的重要目标，通过政府、社会、群众的协商治理和共建共享，吸收社会群众力量与智慧，构建大众创新、万众创业的绿色发展新空间，共同治理和改善生态环境，构建更加低碳宜居的美好生活

10.2.1　创新发展是协调、绿色、开放、共享发展的核心动力

首都生态文明建设要坚持协调发展、绿色发展、开放发展、共享发展，必须以创新发展为核心动力和突破口，通过技术创新、制度创新、文化创新、管理创新等打破僵局、突破体制机制障碍，寻找新的增长点和新动力。以技术创新和制度创新，使区域经济与社会发展更加协调均衡、绿

色环保、开放包容、共享共赢。以技术创新破解资源能源和环境"瓶颈"性制约和体制机制障碍，使经济建设与社会建设、政治建设、文化建设、首都生态文明建设更加协调。以制度创新、文化创新形成绿色低碳发展的生产模式、消费方式和治理结构。以体制机制创新加快改革开放和共建共享，真正构建开放型经济、共享型经济、绿色型经济。以创新加快经济社会协调发展，推进创新资源和生态文明成果开放共享，加快推进首都生态文明建设进程。

10.2.2　协调发展是创新、绿色、开放、共享发展的基本策略

协调发展能使创新发展不偏离正道，使创新更加注重社会效益和环境效益；协调发展能使整合首都生态文明建设与绿色发展的各方面资源，特别是整合各部门、各区域、各组织的利益和资源，通过协调获得首都生态文明建设的共识，共同治理生态环境，实现大气环境联防联控，实现首都生态文明建设的平衡性、协调性和可持续性；协调发展能改变传统自我封闭、部门利益和地方保护主义，增强开放意识和开放精神，推进首都生态文明建设的开放发展进程，以获得更多的资源和机会，构建首都生态文明建设的开放型空间；协调发展能推进经济与社会建设更加均衡，避免单腿走路和片面发展，实现城乡统筹、区域统筹、经济与社会统筹，首都生态文明建设与其他建设才能更加均衡发展、全面布局、共享成果，避免仅注重部分人富裕而忽视多数人共享成果。

10.2.3　绿色发展是创新、协调、开放、共享发展的基本原则

创新发展必须以绿色发展为方向，创新不能加快资源能源的消耗，创新不能加剧环境污染和生态恶化，创新不能减少食品安全性，不能减少生物多样性，创新发展必须以绿色低碳发展为基本原则，坚持走更加绿色低碳、生态文明的创新道路。绿色发展是协调发展、开放发展的应有之义，协调开放的目的是促进各方利益特别是弱势群体的利益增进，协调开放是更好改善生态环境，获得更多的资源和空间，使生产生活空间更加和谐宜居、更加持续优化，而不是相反，因此协调发展与开放发展必须以绿色发

展为重要内容和基本原则。绿色发展强调经济社会发展更加环保、和谐、共享，显著提高人们的生活质量，使共享发展成为有质量的发展，满足人民群众对清新空气、清洁水源等环保需求与美好期待。

10.2.4　开放发展是创新、协调、绿色、共享发展的重要条件

首都生态文明建设与经济建设、社会建设、文化建设等一样需要坚持开放发展，以开放获得新的信息、知识、技术、人才和资源，以开放获得更多人才、信息、技术等资源，促进优化配置与自由竞争，实现创新发展、协调发展。在经济全球化、知识网络化、利益多元化的背景下，创新发展必须坚持开放理念，以创新推进首都生态文明建设必须以开放发展为前提条件，学习借鉴他国、其他地区的先进技术和经验。开放发展注重的是更加优化、更加融入、更加绿色，增强我国经济与社会发展、生态建设的开放性、协同性、绿色化。以开放的视野制定首都生态文明发展战略，丰富对外开放内涵、提高对外开放水平，改变传统自我封闭、高碳增长、低端加工的传统发展模式，着力发展更高层次的开放型、绿色型经济。以开包容吸纳得更多资源集聚，突破旧思维、旧框架、旧格局，以开放增强绿色发展、共享发展的竞争性、参与性、合作性，以开放发展实现共同福祉和生态效益增进，实现首都生态文明建设的共享发展。

10.2.5　共享发展是创新、协调、绿色、开放发展的重要目标

发展的目的不是拉大区域差距，不是以牺牲环境实现 GDP 片面增长，不是以牺牲大多数人的利益实现部分人利益增进，不是增加社会冲突和环境矛盾。因此共享发展是创新、协调、绿色、开放发展的基本目标和最终落脚点。创新、协调、绿色、开放注重的是更加公平、更加正义、更加环保、更加和谐，进而实现发展成果共享，人民群众根本利益最大化的维护。树立共享理念，通过政府、社会、群众的协商治理和共建共享，吸收社会群众力量与智慧，实现协调发展、绿色发展、开放发展、创新发展，构建更加低碳宜居的美好生活。

10.3 推进首都生态文明建设要构建五大发展机制

推进首都生态文明建设必须统筹兼顾、统一贯彻、共同推进。以解决突出难题、"瓶颈"问题、"短板"问题为导向,从源头、过程、结果等全方位、全过程加强首都生态文明建设,加快发展机制构建,实现大气环境联防联控,才能为首都生态文明建设提供新动力、破解新难题、构建新体制,共同推进美丽中国建设。五大发展理念不仅是习近平同志治国理政的新理念①。推进首都生态文明建设,深刻理解"十三五"发展总要求,必须以"创新、协调、绿色、开放、共享"的五大理念为统领,清醒认识形势,及时应对风险,把握发展机遇,加快构建和选择五大发展机制,如图10-1所示。

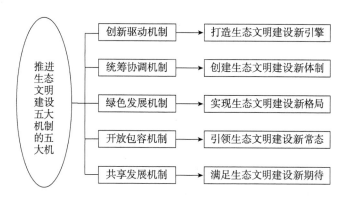

图 10-1 推进首都生态文明建设的五大发展机制

10.3.1 构建创新驱动机制,打造首都生态文明建设新引擎

实施创新驱动战略,建设创新型国家,让创新贯穿首都生态文明建设各方面。一是推进首都生态文明建设,要形成生态文明的主流价值观和创新观,大力弘扬创新文化和创新精神②。构建面向生态文明的大众创新、

① 胡鞍钢. 五大发展新理念如何引领"十三五"[J]. 人民论坛,2015 (33): 23.
② 冯之浚,方新,李正风. 塑造当代创新文化 践行五大发展理念 [J]. 科学学研究,2016 (1): 1-3.

万众创业的文化氛围和社会环境，鼓励人民群众参与绿色低碳的创新活动中，选择绿色低碳的消费模式和生活方式，形成全社会对于环境保护和绿色消费的共识，共同建设生态文明。二是加强面向首都生态文明建设的技术创新。改变传统的简单加工、模仿复制、资源消耗型的创新模式和创新路径，以绿色、生态、低碳为基本导向和重要原则推进技术创新，发挥绿色低碳的技术创新在稳增长、调结构、促改革、惠民生中的引领作用。以绿色低碳的技术创新获得共享发展的新引擎、获得经济的新增长点，推动新技术、新产业、新业态的绿色低碳发展。三是加强面向首都生态文明建设的体制机制创新，全面深化生态文明体制改革，建设生态文明制度，形成促进创新驱动、生态建设的体制架构，通过面向首都生态文明建设的体制机制创新，创新环境与经济发展综合决策机制，把资源消耗、环境损害、生态效益纳入经济社会发展评价体系，创新生态文明政绩考核机制。

10.3.2　构建统筹协调机制，创建首都生态文明建设新体制

推进首都生态文明建设，必须构建统筹协调机制，促进各领域、各部门、各地区统筹协调发展，促进城乡区域、经济社会统筹协调发展，创建资源集约、环境友好的生态文明新体制。

一是建立首都生态文明建设的统筹协调机构。首都生态文明建设与国土、市政、水利、环保、林业、规划等部门以及周边跨行政区的利益直接相关，要理顺跨域权属关系和行政体制，学习借鉴国外跨区域协调管理模式，建立适合中国国情的生态文明跨域统筹协调机构和联防联控机制，促进区域生态系统修复维护、资源保护、环境治理等的一体化规划、综合化建设、协调化管理。

二是统筹协调多方资源和资金渠道，健全生态补偿机制。完善生态补偿管理体制，共同推进跨区域首都生态文明建设和环境保护。

三是建立碳交易等市场化机制，统筹协调和整合社会力量和企业资源，统筹协调社会资本、社会组织、社会群众力量，充分利用国际清洁发展机制，建立适合中国国情的碳交易机制，促进跨域生态修复和环境保护。

四是以协调发展机制为引擎，加强京津冀三地的产业结构布局和优化，避免同质化竞争，大力发展低碳生态产业结构，特色首都北京作为核心城市，要大力发展高端服务业、绿色低碳产业和创新型产业，形成对周边地区的辐射扩散效应，以低碳的产业布局和分工，建立更加完善的市场机制及科学的制度体系，实现京津冀地区的协调发展，在降低能耗和环境污染强度的基础上，实现区域经济差距缩小，避免以生态环境为代价谋求经济增长，避免以扩大区域差距谋求经济发展，以统筹协调、绿色低碳发展为基本理念加快将京津冀城市群建设为具有较大影响力的世界级绿色低碳城市群。

10.3.3　构建绿色发展机制，实现首都生态文明建设新格局

绿色发展是首都生态文明建设的重要抓手，构建绿色发展机制就是要树立"绿水青山就是金山银山"的理念，加快绿色低碳经济发展，实现首都生态文明建设新格局。一是加快跨域生态空间规划，推进绿色基础设施建设。尽快编制跨区域的生态空间规划，统一划分生态用地，推进跨区域的绿色基础设施建设。二是要加快建设主体功能区。要发挥主体功能区作为国土空间开发保护基础制度的作用，强化生产者环境保护的法律责任，提高违法成本。三是要建立绿色低碳的产业体系。加强对传统高能耗、高污染的产业进行淘汰、转型、升级，走绿色循环低碳的产业发展道路，大力发展绿色低碳的高技术产业、新型能源产业、高效益低污染型产业。四是要加大生态治理、绿化建设、环境修复、低碳消费等的绿色文化宣传力度，改变高能耗、高污染、高碳排放的生活方式和消费模式，推广绿色消费和低碳消费，全社会共同参与，构建崇尚自然、生态、宜居的绿色文明形态。

10.3.4　构建开放包容机制，引领首都生态文明建设新常态

推进生态文明要构建开放发展、包容发展的重要机制，加强开放的力度，积极参与和引领全球生态环境治理，积极发展开放型、包容性、低碳型经济体系，共同应对全球气候变暖，主动承担减排责任与义务，解决首

都生态文明建设中的难题，适应和引领首都生态文明建设的新常态。

一是面向首都生态文明建设扩大国外绿色技术、绿色投资、绿色产品的国际合作，加强对外开放和包容发展，重点以绿色低碳技术、产品、碳交易等为新型贸易内容，加强国际间在首都生态文明建设和绿色发展中的互利合作，协同推进首都生态文明建设和绿色低碳发展的战略互信、经贸合作、人文交流。

二是面向首都生态文明建设要加强跨区域的合作，以区域之间大气环境污染联动治理为关键，加强首都生态文明建设的深度融合与互利合作。根据《京津冀协同发展规划纲要》规定，对于京津冀整体定位是"以首都为核心的世界级城市群、区域整体协同发展改革引领区、全国创新驱动经济增长新引擎、生态修复环境改善示范区"。其中，三省市的功能定位分别为，北京市为"全国政治中心、文化中心、国际交往中心、科技创新中心"；天津市为"全国先进制造研发基地、北方国际航运核心区、金融创新运营示范区、改革开放先行区"；河北省为"全国现代商贸物流重要基地、产业转型升级试验区、新型城镇化与城乡统筹示范区、京津冀生态环境支撑区"。因此，根据规划定位，京津冀地区要以开放包容为基本理念，加强开放合作、开放包容、开放创新发展，避免同质化竞争，根据自身定位进行功能优化和空间布局，协同推进生态文明建设与体制改革，特别是要对现行的不符合生态文明要求的跨区域行政制度、体制、机制进行改革与创新，加强跨区域生态文明制度建设，促进跨区域合作，实现跨区域的包容发展，适应和引领首都生态文明建设的新常态、新趋势。

三是以加强对外开放和包容发展机制，把握开放包容、多元互鉴的主基调，顺应相互联系、相互依存的大潮流，唱响和平发展、合作共赢的主旋律，推进国内外首都生态文明建设合作，共同发展绿色低碳经济。构建以首都为核心的世界级城市群，推进首都生态文明建设与体制改革，要以包容开放的胸怀引导世界正确了解和认知中国，重塑中国在国际上的绿色形象和低碳地位，更多地参与全球首都生态文明建设和低碳经济治理，提高绿色低碳发展的国际话语权，以开放包容加快构建以首都为核心的世界级绿色低碳城市群。

10.3.5 建设共建共享机制，满足首都生态文明建设新期待

首都生态文明建设是坚持以人为本的本质体现，首都生态文明建设是为了人民更好地生存和发展，让人民不仅共享经济发展成果，更重要的是共享生态文明成果。一是要坚持以人民为中心的共享发展理念，构建人民参与首都生态文明建设的机制和渠道，从解决人民最关心、最直接、最现实的雾霾天气、水污染等重大环境利益问题入手，增加大气治理、生态修复、环境保护的公共产品供给，提高包括首都生态文明建设的公共服务共建能力和共享水平。

二是按照人人参与、人人尽力、人人享有的要求，促进首都生态文明建设的全民参与、全民监督、全民评价，畅通人民群众在环境污染监督、首都生态文明建设中的知情权、监督权、谈判权等话语权，群策群力，共同推进首都生态文明建设，增强首都生态文明建设动力。根据世界级城市群的基本经验，公众参与是城市生态文明建设的重要环节。城市绿色转型与低碳发展、生态建设都要积极鼓励和引导尽可能广泛的公众参与。在生态文明建设过程中，无论从规划方案的制定、实际的建设推进过程，还是后续的监督监控，都有具体的措施保证公众的广泛参与。推进首都生态文明建设，需要高度重视和吸引更多市民的广泛参与，为首都生态文明建设和体制改革建言献策，群策群力、共建共享推进首都生态文明建设，加快构建美丽宜居的世界级城市群。

三是加强生态环境教育，树立绿色低碳发展理念，构建资源共享、生态共建、协商互动平台，提升资源节约集约利用效率，共建共享提高区域资源能源和环境承载力，增强首都人民在生态文明建设中的参与感、获得感、满意感，满足首都生态文明建设的新期待，共同实现中华民族伟大复兴的美丽中国梦。

10.4 本章小结

在构建以首都为核心的世界级城市群的战略背景下，以五大理念为引

领，研究首都生态文明建设的基本理念及其内在关系，提出生态文明建设的机制选择。构建以首都为核心的世界级城市群，推进首都生态文明建设要以五大发展理念为统领，创新发展是关键动力，协调发展是基本要求，绿色发展是主要路径，开放发展是强大支撑，共享发展是重要保障。推进生态文明建设要系统把握、科学理解五大理念的内在关系，并贯彻落实到具体实践之中，加快以首都为核心的生态宜居的世界级城市群建设。

11   世界级城市群视域下首都生态文明建设与供给侧改革路径

习近平总书记在党的十九大报告明确指出，建设生态文明是中华民族永续发展的千年大计。构建以首都为核心的世界级城市群，需要高度重视城市群的生态文明建设。推进生态文明建设离不开供给侧结构性改革，这既是党中央提出的供给侧改革战略贯彻落实到生态文明建设中的必然要求，也是加快生态文明体制改革，建设美丽中国的战略选择。供给侧改革强调用增量改革促进存量调整，强调面向需求动态变化加强供给结构的应对性改革与创新，特别是改变传统粗放经济发展模式的基础上，实现经济建设与生态环境改善的协同推进，确保人民生活水平不断提升的基础上，满足人民群众对青山绿水、生态宜居的美好期待。供给侧改革是治理北京"大城市病"、推进生态文明建设与低碳发展的治本良策。面对雾霾天气频现、水体和土壤严重污染、生态承载力不断下降的严重困境，北京市坚持以推进供给侧结构性改革为主线，加快疏功能、转方式、治环境、补短板、促协同。供给侧结构性改革为首都生态文明建设提供了强劲的发展机遇，如何推进北京生态文明建设，需要从供给侧结构性改革的战略高度深刻审视北京生态文明建设中存在的各种难题和障碍，进而对症下药，选择北京生态文明建设的对策措施，扩大生态空间和低碳产品供给，减少污染供给和资源能源浪费，提高能源利用效率和节能减排水平，进而构建国际一流的和谐宜居之都和美丽低碳的世界级城市群。

11.1　供给侧改革背景下首都生态文明建设的重要机遇

推进生态文明建设离不开供给侧结构性改革，这既是党中央提出的供给侧改革战略贯彻落实到生态文明建设中的必然要求，也是紧紧围绕美丽中国建设全面深化生态文明体制改革的战略选择。供给侧改革作为新常态背景下经济实现绿色低碳增长的重要引擎，对于大力推进生态文明建设与绿色低碳发展既是机遇也是挑战①。从本质上来说，供给侧问题是造成环境污染和影响生态文明建设的重要根源。生态环境问题本质上是经济发展方式问题，关键取决于发展质量的好坏和资源环境效率的高低，核心是处理好经济建设与生态环境改善之间的互动关系，而非陷于传统的经济增长与环境污染加剧的困境。因而，供给侧改革是针对传统经济发展难题，特别是经济质量不高以牺牲生态环境为代价实现粗放发展导致经济发展不可持续、生态环境不断被破坏等系列问题提出来的。要通过供给侧结构改革，不断改善供给体系的效率和质量，不断优化调整产业结构、发展方式结构、增长动力结构。推进北京生态文明建设需要重视和加强供给侧结构性改革，供给侧结构性改革为首都生态文明建设带来强劲的发展机遇。

11.1.1　供给侧问题是造成生态环境污染的重要根源

当前，我国经济由高速增长转变为中高速甚至中速增长态势，传统高能耗、高污染、高排放的经济结构性供给矛盾成为经济增长乏力的主要矛盾，也是引发生态环境污染日益严重的重要根源。推进生态文明建设必须从生产源头上进行污染治理，只有推进传统产业结构和能源结构进行转换调整，加强供给侧结构的优化升级，构建区别传统的更加绿色低碳、提质增效的中国经济升级版，才能从根源上缓解生态环境的进一步恶化。在传统产业结构和能源结构中，受技术水平、能源基础、思想认识、体制机制等限制，导致出现低水平、高能耗、高污染的"供给陷阱"，以能源消耗、

---

① 李佳阳．供给侧改革背景下的环境保护战略［J］．绿色环保建材，2017（2）：18－20.

环境污染为代价换取低端的产出和微薄的利润，这种经济供给结构是引发生态环境污染的重要根源。例如，部分企业缺乏生态环保理念，进行简单低端的能源品输出，低效益低附加值，一方面盲目生产和过度投资导致大量的消费流向国外。另一方面高质量、绿色环保的产品生产供给不足，所生产的产品不能够满足国内外个性化、多样化、低碳化的需求。以牺牲环境为代价的经济增长模式，使污染态势日趋严峻，"绿色供给"严重缺乏①。因此，推进生态文明建设和加强生态环境治理要重视从供给侧这一源头上进行反思和改革，才能标本兼治。

11.1.2 供给侧改革是生态文明建设的利好机遇

供给侧结构性改革旨在以供给质量和效益提升为目标，加快推进结构调整和技术升级，减少过剩供给、优化有效供给、增加空缺供给，提升供给结构对需求变化，特别是对生态环境的适应性和灵活性，更好地满足人民群众的生态环保需求，提升宜居感、幸福感和获得感。供给侧改革为生态环境质量改善带来重要机遇②。供给侧结构性改革是推进首都生态文明建设的重要战略举措，通过供给侧改革为加大北京乃至整个京津冀地区的生态环境治理力度提供强大动力和重要支撑。依托供给侧结构性改革，进一步加快经济发展方式转变，推进产业结构、能源结构等调整和升级，减少无效、低端、污染性的生产与供给，减少能源消耗、减少污染排放，扩大有效、中高端、绿色低碳的生产与供给，实现经济效益、环境质量和生态效益的协同与并进。供给侧结构性改革能为进一步推进北京生态文明建设提供动力和机遇，以供给侧结构性改革为主线和契机。供给侧结构性改革就是改变传统拼能源、拼资源、拼生态的老路，抓住新一轮全球科技革命和产业变革孕育兴起的新机遇，把科技创新、绿色革命的潜力和动力释放出来，主动适应和推进动力结构调整，实现经济持续增长与生态文明建设的协同推进。

---

① 邢洁，曲茉莉，王强，曾红云. 供给侧结构性改革与环境保护的相互影响 [J]. 环境科学与管理，2016（7）：1 - 4.

② 周国梅. 环境保护支撑供给侧改革的建议 [J]. 环境保护，2016（16）：29 - 32.

11.1.3　推进生态文明建设是供给侧改革的重要引导

一是生态文明建设引导供给侧结构性改革的方向和领域。随着环保约束条件的提升及其战略环评、规划环评过程的重要执行，对新增产能进行结构优化与引导，严格控制高能耗、高污染型产业进入，严格控制源头污染。加强生态文明建设与低碳发展、产业排放监管与控制、提高产业环境准入门槛、限制或遏制落后产能生产，进而引导产业转型升级，引导绿色低碳产业发展，引导供给侧结构性改革向绿色低碳、生态文明的方向发展。构建生态、绿色、低碳的经济体系是供给侧结构性改革的重要目的和方向①。

二是生态文明建设的要求倒逼供给侧结构性改革。从世界经济发展态势来看，全球气候变暖和资源能源危机引发全球性生态危机，人类社会正面临一次绿色经济的巨大变革，欧、美、日等发达国家和城市均加快绿色发展和低碳转型，抢占生态发展的新高地。不能再走西方先污染再治理或只污染不治理的老路，必须把生态环境约束作为经济增长和供给侧结构性改革的重要倒逼机制进行考量。全球生态运动、绿色低碳发展和节能减排要求为我国生态文明建设提供强大的外部动力和倒逼压力。从国内和北京市情况看，发展中不平衡、不协调、不可持续问题依然突出，人口、资源、环境压力越来越大，如北京面临严重的资源能源与环境问题，不加强供给侧结构性改革，北京经济社会发展难以持续，北京环境污染问题难以根治。

三是人民群众对清洁空气和良好生态环境的强烈期待倒逼供给侧结构性改革。加强生态文明建设与低碳发展必须加强供给侧结构性改革，在经济建设、政治建设、文化建设、社会建设等过程中融入生态文明理念，把生态文明建设放在突出地位，进而实现"五位一体"发展。生态文明建设成效也是检验供给侧结构性改革成功与否的重要标准。习近平总书记指出，良好的生态环境是评价供给侧结构性改革成效的重要标准。供给侧改

---

① 夏光．环境保护促进供给侧结构性改革［J］．环境与可持续发展，2016（2）：1.

革的最终成果突出表现在环境保护、生态修复、生态文明建设目标的实现。供给侧结构性改革成功与否关键在是否促进了绿色生产和低碳消费、是否增强了优质生态产品供给、是否满足了人民群众对清新空气、清洁水源和土壤等环境质量的需求。

11.2 供给侧改革视域下北京生态文明建设的主要障碍

从供给侧改革的维度进行考察，首都生态文明建设存在经济、管理、社会、文化、生态环境等多个领域的问题与障碍。需要根据首都服务中央的功能战略定位，从京津冀的跨区域空间尺度，分析首都生态文明建设的主要障碍。

11.2.1 经济结构不够合理，传统高碳模式加剧生态环境污染

北京市经过多年的经济发展，首都面貌焕然一新，经济总量和质量处于全国前列，但与此同时，从供给侧看，北京也以资源能源过快消耗、生态环境不断恶化为沉重代价，粗放型的经济增长与环境污染的加剧，经济领域的供给侧结构不合理成为当前北京生态文明建设的重要矛盾。要 GDP 还是要生态环境？在现行财政体制和以 GDP 为主导的政绩考核机制引导下，生态环境保护往往让位于经济增长，结果导致严重的环境污染和生态恶化。北京作为国家首都，同样难以避免经济快速增长与生态环境污染的重要矛盾。北京尽管从传统的工业为主的产业结构转变为服务业占主导的新型产业体系，但服务业等产业的能耗和环境污染水平还比较高，经济结构还不够优化。北京作为京津冀世界级城市群的增长极，未能对周边地区发挥扩散和带动，河北、天津等省市长期以来以重化工业为重要支撑的高碳产业结构，实际上也抵消或恶化整个京津冀地区的生态环境质量。例如，河北唐山、邯郸、石家庄、邢台、保定等城市是全国污染重灾区。多年来河北省的三次产业结构一直为"二三一"模式，如表 11-1、图 11-1 所示，2015 年，京津冀三地的地区生产总值分别为 23014.59 亿元、16538.19 亿元、29806.11 亿元，三次产业结构比中北京、天津均以第三次

产业为主,分别达到了 79.65%、52.15%,而河北省仍然以第二次产业为主,二次产业占 GDP 比重为 48.27%,第三次产业还不够发达,仅占 GDP 比重的 40.19%。

表 11-1 京津冀地区生产总值(2015 年)

地区	地区生产总值(亿元)	三次产业增加值(亿元)			三次产业比
		第一产业	第二产业	第三产业	
北京	23014.59	140.21	4542.64	18331.74	0.61:19.74:79.65
天津	16538.19	208.82	7704.22	8625.15	1.26:46.59:52.15
河北	29806.11	3439.45	14386.87	11979.79	11.54:48.27:40.19

资料来源:http://www.stats.gov.cn/tjsj/ndsj/2016/indexch.htm.

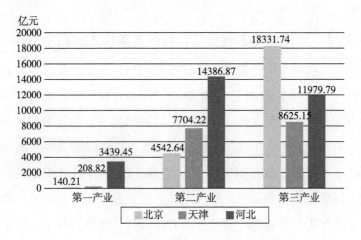

图 11-1 京津冀地区生产总值比较(2015 年)

河北省优势行业主要是以钢铁为主的高污染、高耗能产业,有研究指出,1991 年河北省的钢铁产量仅为 420 万吨,占全国的比重只有 5.9%,但到 2015 年,河北省达到 18833 万吨,占全国的比重上升到 23.4%,河北省高能耗、高污染产业的区域布局在一定程度上对北京和天津形成了"污染围城"的态势①。京津冀整个地区的资源能源消耗强度大,环境污染

---

① 安树伟,郁鹏,母爱英. 基于污染物排放的京津冀大气污染治理研究 [J]. 城市与环境研究,2016(2):17-30.

没有得到有效控制，直接或间接影响了北京生态文明建设。

11.2.2 政府治理不力、职责不清降低了生态文明建设力度

从政治领域看，政府对环境污染治理不力，有关生态文明建设和环境保护的政策供给不够完善，导致职责分工不合理、职责不清、"多龙治水"、交叉管理但效果不佳等多方面的问题。一是职能分工不合理，环境治理职责不清，基层环保部门对跨域污染问题难以有效治理，而辖区内因交叉管理引发环境治理不够顺畅。基层环保部门的编制过少、权责不对等，环保部门与其他职能部门的资源与力量不能很好整合，环境保护工作有法难依、执法不严，违法难究。在环境管理体制上，存在"政出多门"、"多龙治水"等矛盾。例如，污水、垃圾、生态环境污染等管理职能分布在环保局、园林绿化局、市容市政管委、水务局等多个部门，严重降低了环境管理效率和治理能力，制约了北京生态文明建设。二是有关环境污染等方面的政策法规不够完善、执行不严、惩治不到位，导致许多地方的污染现象没有得到遏制，部分基层执法人员素质不高，难以有效推进生态文明建设。

11.2.3 社会建设滞后、社会组织发育不良制约生态环境保护

地球是人类社会的共同家园，生态文明是关系人类社会持续发展的共同福祉。但生态文明建设在社会领域存在建设滞后、社会组织发育不良、社会参与力量不足，严重制约了生态文明建设的协同推进和资源整合。一方面，生态文明建设仅依靠政府单一力量，难以形成环境治理与生态建设的合力。另一方面社会生态意识严重缺失，社会组织未能在生态文明建设中发挥积极作用，导致整个社会陷入共同污染、共同承担生态恶化后果的"公地悲剧"困境中。在现实中，有关生态文明建设和环境保护与治理的社会组织比较少，环保组织与政府之间没有建立良好的互动和信赖机制，缺乏信息共享机制。社会组织被有关政府部门视为充满"敌意"和"找茬"的组织，没有成为政府部门生态文明建设的重要帮手，在污染治理、环境监督、生态评价等方面未能建立良好的互动和信赖关系，导致社会组

织的积极功能难以有效发挥，社会组织难以为生态文明建设提供良好的信息服务等中介作用。从北京乃至整个京津冀地区而言，未能形成重视生态文明建设的良好社会氛围，存在说得多、做得少，特别是部分社会公民嘴上说环境重要，但落实到个人很少积极参与生态文明建设行动中来。

11.2.4 生态文化缺失、生态环保意识不强制约了生态文明建设

生态文明建设是社会主义文化建设的重要内容，生态文明建设自身离不开生态环保价值观的文化生成与理念支撑。尊重科学规律、崇尚自然生态的价值观是生态文明建设的思想指引。但现实中，由于社会缺乏科学的自然价值观建设、缺乏环境教育和环境伦理建设、社会的资源环保意识和生态文明观念不强，导致只要 GDP 和经济增长、不要生态环境的社会现象。污染企业对环境的污染和破坏肆无忌惮，社会公众对环境污染现象熟视无睹，整个社会对环境污染行为缺乏自我控制和约束力。许多社会公众对环境问题漠不关心，认为环境污染是全社会的事情，与个人关系不大，因此平时参与生态建设与环境保护的活动不多，对环境污染现象也不愿意进行监督和防治。例如，对于北京地区严重的雾霾而采取的限行，但不会严格对自我开车行为进行自我控制，仅是迫于政府政策压力而进行的"被迫"环保行为，要求从自我做起，自觉形成生态环保的文化意识还比较困难。特别是对企业等污染行为的监督、评价等参与积极性不高，意识不够强烈。

11.2.5 城市环境污染相对严重、生态空间不断被挤压

从供给侧的视角看，生态产品短缺已成为制约生态文明建设的严重短板。北京以及京津冀地区的城市环境污染相对严重，如表 11-2 所示，2015 年北京地区的二氧化硫、氮氧化物、烟（粉）尘等污染物的排放分别是 7.12 万吨、13.76 万吨、4.94 万吨，而天津市、河北省均比北京要高，特别是河北省的二氧化硫、氮氧化物、烟（粉）尘等污染物的排放分别是110.84 万吨、135.08 万吨、157.54 万吨。从京津冀主要城市废气中，主要污染物排放情况来看，如表 11-3 所示，北京工业领域的二氧化硫、氮

氧化物、烟（粉）尘等排放量均要低于天津与石家庄，但生活领域二氧化硫、氮氧化物、烟尘等排放量均要高于天津与石家庄，特别是生活烟尘高达33978吨。可见北京市在工业领域的污染物排放已经得到减少，但生活领域包括服务业领域的污染物排放依然比较严重。

表 11 – 2 京津冀废气中主要污染物排放情况（2015 年）

地区	二氧化硫（万吨）	氮氧化物（万吨）	烟（粉）尘（万吨）
北京	7.12	13.76	4.94
天津	18.59	27.68	10.07
河北	110.84	135.08	157.54

资料来源：http://www.stats.gov.cn/tjsj/ndsj/2016/indexch.htm.

表 11 – 3 京津冀主要城市废气中主要污染物排放情况（2015 年）

地区	工业二氧化硫排放量（吨）	工业氮氧化物排放量（吨）	工业烟（粉）尘排放量（吨）	生活二氧化硫排放量（吨）	生活氮氧化物排放量（吨）	生活烟尘排放量（吨）
北京	22070	26864	12987	49064	19143	33978
天津	154605	150210	73795	13767	9517	21072
石家庄	109015	115053	78867	48927	18715	9300

资料来源：http://www.stats.gov.cn/tjsj/ndsj/2016/indexch.htm.

北京有关园林绿化建设的供给不足和生态空间被不断挤压，导致城市生态承载力日益下降。北京市一直比较重视园林绿化建设，但城市规划执行不到位，特别是在城市绿隔地带被大量的违规建筑所占领。因人口增多和产业发展的需要，许多生态用地被改为建设用地，生态空间不断被挤压和侵占，导致城市生态承载力不断下降。

第一，规划不足导致绿色建设滞后。北京城市绿化建设缺乏科学而长远的园林绿化整体规划，城市建设规划没有足够重视城市绿化建设，仅仅将绿化作为城市的点缀，而非重要甚至主要的组成部分进行考量，城市规划首先考量的是如何增加更多的产业和经济效益，缺乏从长远和系统的战略高度思考和规划城市绿化对于建设国际一流的和谐宜居之都的战略价值，这直接导致北京城市绿化建设零零散散，缺乏世界城市绿化的宏大气势、整体美感和生态景观。产业建设、道路建设、危房改造等严重挤占绿地。

第二，区域之间特别是核心区与远郊区域、城乡结合部的绿化建设缺乏衔接，环保、林业、园林、农业和水利等部门各自为阵、各行其是、人为分割，缺乏对整个城市绿化的统筹协调与协同推进，重高楼和道路建设、轻街道与小区绿地建设，导致城市生态承载力下降。

第三，重视单一公园或道路"面"的绿化，忽视多维度的立体绿化和屋顶绿化。北京尽管规划和布局了不少的城市公园和道路绿化，但没有做到立体绿化和屋顶绿化，大部分的屋顶包括许多新建建筑没有进行绿化的设计和建设，许多可以绿化的地方没有进行绿化，导致许多的屋顶和公共空地闲置。此外，重种植大草坪，轻视灌木、乔木等多维度结合，以草代木消耗大量的淡水资源，丧失园林复层种植结构的三维空间景观，缺乏彩色树种和常绿树种，造成城市园林景观的单一，没有形成与北京文化相匹配的城市绿化特色。

11.3 世界级城市群视域下首都生态文明建设与供给侧改革路径

生态文明是人类对传统文明形态，特别是工业文明进行深刻反思的成果，是人类文明形态和文明发展理念、道路和模式的重大进步[①]。推进生态文明建设与低碳发展不仅对中国经济社会发展进入新常态有着深远影响，也是中国面对全球气候变暖和生态恶化问题所作出的庄严承诺和履行的减排义务。以供给侧结构性改革为主线，推进首都生态文明建设，需要从经济、政治、社会、生态、文化五位一体全方位推进首都生态文明建设，具体而言，应选择以下对策措施。

---

① 赵其国，黄国勤，马艳芹. 中国生态环境状况与生态文明建设 [J]. 生态学报，2016 (19)：1 – 7.

11.3.1 在经济层面，加强创新驱动与供给侧改革

面向构建以首都为核心的世界级城市群，首都生态文明建设应以创新驱动实现供给与需求的均衡，加快供给侧结构性改革，构建"高尖精"经济结构，提高北京经济建设的质量和效益。一是要补生态环境的短板，提高产品的质量和效益，扩大有效供给。二是积极化解过剩产能，特别是淘汰高能耗、高污染、低效益的产业，抑制传统高能耗、高污染产业的供给需求，加快资源从传统"三高两低"行业的退出速度，减少无效供给。三是要树立绿水青山就是金山银山的发展理念，重视技术创新，特别是加强绿色低碳技术创新，保护生态环境就是保护生产力、改善生态环境就是发展生产力，使生态环境供给侧改革发挥倍数效应、使新产业以几何式增长推动经济发展。四是要加强产业创新，大力发展资源节约型、环境友好型、附加值高的战略性新兴产业，培育新产业、新业态，转变高能耗、高污染、高排放的粗放型发展模式，构建创新型、集约型、低碳型产业结构和经济发展模式。五是要培育绿色发展的市场内生机制，不断矫正要素配置扭曲，激发市场主体在生态文明建设、生态环境改善的内在活力，以生态环境为重要约束条件促进企业转型，加强产业创新和结构转型升级。

11.3.2 在政府政策层面，完善生态文明建设制度

生态文明建设离不开政府作用，需要政府制定和完善相关政策，安排系统解决供给侧矛盾与问题，加强生态文明建设的政策供给与改革创新。推进供给侧改革是生态文明制度建设的紧要环节①。一是政府部门要高度重视生态文明建设工作，要将生态文明建设上升到"五位一体"的战略高度制定和完善相关政策，加快政府职能转变，特别是要改变传统的以 GDP 为主导的政绩考核体系，建立经济、政治、社会、文化、生态的五位一体政绩考核体系，改变传统以牺牲环境为代价的发展模式和政绩考核体制，优化生态文明建设的制度供给。二是建立跨区域财政转移支付、生态补偿

---

① 李佐军. 供给侧改革助推生态文明制度建设 [N]. 人民日报, 2016 – 04 – 05 (7).

机制，加强生态环境治理、修复和保护。建立京津冀生态文明建设领导小组，重点加强京津冀地区的空气污染、水污染、土壤污染的联防联控体制机制建设。三是完善生态文明制度。要加强制度供给，用制度保障生态文明的推进与战略实施，如健全自然资源资产产权制度和用途管制制度、建立资源环境生态红线制度和预警机制、建立和实施资源有偿使用制度、环境税收制度、生态环境保护参与评估制度等。四是加强北京区域内各部门、各区之间的资源整合与协同作战，加强林业、园林、城建、农业、水利部门之间的协调和分工合作，成立专门负责生态文明建设工作的领导机构，做到职责清晰、分工合理、有机衔接。避免"多龙治水"引发的多头管理和职责不清现象，既要充实和整合基层环保执法部门力量，也要进行联合执法、严格执法，提高环保部门的执法权威，加强对地方环境污染行为的全天候、多维度的监管和惩治。

11.3.3　在社会层面，重视生态环保领域的组织培育和统筹协调

打造生态文明建设新常态，需要全社会的共同参与和不懈努力。一是高度重视社会组织作为政府与市场之外的第三方力量在生态文明建设中的桥梁作用、高度重视生态环保领域的社会组织培育和建设，充分引导、动员、利用社会组织力量参与到生态文明建设之中。二是构建和优化生态文明建设的社会参与体系，畅通参与渠道，依托社会组织、企业、新闻媒体、政府职能部门举行各种生态环保活动，建立和拓展生态环保志愿者队伍，动员社会各界积极投入到生态文明建设中来，营造生态文明建设与绿色环保的社会氛围。三是完善生态环境教育与公众参与制度，依托高校、研究机构等举办各类生态文明建设的学术研讨和社会活动，提升全社会的生态文明意识。四是构建生态文明建设的社会统筹协调机制。要理顺跨域权属关系和行政体制，建立适合北京首都特点的生态文明统筹协调体制机制，建立低碳交易等市场化机制，统筹协调和整合社会力量和企业资源，统筹协调社会资本、社会组织、社会群众力量，促进北京乃至京津冀地区生态修复和环境保护。五是构建生态、绿色、低碳的生活方式和消费模式，要必须从供给侧的视角，为人民群众提供低碳、生态、绿色、适度的

生态产品，积极推进绿色消费革命，选择绿色低碳生产生活方式和消费模式。

11.3.4 在文化层面，形成崇尚自然生态的低碳文化环境

生态文明建设需要加强生态文化的供给，要不断培育和增强全社会的生态环保意识，形成尊重自然规律、崇尚生态文明的生态环境，实现环境权益的代际公平和生态安全。一是重视生态环保的文化创新，形成生态文明的主流价值观和创新观，大力弘扬创新文化和创新精神[①]。政府官员、企业领导、社会公众要高度重视生态文明建设，树立生态文明的发展理念和价值观。二是以共建共享为基本理念，坚持生态权益是人民权益的重要组成部分，要坚持以人民为中心的发展理念，要从解决人民最关心、最直接、最现实的雾霾天气、水污染等重大环境利益问题入手，增加大气治理、生态修复、环境保护的公共产品供给，构建人民参与生态文明建设、共享生态文明成果的机制和渠道，畅通人民群众在环境污染监督、生态文明建设中的知情权、监督权、谈判权等话语权，共同推进生态文明建设。三是重视生态文化氛围的培育和建设，构建资源共享、生态共建、协商互动平台，提高北京区域资源能源和环境承载力。

11.3.5 在生态层面，加快建设绿色城市和拓展低碳空间

生态文明建设要重视城市园林绿化等生态产品的供给。和谐宜居的生态环境是实现人民群众环境的公共产品，是最普惠的民生福祉，如何构建良好的生态环境，不仅需要加强产业结构调整，重视生态工业品等，是低碳产品的重要组成部分，城市园林绿化也是低碳产品供给的重要内容。一是按照山水林田湖是生命共同体的指导思想，对北京市的园林绿化及绿地建设现状进行全面调查，制定高标准、高规格的首都城市园林绿化建设规划，加强跨域生态空间规划与主体功能区建设，将生态指标纳入城市建设规划的约束性条件。加快建设绿色低碳城市和海绵城市，从绿色产业、绿

---

① 冯之浚，方新，李正风．塑造当代创新文化 践行五大发展理念［J］．科学学研究，2016（1）：1 - 3．

色能源、绿色建筑、绿色交通、园林绿化等多领域构建城市生态综合体。二是以生态产品品种多样、服务品质提升为导向，增加清洁空气、洁净饮水等优质生态产品的有效供给，既要鼓励和引导企业重视绿色低碳生产，多提供和推广绿色低碳产品，包括节能节水器具、绿色家电等，也要重视社会公众多购买绿色低碳产品。三是加快推进城市的立体绿化和屋顶绿化工程建设。要坚持"乔灌草"结合的原则，做到立体绿化，对北京市新旧建筑屋顶进行绿化改造，增强城市绿色生态产品的供给能力，拓展城市立体绿化空间，持续推进重大生态修复工程，扩大湖泊、湿地、绿化面积，加强城市绿色基础设施建设，充分发挥绿化的生态美化综合效益，全面推进北京生态文明建设，加快构建国际一流的和谐宜居之都和绿色低碳的世界级城市群。

11.4 本章小结

面向构建以首都为核心的世界级城市群，推进首都生态文明建设，需要加快供给侧结构性改革。供给侧结构性改革为北京生态文明建设提供了强劲的发展机遇。如何推进首都北京生态文明建设，需要从供给侧改革的战略高度审视生态文明建设中存在的各种障碍，包括经济结构不够合理、环境治理不力、环保组织发育不良、生态文化缺失、生态空间压缩等。以供给侧结构性改革为主线推进北京生态文明建设，要从经济、政治、社会、生态、文化五位一体全方位推进，加强创新驱动与供给侧改革、完善生态文明制度供给、加强环保组织培育、培育生态文化、提高生态产品供给等。

12 生态文明视域下首都国家公园体制改革

党的十八届三中全会创造性提出建立国家公园体制。国家公园是基于国家层面，为对某些具有完整生态系统和生态旅游、生态研究、环境教育等功能的区域进行必要性保护和治理。首都国家公园是首都北京区域范围内的国家公园。首都作为资源能源十分匮乏、环境污染非常严重、自然生态比较脆弱的区域，进一步保护首都区域空间生态系统的完整性，强化对区域资源的有效保护和合理利用，减缓或避免过度的土地开发、人口膨胀、产业集聚所带来的资源能源环境承载力问题，扩大首都生态空间、推进首都生态文明建设，迫切需要加快建立首都区域的国家公园体制。

12.1 国家公园的提出及其发展

12.1.1 国家公园的内涵及其提出

国家公园首创于美国。美国学者乔治·卡特林（George Catlin）最先提出了"国家公园"概念。1832 年，卡特林深入研究了美国西部草原的美洲野牛遭到拓荒者杀戮现象，发现密西西比河上游原始的自然景观、生态系统正遭遇到史无前例的破坏，针对此现象，卡特林认为必须采取有效措施进行政府干预，政府应该承担保护自然生态系统的基本职责，加强保护并建立原住民文化及原始自然景观的自然基质公园。早在 1872 年，美国国会通过成立全球第一个国家公园，即黄石国家公园。到 2013 年，美国共设立 50 多个国家公园和 300 多个国家观光与游憩区、国家纪念地等。美国国家公园主要用于自然文化保护、公民教育、科学研究、观光旅游、休闲健身等。建立国家公园体制，在一定程度上有效保护了自然生态区域、维护原生态的自然景观和人文景观、预防人为侵占和破坏。许多国家效仿美国模式，从自身国情出发，建立了不同特色的国家公园体制。

12.1.2 国家公园的基本标准

1958 年，世界自然保护联盟（IUCN）成立了世界国家公园委员会，该委员会在 1969 年订立了《世界国家公园标准》，该标准指出，国家公园设立须达到三项标准：第一，政府主导标准。由国家层面的行政机构负责，出台规定禁止狩猎、农耕、放牧、采矿与伐木。第二，人口和面积标准。该标准提出了两个基本条件，每平方公里人口少于 50 人者，最小面积为 50 平方公里；每平公里人口多于 50 人者，最小面积为 12.5 平方公里。第三，人事和预算标准。要求提供一定的人员编制和财政预算对国家公园给予保护和支撑。

12.1.3 国家公园的基本属性

从国际经验来看，国家公园应强调公益性、国家主导性和科学性等三大特性[①]。

一是公益性。国家公园体制的设立从根本上是为了保护具有公共产品属性的自然生态区域，国家公园应坚持公益导向，即追求公共利益的最大化，免费或低廉地向社会公众开放。国家公园要承担环境教育、科学研究、休闲健身等公共服务功能。国家公园是面向广大社会公众，因而也需要社会公众、社会组织积极参与，共建共享、共同维护良好的国家公园环境。

二是国家主导性。即为中央政府批准和认可的自然或历史文化保护区、国家公园一般由国家批准，国家投入一定的经费和人员编制进行管理，国家立法进行合法性保护，国家承担国家公园的建设与管理职能等。1930 年，加拿大国会出台《国家公园法案》，确立了国家公园的国家主导

---

① 陈耀华，黄丹，颜思琦. 论国家公园的公益性、国家主导性和科学性 [J]. 地理科学，2014 (3)：257 – 264.

属性，指出国家公园设立之宗旨是为了加拿大人民的利益、教育和娱乐而服务，国家应该确保国家公园的合理利用、管理以及确保未来下一代持续使用，免遭各种破坏①。1992 年，美国国家公园管理局在《美国国家公园21 世纪议程》中明确规定，国家公园管理局的核心目标在于，国家对历史遗迹、文化特征和自然环境进行保护，提升人们形成共同国家意识的能力②。

三是科学研究性。即国家公园不是一般意义上的自然生态区域，一般有一定的科研机构可对其进行科学研究，对国家公园必须以科学为基本原则加强合理规划、科学分区、有效保护与开发利用。

12.2　首都国家公园体制问题

国家公园在中国最早可以说是自然保护区。第一个自然保护区是在1956 年建立的。截至 2013 年，我国建立国家级自然保护区 407 个、国家地质公园 240 个、国家级风景名胜区 225 个、国家级森林公园 779 个、国家湿地公园 429 个③。首都北京作为历史文化名城，拥有多个国家公园，建立了由不同政府职能部门管辖的多层级复合管理体制。国务院对国家级自然保护区、国家级风景名胜区进行设立审批，其他自然保护区、风景名胜区、公园等均由地方政府进行审批、建设和管理，这些公园的建设和管理经费纳入各主管部门财政负责。目前，不同层级的国家公园由于多方面的原因，导致体制不顺、管理粗放等诸多问题，主要表现为以下几个方面：

12.2.1　注重数量引发管理质量不高

重数量轻质量，资源没有得到合理化利用。经过多年的改革开放和经

---

① 刘鸿雁. 加拿大国家公园的建设与管理及其对中国的启示［J］. 生态学杂志，2001（6）：50－55.

② National Park Service of USA. Rethinking the National Parks for the 21st Century. www. nps. gov/policy/futurereport. htm，2001.

③ 李渤生. 国家公园体制之我见［J］. 森林与人类，2014（5）：78－81.

济深化快速发展，国家公园在数量上不断增多、国家公园面积不断扩大，但在管理质量、配套设施建设、公共服务等方面还存在许多不足，有数量无质量，公园资源没有得到优化配置与合理开发，导致资源限制、重复建设、监管乏力多方面的治理难题。就首都北京市而言，地方政府积极申报和建设各类自然保护区、风景区和公园，积极性高，但这些公园的建设、维护、管理等严重滞后，管理水平不高，服务效益差是重要难题，特别是在加强资源保护、合理开发、科学研究、生态环境教育等方面的工作严重滞后。

12.2.2 部门利益引发逐利冲动难抑

对于各类国家公园的体制设计不够完善、运行机制不顺畅、权责不对等，"多龙治水"引发管理混乱，部门利益化现象严重。由于我国对国家公园的认识和管理严重滞后，在土地规划、组织机构、配套设施建设、资金来源等，相对我国国家公园发展还处于初级阶段，土地规划、机构设置和其他支持系统管理体制都不完善。首都北京没有制定明确的国家公园规划和管理体制机制，缺乏明确的管理机构，关于国家公园建设的土地规划缺乏。生态红线规划没有考虑国家公园建设，首都国家公园数量、面积、投资与建设等方面缺乏详细规划和规定。由于经济利益和部门利益化导向，引发逐利倾向严重，降低了公园的管理和服务水平，影响了国家公园的诸多功能发挥①。

12.2.3 过度开发引发公益功能缺失

因过度开发、破坏性建设，特别是原生态系统的人为破坏，森林滥伐、私搭乱建、重复建设等导致公园生态功能弱化，背离了国家公园的公益性服务功能。由于人为破坏大于保护，土地资源没有得到集约化利用，降低了国家公园的生态承载力，许多公园以旅游开发的名义进行房地产开发，产生生态边缘效应。对这些现象监管缺位、监控不严，严重制约了国

---

① 高大伟：积极发挥公园在首都社会治理体系创新中的作用［J］. 前线，2014（9）.

家公园的可持续发展。由于部分公园过于强调开发，并将观光、休闲养生、娱乐游览、体育健身等诸多功能不断累积和叠加，导致公园负荷增大，游客数量在节假日或旅游旺季难以有效控制。而对部分公园过度开发，有的郊野公园或社区公园重视不足，配套设施建设与服务跟不上，公园利用率比较低，公益性功能不断弱化。由于公园管理体制不顺，特别是计划经济体制遗留下来的政府包办代替和过度集权管理，降低了公园建设的积极性和主动性，难以整合各方面的资源，特别是各管理和服务主体的积极性。

12.2.4　投入不足引发公园运行不畅

国家公园建设是一项正外部性较强的系统工程，在开发建设、配套设施建设、维护管理等多方面需要投入较多的人力、物力、财力。有研究指出，我国在国家公园的资金保障上严重不足、财政投入严重滞后，对国家级风景名胜区、国家森林公园、国家地质公园基本是"只给帽子，不给票子"[①]。这种缺乏政府足够投入的现实问题引发了国家公园的建设、管理、运行不畅。

一方面，政府自身财力有限，难以对公园建设等公益性功能服务提供足够的资金支持。我国自然保护区的有关法律条例中规定，自然保护区的管理经费主要由县级以上财政予以解决，而国家仅对国家级自然保护区给予适当的财政补助。这就意味着大部分的自然保护区只能由地方财政支撑，中央财政没有承担应有的责任。而地方政府因分税制带来的财权与事权严重不对等，导致在对自然保护区等的建设、管理、维护中财政投入过少，地方政府往往基于GDP为主导的政绩考核导向，对自然保护区等国家公园投入少，违背国家公园的公益属性，追求经济利益的回报而对自然保护区进行过度开发，导致生态环境的严重破坏。

另一方面，社会公众、社会组织对国家公园的参与建设不足，缺乏有

---

①　田世政，杨桂华. 中国国家公园发展的路径选择：国际经验与案例研究［J］. 中国软科学，2011（12）：6-14.

效的政策保障。难以吸引社会资本、社会公众、企业参与公园的建设与管理，引发公园建设动力不足、管理资金缺乏、服务质量差。在西方发达国家和城市，对公园的相关资金筹措、建设、管理、维护等相关制度比较完善，资金来源畅通，对公园规划、建设、资金筹措的方式等均有明文规定，这对国家公园的建设与管理提供法律支撑和制度保障。对于北京而言，尽管各级政府对公园的经费投入比较大，但在后续建设、管理、维护、服务等方面存在许多资金缺口，特别是在吸引人才、人员薪酬提升、基础设施后续维护等方面缺乏足够的资金来源。

12.3　首都国家公园体制改革的对策选择

12.3.1　转变理念，坚持公益性原则，提升公园建设内涵

加强首都国家公园体制改革，要加快理念转变与创新，坚持公益性原则，促进资源综合利用与优化整合，提高首都国家公园建设质量和内涵。国家公园体制必须突出公益性，以统一、规范、公益为管理特征。要转变国家公园建设与服务理念，改变传统的追求经济利益为主导的开发冲动，转变为管理好自然资源，为社会提供生态服务、环境教育、休闲养生等社会公益性服务功能，确保国家公园得到有效开发、合理利用、和谐发展。不断提高首都国家公园的质量和内涵，提高管理和服务水平，更加关注和提升国家公园的生态修复、环境治理、资源保护、科学研究、环境教育等诸多的公益性功能。要以公益性功能为主导，构建国家公园的第三方资源评价制度，合理规划旅游资源开发，促进集约化利用，避免过度开发和对原生态的破坏，加强对生态环境脆弱区游客流量的有效控制。

12.3.2　加强区划设置，避免部门利益化，实现权责对等

加强国家公园的合理区划设置，实现权、责、利统一，防止部门利益化，建立统一的首都国家公园管理体系。要从首都发展和公益性的高度加强对首都国家公园土地规划、机构设置和其他支持系统的整合，完

善科学考察和总体规划工作。国家公园区划设置，应该根据国家生态红线的划定进行规划，贯彻落实国家资源有偿使用制度、完善生态补偿制度，整合林业部门、发改、规划、国土、文物、宗教、旅游等多个部门力量，建立统一的首都国家公园管理体系，避免多头管理和交叉管理等问题。重视国家公园区域生态与环境资源的综合管理和附近用地的集约化利用，加强国家公园管理的规划、监测、评估等环节，打破部门和地方保护主义藩篱，构建高效运行、权责对等的国家公园资源管理与运行机制，明确国土部门、建设部门、公园管理部门等多方面的职责，避免交叉管理、多头管理、"多龙治水"等管理混乱现象。在加强分级分类管理的基础上，要加强资源整合与统筹协调，避免不同层级的国家公园管理部门之间的利益之争，确保在公益性原则的基础上进行协同管理、合作开发、共建共享。

12.3.3　增加政府投入，鼓励社会资本参与建设与服务

增加政府投入，鼓励社会资本、社会力量积极参与国家公园建设，创新国家公园建设与运营的多元化融资机制，提高国家公园运行效率和社会效益。将公园基本建设投资和人员经费纳入财政预算，增加政府投入。在保护的基础上鼓励社会资本、社会力量参与国家公园建设，鼓励企业主动承担社会责任，通过慈善、赞助、认养等多种方式吸引社会资本参与，建立和创新国家公园的社会资本筹措、社会力量参与、政府部门主导的多元化合作模式。增强国家公园的投融资灵活性和创造性，在政府财政兜底和保障运行，确保公园公益性功能的基础上，完善生态补偿机制，创新投融资和建设机制，吸引社会资本进入，吸引优秀的管理、金融、服务等人才加盟，增强国家公园基础设施配套建设的实力和动力，不断完善和提升国家公园的各项功能。

12.3.4　拓展城市生态空间，提升首都生态承载力

拓展城市生态空间、增加城市生态面积，是首都生态文明建设的重要内容。坚持生态优先、自然保护、资源整合的基本原则，增加首都包括京

津冀区域范围内的国家公园数量和面积，以拓展首都城市生态用地和生态空间，缓解首都资源能源环境压力，提高首都生态承载力，为未来发展留住空间。当前大面积的建设用地，吸纳更多的企业、人口膨胀，导致首都生态承载力不断下降，应该进一步控制建筑用地，将留存未开发的各类用地划为生态用地，特别是对大红门、动批等大型物流批发市场进行非首都功能疏解，疏解地尽可能规划为首都国家公园建设用地，禁止或减少产业用地，进而提升首都北京的生态承载力，缓解和治理交通拥堵、人口膨胀、产业过度集聚等"城市病"。要加强资源整合，拓展生态空间，建立多个首都国家公园，加强首都范围内各类自然资源的保护，要按照"国家所有、市级管理、实体保护"的公园管理与建设原则，重视国家公园对自然环境、森林资源、野生动物资源等的保护和发展，防止自然资源受到破坏或侵袭。

12.3.5　制定国家公园建设行动计划，构建首都国家公园体系

制订和完善首都国家公园规划、制订和实施首都国家公园建设行动计划、加强首都生态文明制度建设和体制改革、建立和完善首都国家公园体制。一方面，在北京范围内，由北京市发改委牵头，联合林业、环保、土地、规划、公园管理中心等相关部门，共同制订《首都国家公园建设行动计划》。另一方面，将京津冀地区更多的生态区域纳入首都国家公园体系。构建以首都为核心的世界级城市群，应该在京津冀协同发展的国家战略背景下，加快构建科学合理的绿色生态空间结构布局。例如，雾灵山、海坨山等地的生态环境跨越了京津冀的行政区划，依托这一周边丰富的自然生态和历史人文资源，三地将整合京津冀现有自然保护区、风景名胜区、森林公园等各类自然保护区，共同构建环首都国家公园环。在雾灵山区域，可依托河北省雾灵山国家级自然保护区、北京雾灵山市级自然保护区建立国家公园；在海坨山区域，可依托河北省大海坨国家级自然保护区、北京松山国家级自然保护区建立国家公园；在百花山区域，可依托河北野三坡、北京百花山国家级自然保护区，建立国家公园，形成环首都国家公园环。要加强对首都地区特别是京津冀整个区域的生态系统修复、自然资源

保护，提高生态效益①。制定和完善以首都为核心的世界级城市群国家公园管理的组织架构、准入标准、建设目标、服务要求及配套设施建设等规章制度及规划，明确责权利，突出协同治理和综合施策，构建首都国家公园体系。

12.4 本章小结

本章主要研究基于生态文明视角，如何建设和改革首都国家公园体制，提出具体的对策建议。研究首都国家公园体系存在的主要问题，主要包括重数量轻质量、资源没有得到合理化利用、区划不合理、体制不够完善、公园建设资金投入不够等。研究提出建立首都国家公园体制的建议，主要包括要转变理念，提高首都国家公园建设质量和内涵；加强国家公园区划设置，建立统一的首都国家公园管理体系；增加政府投入，创新国家公园建设与运营的多元化融资机制；拓展首都城市生态用地和生态空间；制订首都国家公园体制建设行动计划，推进首都生态文明建设。

---

① 京津冀将协同建设世界级城市群生态体系［N］. 京华时报，2015－07－22.

13 结论与展望

13.1 研究总结

党的十八大报告强调要大力推进生态文明建设，并将生态文明建设放到人民福祉和民族未来的战略高度和突出地位，要努力建设美丽中国。党的十八届三中全会对于建设生态文明体制和制度进行了重大创新。党的十九大报告再次强调加快生态文明体制改革，建设美丽中国。长期以来，首都地区遭遇雾霾天气困扰、PM2.5爆表、资源能源匮乏等问题，这些问题严重阻碍首都生态文明建设进程。加强首都生态文明建设，关键在于加强体制机制改革与创新。

建设以首都为核心的世界级城市群，加强生态文明建设和体制改革是必然选择。推进京津冀协同发展、构建以首都为核心的世界级城市群是党中央的重大战略决策。2017年2月23日至24日，习近平总书记再次考察北京，强调对大气污染、交通拥堵等突出问题，要系统分析、综合施策。《京津冀协同发展规划纲要》明确提出京津冀整体定位是"以首都为核心的世界级城市群、区域整体协同发展改革引领区、全国创新驱动经济增长新引擎、生态修复环境改善示范区"。以生态文明体制机制改革创新为动力、释放首都经济社会生态发展活力，是北京建设和谐宜居城市和生态绿色的世界级城市群的重要突破口，是北京树立低碳绿色国际形象，提升世界城市地位的一张王牌。本书结合首都战略定位、空间特点、资源禀赋，深度考察首都生态文明建设的空间二重性及其内在矛盾、体制障碍，系统比较东京、伦敦等世界级城市群在生态文明建设与体制改革的成功经验，提出首都生态文明体制改革、国家公园体制改革等的政策建议。本书主要研究内容和创新性观点表现在以下几个方面：

第一，深入阐释生态文明及其体制改革的基本内涵。

生态文明是人类对自然社会的改造，经历原始文明、农业文明、工业文明时代之后实现人与自然和谐的新文明时代。党的十八届三中全会对于建设生态文明体制和制度进行了重大创新。所谓首都生态文明体制，是在首都区域内推进生态文明建设各种体制机制的总和，是依托并凌驾于首都经济、政治、文化、社会、环境等各个领域，实现首都生态发展、和谐宜居整体性的体制架构。首都生态文明体制改革必须对不利于首都生态文明建设的经济、政治、社会、文化等多领域的体制机制进行系统改革。生态文明体制改革更加注重改革的系统性、整体性、协同性。

第二，系统考察首都生态文明建设的空间二重性、矛盾与体制障碍。

首都具有特殊的历史地位和空间特征。根据首都服务中央的功能定位分析，主要存在经济快速增长与生态环境保护的矛盾、现行考核机制与生态文明建设要求不一致的矛盾、区域之间利益共享与损失补偿的矛盾以及跨区域生态环境建设中的矛盾等。首都生态文明建设的体制障碍主要表现为环境、经济、社会、文化等领域的体制问题与内在障碍。

第三，深入研究生态文明体制改革的东京经验。

东京以生态文明建设及其体制改革为重要突破口，打造成为全球清洁城市和绿色低碳城市。东京生态文明建设的四个阶段主要包括公害频发与防止控制阶段、环境保护与经济并重阶段、持续发展与主动治理阶段、环境革命与低碳社会阶段。东京在一系列环境控制和生态治理政策制定的基础上，加强生态文明体制改革，建立了综合型环境管理体制，采取有效措施治理环境污染和废气排放等公害问题。基于对东京生态文明建设与环境治理经验的考察，对北京的启示与政策建议主要表现为：在体制层面，深化首都生态文明体制改革，统筹协调职能；在制度层面，制定生态文明制度，加强执行与监督；在技术层面：重视低碳生态技术研究、开发和应用；在机制层面，形成多元互动的综合管理模式；在宣传层面，积极开展生态文明宣传教育活动；在环境层面，鼓励植树造林，鼓励低碳出行。

第四，比较研究生态文明建设与体制改革的伦敦经验。

以雾霾治理为例，伦敦生态文明建设对北京提供了重要的经验借鉴和政策启示。伦敦环境污染经历煤烟污染、汽车尾气、法制治霾三个阶段。总结伦敦生态文明建设的基本经验，主要在于采取多种手段进行综合施策、协同治理、齐抓共管。伦敦雾霾治理对北京的对策建议主要有：制定首都空气清洁法规，加强生态文明制度建设；设立和增加污染检测点，严控尾气排放，加强监督、严格管理、不达标不得上路，加大对外地车辆的排污控制，统一标准和监管制度；加强生态文明建设的技术攻关，高度重视和加强技术创新和技术改进，依托技术实现环境改善和减排降耗；发展绿色公共交通，使用清洁低碳能源；重视社会群众参与首都生态文明建设。

第五，比较探讨了生态文明建设与体制改革的纽约都市圈经验。

纽约都市圈基于良好的区位优势和产业基础，经历了工业化、服务化、知识化、绿色化的转型，大力推进生态文明建设，引领世界绿色经济发展和城市绿色转型潮流。纽约都市圈尽管没有提出要加强生态文明建设，但多年来重视生态环境保护、重视城市园林绿化建设、重视绿色基础设施配套、重视产业转型和绿色发展，实际上也彰显了生态文明建设的重要内涵。纽约都市圈以加快城市转型和绿色发展，推进生态文明建设，主要表现为工业化、服务化、绿色化等阶段性特征，表现为重视创新驱动、产业升级、绿色基础设施建设、城市绿化建设等特征，成为具有国际示范和标杆作用的世界级城市群，对于构建以首都北京为核心的世界级城市群、推进首都生态文明建设提供了重要经验借鉴与政策启示。借鉴纽约都市圈生态文明建设经验，首都北京应重视服务业发展、降低产业能耗和排放强度、加强城市空间优化布局、完善绿色交通体系、强化创新驱动、发展低碳产业、构建高精尖经济结构、重视城市园林绿化、加快构建世界级绿色城市群。

第六，比较研究生态文明建设与体制改革的洛杉矶经验。

洛杉矶作为美国比较典型的工业城市，经济繁荣的同时也带来相对严重的空气污染问题。经过几十年的治理，洛杉矶地区的空气质量得到了明显改善，总结洛杉矶经验，为京津冀大气污染治理提供重要经验借鉴和政策启示。洛杉矶生态文明建设与污染治理先后经历组织法规治理、市场技术治理、转型发展与协同治理等时期。根据洛杉矶空气污染治理的阶段性特征及其具体政策措施，为北京"城市病"治理提供重要借鉴，主要包括：建立跨区污染治理机构，建立联防联控机制；制定空气质量管理规划和标准，建立严格执行机制；鼓励市民参与空气污染治理，建立共建共享机制；加强供给侧结构性改革，建立低碳创新机制；积极建设绿色交通和建筑，建立低碳发展机制等。

第七，创造性地提出首都生态文明体制改革的政策建议。

在总体思路上，以党的十八大，十八届三中、四中全会和北京市委十一届四次全会文件为指导方针，落实首都城市战略定位，充分认识首都生态文明体制改革的重要性、长期性和艰巨性，坚持资源整合、机构重组、制度创新、机制完善的系统化路径，以大气环境、水体净化、垃圾回收为切入点，以完善法制、严格管理、创新技术、联防联控为基本手段，加强首都环境保护，提升生态建设水平，鼓励群众参与，满足首都市民对生态文明、美丽北京建设的强烈愿望和美好期待，打造成为国内外生态文明建设的重要先行区和示范区。在改革路径上，结合首都生态文明建设实际，加强经济、环境、社会、文化等领域的改革创新，提出体制改革的具体政策建议。一是加强经济层面的体制创新，构建"高精尖"经济结构，加快产业转型升级，大力发展低碳、绿色、生态产业。二是加强环境管理体制创新，依托顶层设计，构建垂直型、综合型、区域型的管理架构。三是加强社会体制创新，积极培育社会组织参与首都生态文明建设，提升社会活力和新动能。四是加强文化体制创新，营造重视生态环保的文化氛围。在实施措施上，要提高思想认识，破解体制障碍；加强法制建设，提高执法力度；加强技术创新，促进产业升级；实行信息公开，鼓励参与监督；加强风险评估，构建预警机制；加强区域合作，强化联防联控。

第八，探讨了世界级城市群视域下首都生态文明建设的理念与机制。

以五大理念为引领，研究世界级城市群视域下首都生态文明建设的基本理念及内在关系，提出生态文明建设的机制选择。构建以首都为核心的世界级城市群，加快推进首都生态文明建设，要以五大发展理念为统领、创新发展是关键动力、协调发展是基本要求、绿色发展是主要路径、开放发展是强大支撑、共享发展是重要保障。推进生态文明建设要系统把握、科学理解五大理念的内在关系，并贯彻落实到具体实践。

第九，探讨了世界级城市群视域下首都生态文明建设与供给侧改革路径。

面向构建以首都为核心的世界级城市群，推进首都生态文明建设，需要加快供给侧结构性改革。供给侧结构性改革为北京生态文明建设提供了强劲的发展机遇。如何推进北京生态文明建设，需要从供给侧改革的战略高度审视生态文明建设中存在的各种障碍，包括经济结构不够合理、环境治理不力、环保组织发育不良、生态文化缺失、生态空间压缩等。以供给侧结构性改革为主线推进北京生态文明建设，要从经济、政治、社会、生态、文化五位一体全方位推进，加强创新驱动与供给侧改革、完善生态文明制度供给、加强环保组织培育、培育生态文化、提高生态产品供给等。

第十，提出生态文明视域下首都国家公园体制改革的对策建议。

研究基于生态文明视角，如何建设和改革首都国家公园体制，提出具体的对策建议。研究首都国家公园体系存在的主要问题，主要包括重数量轻质量，资源没有得到合理化利用、区划不合理，体制不够完善，部门利益化严重，生态与环境资源的低效管理，公园建设资金投入不够等。研究提出建立首都国家公园体制的建议，主要包括要转变理念，提高首都国家公园建设质量和内涵；加强国家公园区划设置，实现权、责、利统一，防止部门利益化，建立统一的首都国家公园管理体系；增加政府投入，创新国家公园建设与运营的多元化融资机制；增加首都包括京津冀区域范围内的国家公园数量和面积，以拓展首都城市生态用地和生态空间；坚持生态效益优先原则，制定首都国家公园体制建设行动计划，推进首都生态文明建设。

13.2 研究不足及未来展望

本书以首都北京为个案，深入研究了首都北京在生态文明建设及体制改革中存在的各种问题和对策，因作者水平及知识阅历、信息来源等多方面的限制，许多问题还没有充分展开，还有不少问题没有深入研究。

第一，本书主要侧重北京来研究首都，但对京津冀整个首都经济圈如何加强生态文明建设、如何进行生态文明体制改革，缺乏深入研究。首都生态文明体制改革与生态文明建设，仅关注北京，难以取得持续性效果，必须从整个京津冀世界级城市群的大尺度空间进行研究和考察，特别要重视对河北省生态文明体制改革与制度建设等的深入研究，要深入考察河北省经济发展与环境建设之间的矛盾关系。重点要考察河北省以重化工为主导的产业结构，导致高能耗、高排放、高污染型产业引发的环境污染不断加剧。加强首都生态文明建设与体制改革要重视河北省生态文明体制改革，要重视整个京津冀地区的生态文明体制改革与创新。这方面的研究需要进一步延伸和拓展。

第二，本书主要针对国外，如东京、伦敦等城市的生态文明建设进行了比较研究，但对国内许多城市缺乏深入研究，特别的针对上海、深圳、广州等这些特大城市是如何进行生态文明建设的，在体制机制上如何进行改革和创新的，缺乏比较研究。对国内其他许多成功的案例没有进行深入比较研究。

第三，从经济、政治、文化、生态、文化五位一体的视角研究生态文明体制改革不够。本书提出了生态文明体制改革要从五位一体的战略高度进行宏观布局，但如何从这些方面进行改革，研究深度不够。例如，对如何实现经济增长与环境污染的脱钩，如何从经济发展方式转变、经济结构调整等方面加强生态文明建设，缺乏更加深入的研究。本书提出要加强社会组织培育，鼓励和吸引社会公众参与生态文明建设，但如何参与、如何培育，没有进行深入研究和挖掘。中国社会组织力量式微，社会公众参与渠道不够畅通，在面对"互联网＋"时代背景下，具有哪些机遇，对生态文明建设与体制改革有哪些积极影响，没有深入研究。此外，从文化的角度也研究不够深入，后续研究将从这些方面进行深入拓展研究。

第四，从制度层面研究首都生态文明建设及其体制改革不够深入。生态文明制度对于保障生态文明建设的顺利开展和不断推进具有重要的保障作用，本文没有从制度经济学的视角，深入考察首都生态文明建设的制度问题，这些方面的研究还可以进一步拓展。构建以首都为核心的世界级城市群，如何加强生态文明制度建设、如何构建遵从世界级城市群的国际潮流和发展经验，推进生态文明建设、如何从制度层面形成城市群生态文明建设与绿色低碳发展的长效机制，需要深入研究。

第五，主要对空气污染、雾霾治理等视角进行生态文明建设研究，从水体污染、土壤污染等其他领域的研究缺乏，这些方面将是未来研究拓展的重要领域。我国水体污染问题非常严重。水利部曾经对全国700余条河流、约10万公里河长的水资源质量进行了评价，结果是：46.5%的河长受到污染，水质只达到四五类；10.6%的河长严重污染，水质为超五类，水体已丧失使用价值；90%以上的城市水域污染严重。水污染正从东部向西部发展、从支流向干流延伸、从城市向农村蔓延、从地表向地下渗透、从区域向流域扩散。全国水体调查结果显示，在全中国七大流域中，主要河流有机污染普遍，主要湖泊富营养化严重。七大水系污染程度由重到轻顺序为：辽河、海河、淮河、黄河、松花江、珠江、长江。其中辽河、淮河、黄河、海河等流域都有70%以上的河段受到污染，可见我国的水污染态势极其严峻。我国每年水污染对工业、农业、市政工业和人体健康等方面造成的经济损失高达2400亿元[①]。针对首都地区而言，京津冀地区人均水资源匮乏，水质污染严重，"水问题"已经成为阻碍区域发展的一大"瓶颈"。资源性缺水和水质性缺水同时存在。一是资源性缺水，京津冀地区平均水资源总量仅相当于全国人均水资源量的5%～13%，水资源缺乏

---

① 水污染谁之过：90%以上的城市水域污染严重 [EB/OL]. http：//huanbao. bjx. com. cn/news/20160217/708660. shtml.

已经成为制约地区发展的"瓶颈";二是水质性缺水,京津冀地区所在海河流域,在全国河流地表水水系中水质最差,劣 V 类水占比在全国主要流域中最高,污染最为严重,治理迫在眉睫①。因此,加强生态文明建设与体制改革还需要重视对水体污染问题的治理,国家也推行了河长制,这是治理流域污染问题的重要体制创新。此外土壤污染问题也不容小觑,加强首都生态文明体制改革需要重视对水体污染、土壤污染等一系列问题的综合考虑和系统革新,全面推进首都地区生态文明建设,加快构建以首都为核心的世界级城市群。

---

① 京津冀地区水环境治理的现状和未来［EB/OL］. http：//www. sohu. com/a/143104066_808505.

附录一　生态文明建设与城市绿色发展研究综述

一、生态文明建设与城市绿色发展的内涵阐释

党的十八大报告提出大力推进生态文明建设，并将之放入"五位一体"的总体战略布局。党的十九大报告强调要加强生态文明体制改革，建设美丽中国。党和国家对生态文明建设的高度重视，凸显城市经济新常态下的执政新思维、新理念、新战略，是党和国家对城市经济社会持续发展、提升城市文明程度、维护全球城市生态安全的积极贡献。俞可平（2005）认为，生态文明是指人类在改造自然以造福自身的过程中，为实现人与自然之间和谐所做的全部努力和所取得的全部成果，表征着人与自然相互关系的进步状态①。路军（2010）认为，生态文明是人类遵循人与自然和谐发展的规律并不断推进社会、经济和文化发展所取得的物质与精神成果的总和，它是以人与自然、人与人的和谐共生、全面发展和持续繁荣为宗旨的文化伦理形态②。城市作为生态文明建设的主阵地，加强城市绿色发展，就是以生态文明建设为重要方向和出发点，以绿色的城市经济增长来实现城市的现代化、生态化、持续化发展，重视城市经济、社会、文化、环境保护等多个方面的协同发展，重视资源集约、环境友好、生态保护。城市绿色发展要把城市经济转型的立足点放到提高经济质量、生态效益上来，将绿色发展、低碳发展、生态发展作为城市经济增长、社会建

---

① 俞可平. 科学发展观与生态文明 [J]. 马克思主义与现实，2005 (4).
② 路军. 我国生态文明建设存在问题及对策思考 [J]. 理论导刊，2010 (9)：80－82.

设、环境优化的持续优势与核心优势，从战略布局和方向定位上将城市绿色发展作为生态文明建设的长远动力。

在应对气候变化、战略资源紧缺和金融危机等一系列全球性问题和挑战的助推下，绿色增长、绿色发展模式越来越多地受到国际社会的广泛关注。生态文明是人类对传统文明形态特别是工业文明进行深刻反思的成果，是人类文明形态和文明发展理念、道路和模式的重大进步和城市化演变进程的重要方向。生态文明建设关系到城市人民的长远利益和社会福祉，城市绿色发展以节能减排、绿色低碳发展来加快产业优化升级，加强产业技术提升和产业转型改造。同时加强社会建设、生态保护等多方面的绿色转型，依靠节能减排、绿色发展实现城市的生态化建设，构建城市经济增长与生态环境共赢的综合型、绿色转型模式，实现生态、经济、社会、文化相互融合的城市发展格局，全面推进生态文明建设。1985 年，Friberg 和 Hettne 等，提出了"绿色发展"的概念。绿色发展是在传统发展基础上的一种模式创新，是建立在生态环境容量和资源承载力的约束条件下，将环境保护作为实现可持续发展重要支柱的一种新型发展模式。加快城市绿色转型，减少资源能源消耗和温室气体排放不仅是各国共同面对的挑战，也将成为转变经济发展方式和培育发展节能环保等新兴绿色产业的动力，势必成为新一轮科技革命孕育的突破点。对于城市而言，国际上许多知名城市均重视城市绿色转型，将环境资源作为社会经济发展的内在要素，把实现经济、社会和环境可持续发展作为绿色发展的目标，进而实现城市经济活动过程和结果的"绿色化""生态化"。当然，这种理论与实践的探索始终没有停止，而且越来越占据城市发展的主导方向和发展热潮。

建设生态文明需要加快城市绿色发展。改变违背生态文明要求的传统经济增长方式、资源消耗模式和环境污染问题，加快绿色发展就是要以生态文明建设为目标和重要方向，以尽可能少的资源能源投入和消耗、以尽可能少的碳排放和环境污染为代价，实现绿色发展、循环发展、低碳发展。因此城市绿色发展是建设生态文明的必然要求，也是重要支撑。城市绿色发展倡导的是一场生态革命，涉及城市技术、经济、社会、文化领域的深刻革命，是由工业文明走向生态文明、工业经济转向生态经济、工业社会走向生态社会、工业化发展模式转向绿色化、低碳化、生态化、宜居化的城市发展模式。肖洪（2004）认为，城市绿色发展是对传统工业化和城市化演变道路的辨证否定，扬弃了只注重经济效益而不顾人类福利和生态后果的唯经济的工业化发展模式，转向兼顾社会、经济、资源和环境的发展，注重社会—经济—自然复合生态整体效益①。

推进生态文明建设，必须在城市转型过程中，注重资源利用技术和效率提升，培育和发展新的经济增长点，促进产业结构的调整与优化，加强环境保护和环境治理，减少对环境污染和碳排放，实现环境友好和生态平衡，促进经济、社会、生态环境的全面、协调、可持续发展。城市绿色转型是遵循绿色、生态、低碳的可持续发展原则，以长期持续、生态循环的城市经济增长来实现城市的现代化、生态化、低碳化发展，满足当代人生存与发展的同时，不损害下一代的发展利益和发展空间，实现长远利益与短期利益、局部利益与全局利用的可持续性发展和长远发展。李彦军认为，城市的发展不是线性的，繁荣与衰退的周期波动会带来城市发展的振荡，如何防止衰退、保持繁荣是城市发展面临的主要课题之一。目前发达国家已经进入第五长周期，而我国正处于第三长周期，即工业化中期阶段。要想顺利完成工业化，实现赶超，我国城市进行转型，核心是实现产业与社会转型的统一②。

关于绿色转型与发展的理论和实践仍处于探索阶段。绿色发展是以生态文明建设为主导，以循环经济、绿色经济、可持续发展等理论为基础，以绿色管理、绿色技术创新、绿色改造、绿色建设为关键和动力，发展模式向可持续发展转变，实现资源节约、环境友好、生态平衡，人、自然、社会和谐发展的转型模式选择与战略决策。张晨、刘纯彬（2009）认为，绿色转型发展是立足于当前经济社会发展情况和资源环境承受能力，通过

---

① 肖洪. 城市生态建设与城市生态文明 [J]. 生态经济, 2004 (7): 29 - 30.
② 李彦军. 产业长波、城市生命周期与城市转型 [J]. 发展研究, 2009 (11): 4 - 8.

改变企业运营方法、产业构成方式、政府监管手段，实现企业绿色运营、产业绿色重构和政府绿色监管，使传统黑色经济转化为绿色经济，形成经济发展、社会和谐、资源节约、环境友好的科学发展模式①。城市绿色发展改变以往片面追求经济增长和物质规模扩张的发展模式。胡鞍钢指出：所谓绿色发展之路，就是强调经济发展与保护环境的统一与协调，即更加积极的、以人为本的可持续发展之路。John Knott of Charleston 认为绿色发展就是"回归一种结合新技术，对气候、地理、文化影响良好的发展方式"。城市绿色发展要求，既要改善能源资源的利用方式，也应保护和恢复自然生态系统与生态过程，实现人与自然的和谐共处和共同演化，实现城市绿色经济和低碳经济发展。在生态极限的范围之内强调发展方式转变，强调资源集约、环境友好，强调绿色低碳技术创新与应用，提高能源利用效率，在提高单位自然资本投入的经济产出的同时，提高单位经济产出的福利贡献，最终提高绿色发展绩效。

二、生态文明建设与城市绿色发展的现状与问题研究

国外学者从城市资源耗竭、产业衰退等现实出发，研究了城市存在的现状问题及内在成因，发现城市生态文明建设滞后，提出了加快城市转型与绿色发展的重要命题。20 世纪 60 年代后，伴随着世界经济危机的频繁爆发、能源和劳动力价格的上涨，西方许多中心城市，如休斯顿、匹兹堡、格拉斯哥、伯明翰等呈现大规模的城市衰退迹象。为此，一些学者对这些城市的产业结构如何调整与复兴进行研究。Roberts P. 和 Sykes H.（2000）发现狭窄的专门化产业群体是造成城市经济脆弱的根源，产业结构的多元化转型是城市振兴与发展的重要路径。Roger Perman 研究指出，休斯顿城市资源耗竭、环境恶化、产业衰退、失业严重等问题，通过大力延伸产业链，加速石油科研的开发，带动相关服务业发展，加速城市经济

---

① 张晨，刘纯彬. 资源型城市绿色转型的成本分析与时机选择 [J]. 生态经济，2009（6）：33 – 40.

转型。Landry（2003）认为当代都市发展需要创意的方法加以转型。Frost-Kumpf（1998）认为，艺术在美化与活化城市、提供就业、吸引居民与观光、建立创意与革新环境等方面发挥重要作用。Booth P. 和 Boyle P.（1998）研究了文化政策主导下的城市转型与更新。有较多的国外学者从绿色经济、低碳经济等视角对城市转型进行了研究。Glaeser 和 Kahn（2008）实证研究碳排放量与城市规模、土地开发密度三者的关系，发现城市规模与碳排放存在一定的正相关关系。Jenny Crawford 和 Will French（2008）研究英国城市空间规划（Spatial planning）与绿色低碳发展目标之间的关系。W. K. Fong 等（2007）实证研究马拉西亚能源消耗、碳减排与城市绿色发展、城市规划的关系问题。

国内学者对城市生态文明建设问题进行研究。翁志勇（2011）认为，我国在生态环境保护以及自然资源保护上取得了一定的成绩，但是生态文明建设的形式依然非常严峻，面临的挑战依然十分巨大，主要表现为缺乏正确的生态价值观和生态道德观、经济发展阶段以及经济增长方式的制约影响了生态文明的发展、生态文明建设存在"指标化"现象、相关配套制度还未完全形成、监测与执法的力度以及透明度仍旧需要加强①。杜勇（2014）对我国资源型城市生态文明建设的现状与问题进行了深入剖析，当前我国资源型城市生态文明建设过程中，面临的困境主要包括，能源资源约束日益趋紧、环境污染严重和生态系统恶化趋势明显、产业结构失衡和民生问题凸显。

也有较多学者对城市绿色发展问题进行了深入研究。侯伟丽（2004）认为在实现绿色发展的道路上，中国21世纪面临人口持续增长、高消费模式兴起、经济规模扩大、产业结构向重型化转变、城市化快速提高等方面的挑战。但同时，市场机制的建立、对外开放扩大、环保意识的增强、知识经济的兴起，也为中国实现绿色发展提供了机遇。路军（2010）认为，

---

① 翁志勇. 生态文明建设：问题与对策研究［J］. 毛泽东邓小平理论研究，2011（11）：32-36.

长期以来，GDP 增长率是评价地方官员政绩的一个不成文标准，导致一些地方为追求一时的经济发展速度，不惜违背经济规律，结果是生态环境遭到严重破坏，可持续发展受到极大影响。对我国生态文明建设过程中存在问题的原因进行分析，一是经济因素，经济发展引起的环境问题恶化，经济利益与环境保护的冲突。二是人文社会因素，人口众多，环境的资源压力大，公众环保意识普遍较差，生态问题与贫困等其他社会问题交织在一起，有形成恶性循环的趋势①。陈静、陈宁、诸大建等（2012）认为，中国城市发展的许多问题缘于城市经济社会发展与城市自然资本消耗的冲突，因此中国城市发展的关键是绿色转型。然而，目前对城市绿色转型评价分析还缺乏较为有效的理论和方法。田智宇、杨宏伟（2014）以京津冀地区为例，分析了我国城市绿色低碳发展现状、存在问题、面临挑战等②。

三、生态文明建设与城市绿色发展的国内外比较研究

有学者对生态文明建设与城市绿色发展的国内外经验进行比较研究。例如，孙雅静（2004）进行了矿业城市转型模式的国际比较。袁志彬、宋雅杰（2008）对中美资源型城市转型模式比较研究。承建文（2008）提出要学习新加坡立体绿化经验，再造上海城市绿色空间。陆小成（2013）研究了纽约城市绿色转型对北京的启示。石敏俊、刘艳艳（2013）对城市绿色发展进行了国际比较，认为国内城市绿色发展与发达国家城市的差距主要体现在环境健康和低碳发展两个方面，资源节约和生活宜居方面的国内外差距并不显著，环境健康的差距又主要体现在空气质量和环境管理两个方面，发达国家城市的空气质量明显优于国内城市，国内城市在低碳发展领域与发达国家的差距更加明显。低碳发展差距的背后，一方面是由于我国正处于工业化和城市化中期阶段，能源需求旺盛，另一方面也与我国能源结构偏重煤炭，同时能源技术效率较低有密切的关联。田智宇、符冠云

---

① 路军. 我国生态文明建设存在问题及对策思考 [J]. 理论导刊，2010 (9)：80 – 82.

② 田智宇，杨宏伟. 我国城市绿色低碳发展问题与挑战——以京津冀地区为例 [J]. 中国能源，2014 (11).

（2014）通过比较研究，认为发达国家经过近百年发展，普遍已完成城市化进程，发展历程中的经验值得我国借鉴，对主要发达国家城市绿色低碳发展的经验进行了回顾总结。

有较多学者对国内城市生态文明建设与绿色发展典型案例和主要模式进行比较研究。刘畅（2012）以枣庄市为例分析了资源枯竭城市转型的相关问题及枣庄实现城市转型的具体措施①。杨波、赵黎明（2013）对"中国金都"招远市资源型城市转型模式进行探索，研究了资源"诅咒"破解、锁定效应消除与转型空间建构问题。雷蕾（2011）研究提出了资源枯竭型城市转型的"白银"模式。侯景新、岳甜（2013）基于生态问题的视角研究了资源型城市转型模式。陈继良（2009）从主导产业选择的视角研究了鹤岗城市转型模式。蔡萌、汪宇明（2010）认为，创建低碳旅游城市是城市宜居生态发展的高级阶段，是实现中国旅游城市转型的战略模式选择，要规范发展、互动发展、示范发展，加快形成中国特色的低碳旅游城市发展新格局②。

四、生态文明建设与城市绿色发展的评价与路径研究

许多学者建立生态文明建设评价指标体系，进而科学测度和评价城市或区域生态文明发展状况，为提出有效对策提供依据。陈静、陈宁、诸大建等（2012）将城市绿色转型评价指标体系分为两大类，即城市支持系统和城市协调系统，在灰关联分析法的基础上，引入熵理论建立灰熵评价模型，并采用上海2001—2007年的相关数据进行实证研究，研究结果表明在研究时段内上海市的城市发展较快，但主要问题在于如何从生态门槛的右边降低人均物质消耗问题以实现绝对脱钩。蓝庆新、彭一然、冯科（2013）基于"北上广深"四城市的实证分析，对城市生态文明建设评价指标体系构建及评价方法进行研究。基于层次分析法原理，构建包括生态经济、生

---

① 刘畅. 关于资源枯竭城市转型的思考——以枣庄市城市转型为例 [J]. 城市建设理论研究，2012（4）.

② 蔡萌，汪宇明. 基于低碳视角的旅游城市转型研究 [J]. 人文地理，2010（5）.

态环境、生态文化和生态制度 4 个准则层，30 项具体指标层的城市生态文明建设评价指标体系，在该指标体系基础上，运用指标综合评价方法，对 2011 年北京市、上海市、广州市、深圳市的生态文明建设水平进行了横向比较①。杜勇（2014）认为作为维护能源资源安全的保障地、推动新型工业化和城镇化的主战场，我国资源型城市的生态文明建设正处于关键时期，迫切需要建立一套科学的生态文明建设评价指标体系，指导我国资源型城市生态文明建设。耿天召、朱余、王欢（2014）提出城市绿色发展竞争力概念，探讨环境质量与经济社会发展水平之间的关系，从城市空气环境质量、地表水环境质量、声环境质量、集中式饮用水源地水质和生态环境质量等"硬环境"着手，结合衡量城市经济发展程度的工业 GDP 指标，构建评价指标体系，用单位工业 GDP 的环境代价来表征城市绿色发展竞争力水平，并以安徽省省辖市为例进行了实例研究。

　较多学者对生态文明建设与城市绿色发展的路径进行研究。刘剑平、陈松岭、易龙生（2007）认为，资源型城市转型主导产业的选择是资源型城市转型成功的关键与核心问题。运用定性与定量相结合的方法，提出了资源型城市转型主导产业的选择指标体系，并就如何对主导产业进行选择的方法进行了探讨。同时对资源型城市转型主导产业的培育提出了相应建议与措施②。汪云甲（2012）论述了中国矿产开发与环境破坏现状，分析了完善矿区生态环境补偿机制、加速矿区生态环境修复的必要性。在此基础上，提出建立完善有利矿区生态环境补偿、生态修复的配套政策及法规，研究生态环境补偿标准体系等③。田智宇、杨宏伟（2014）提出城市化发展要优化区域和城市布局，构建系统优化的绿色、低碳能源供应系统，大幅提升能源利用效率，创新区域和城市管理体制机制，推动城市发

---

　① 蓝庆新，彭一然，冯科．城市生态文明建设评价指标体系构建及评价方法研究——基于北上广深四城市的实证分析［J］．财经问题研究，2013（9）．

　② 刘剑平，陈松岭，易龙生．资源型城市转型主导产业的选择与培育［J］．中国矿业大学学报（社会科学版），2007（1）．

　③ 汪云甲．关于助推资源枯竭型城市转型的建议［J］．中国发展，2012（6）．

展向绿色、低碳方向尽快转型①。

五、研究不足及政策建议

加快城市绿色发展是推进生态文明建设、破解"城市病"、提升城市品质和构建绿色城市品牌的重要内容和突破口，实现在更高水平上推动城市科学发展。基于创新驱动战略、发展方式转变、生态文明建设、低碳发展等战略提出，城市生态文明建设与绿色发展应该进一步加强城市问题的全面深入研究，使城市发展更好地与区域经济、政治、社会、文化、生态环境等功能相适应，更好地与城市人口、资源、环境的承载能力相协调，走文化立市、创新驱动、绿色崛起的新型城市发展道路。目前有关城市生态文明建设与绿色发展的研究成果日渐增多，但研究基础仍然较为薄弱，尚存在诸多不足，分析这些不足，进一步提出有效的政策建议。

（1）深入研究生态文明建设与城市绿色发展的内在关系，全面阐释城市绿色发展的内涵及特征。当前研究不足及需要进一步深入研究的问题有：一是深入研究比较生态文明、绿色发展、低碳发展、循环发展等诸多概念的区别与联系，把握各个概念的本质内涵，进而研究城市如何进行科学发展。在理论层面，生态经济、绿色经济、低碳经济等概念相近，互相包含，但同时各自具有不同的侧重点，如生态经济强调各要素之间的仿生态关系，不要人为进行割裂，导致发展异化或畸形。循环经济强调建立资源能源循环利用的模式，减少废物排放，主张废物可回收再利用，资源的减量化、再利用、再循环。低碳经济强调减少二氧化碳的排放，实现低碳、零碳发展模式。绿色经济则强调从生产和消费的角度，注重绿色发展和清洁生产，构建绿色企业、绿色产业、绿色产品，建设绿色城市。二是深入研究生态文明建设与城市绿色发展的内在关联，绿色发展是推进城市生态文明的关键。三是深入研究在城市层面的绿色发展内涵，城市绿色发

---

① 田智宇，杨宏伟. 我国城市绿色低碳发展问题与挑战——以京津冀地区为例［J］. 中国能源，2014（11）.

展不是传统意义上的经济发展，而是强调经济绿色增长、社会和谐、环境友好、绿色生态文化建设、在政治管理层面的绿色环保等，通过经济、社会、文化、环境、政治五位一体的绿色革命与发展，才能促进城市绿色转型与生态文明建设。

（2）深入研究城市绿色发展到底存在哪些问题和障碍，系统分析问题的本质原因，选择科学的发展模式，建立城市生态文明建设政绩考核体系。党的十八大、十八届三中全会报告明确提出要大力推进生态文明建设，促进绿色发展、循环发展、低碳发展。建设生态文明是关系人民福祉、关乎民族未来的大计，是实现中华民族伟大复兴"中国梦"的重要内容。习近平总书记指出，我们既要绿水青山，也要金山银山。宁要绿水青山，不要金山银山，而且"绿水青山就是金山银山"。这生动形象诠释了党和国家大力推进生态文明建设、实现绿色发展的鲜明态度和坚定决心。贯彻落实中央精神，如何实现绿色发展、绿色发展在实际中还存在哪些问题、绿色发展有哪些动力、选择什么样的绿色发展模式，对这些问题的回答并没有进行深入系统的研究，在理论创新层面和实践层面没有进行整合研究。特别是在现实中遇到的到底是发展经济、还是保护环境，地方政府难以割舍，经济发展与绿色环保两者之间矛盾与悖论没有得到很好的破解。在政绩考核体系没有转变传统唯 GDP 至上的理念，缺乏重视生态文明建设政绩考核体系。党的十八届三中全会强调要加强生态文明制度建设，要把资源消耗、环境损害、生态效益纳入经济社会发展评价体系，建立体现生态文明要求的目标体系、考核办法、奖惩机制。党的十九大报告再次强调要加快生态文明体制改革，建设美丽中国。但现有成果中针对城市绿色发展如何建立有效的生态文明政绩考核体系，缺乏深入研究。需要尽快出台城市生态文明建设政绩考核体系的纲领性文件和指导标准。

（3）针对城市功能定位，提出城市生态文明建设与绿色发展可操作性的有效路径。现有研究中重点对城市一般发展问题进行研究，缺乏针对城市自身特色和资源禀赋以及实际问题，难以提出城市生态文明建设与绿色发展有针对性的发展路径。应该根据城市自身特点和城市发展阶段、城市功能定位，加快城市生态文明建设和绿色发展，研究可操作性的具体对策与有效路径。城市功能是城市存在的本质特征，是城市系统对外部环境的作用和秩序，是各种功能相互联系、相互作用而形成有机结合的整体，而不是各种功能的简单相加。因此，基于城市人口过于膨胀、资源能源耗竭、环境污染问题恶化等现实问题，对城市发展进行科学的功能定位，特别是结合实施创新驱动战略、提升文化软实力、实现绿色崛起等方面，进而提出有效的城市绿色发展的路径，推进首都生态文明建设，加快构建以首都为核心的世界级绿色低碳城市群建设。

附录二　生态文明视域下的技术批判与低碳创新观

生态文明建设是中国特色社会主义事业的重要内容，事关"两个一百年"奋斗目标和中华民族伟大复兴"中国梦"的实现。当前，中国资源能源约束趋紧、环境污染严重、生态系统退化、生态文明建设水平滞后于经济社会发展。基于全球气候变暖和日益恶化的生态环境问题，推进生态文明建设和实现低碳发展，需要审视技术系统与生态环境系统之间的内在关联及异化现象。马克思较早地从资本主义制度的批判中考察了技术的本质及资本主义方式对人性主体地位的背离①。一些西方马克思主义者在此基础上对技术本身进行了深入批判，认为资本主义生产方式忽略了人的主体性地位，揭示人被技术和生产工具所奴役的属性。马尔库塞批判了工业文明时代技术演化的"单向度"人性②。马尔库塞通过技术理性的统治而建立起来的新社会是一个消除了工人反抗性的一体化的社会，人成了单向度的人③。霍克海默批判技术的"工具理性"。海德格尔批判科技对存在本身的殖民化。我国许多学者对西方技术批判学者的观点进行研究，如杨东明（2004）对哈贝马斯科学技术批判理论进行剖析④。程秋君（2012）研究了芬伯格技术批判理论中的生态观。谢玉亮（2014）对马尔库塞技术理性批判思想解析⑤。于春玲、陈凡（2015）研究了马克思技术批判视野中现代性追问的逻辑进程。以上学者深入阐释马克思和西方技术批判学者的基

---

① 张青卫. 唯物史观视野中的技术批判 ［J］. 马克思主义研究，2012（2）：117-121.
② 马尔库塞. 单向度的人 ［M］. 重庆：重庆出版社，1988.8-16.
③ 马驰. 论技术理性批判精神的当代意义 ［J］. 涪陵师范学院学报，2004（2）：8-12.
④ 杨东明. 哈贝马斯科学技术批判理论剖析 ［J］. 铜陵学院学报，2004（4）：80-81.
⑤ 谢玉亮. 马尔库塞技术理性批判思想解析 ［J］. 北京社会科学，2014（12）：91-94.

本思想与主要观点，但基于生态文明建设和低碳发展的现实需求，如何通过科学的技术批判，减少技术异化现象，回归马克思主义者所主张的人与自然和谐发展的技术理性，需要进一步深化研究。本书则通过技术批判的理论工具，构建推进生态文明建设和低碳发展的新的技术创新观。

一、技术批判：生态文明视域下低碳创新观的提出

技术批判学者以技术演进为思路，探讨技术的工具属性与目的属性统一问题，重塑技术理性文明，以期在更高层面上实现人性与自然高度统一。生态文明问题从本体论上来说是一个自然观的问题，从认识论上来说，则是一个技术理性问题①。推进生态文明建设、促进低碳发展、深刻反思"技术合理性"，需要树立并建构低碳技术创新的新价值观。

（一）现代技术创新需要高度审视技术的环境风险

芬伯格作为当代美国新一代技术批判理论家，融合传统法兰克福学派和当代社会科学研究的最新成果，提出技术价值观对技术演变的重要影响、对现代技术可能带来的环境危机以及潜在风险和未来灾难表现出深度担忧。违背自然规律的技术变革对自然环境改造的同时，也将引发更为深重的环境灾难，直接影响人类社会生存风险。近些年来中国屡屡发生食品安全事件，如三鹿奶粉三聚氰胺事件、大头娃娃事件、福寿螺事件、海南毒豇豆、毒节瓜事件、咸鸭蛋含有苏丹红、饮料中含有塑化剂、晋老陈醋勾兑、爆裂黄瓜、染色馒头、瘦肉精、地沟油、面包用漂白粉、工业卤水点豆腐、白酒塑化剂事件、小竹签牛肉精事件等，许多食品安全事件的发生均与技术滥用有关，当然也与伦理道德缺失、价值观扭曲有关。人类社会需要高度审视技术的"双刃剑"效应，反思技术带给人类物质财富的同时，也可能带来生态环境风险。传统的技术乐观主义高估技术的积极作用，忽视了技术对环境的负面影响。技术悲观主义又称为反技术主义，则

---

① 金梦兰. 基于生态文明视角的技术理性批判 ［J］. 北京航空航天大学学报，2014（3）：81 – 83.

走向另一个极端，认为现代技术带来高度发展的同时给地球以及周围环境带来严重的污染，威胁人类生存和发展，这是不能避免的①。技术悲观主义从根本上抵制技术发明和创新，无法将人类引向可持续的发展状态。技术乐观主义和技术悲观主义均有自身走向极端的缺陷存在，对技术的深层批判引发人们思考如何避免现代技术风险。审视技术的环境风险，应该通过人的目的性作用，使技术创新不再是环境风险和高碳排放的肇事者或诱因，实现技术创新与自然环境的和谐，成为人们所关注和渴求解决的重大现实问题。

（二）技术与社会环境的失调需要建构低碳创新观

技术批判者认为，技术既可能为人类带来改变自然的福音，也可能是生态恶化、环境污染、食品安全的罪魁祸首，技术与社会环境的失调或技术异化成为技术批判的重要焦点。马克思通过对异化劳动的分析，揭示了现代人的异化状态，表现为人与技术活动产品、人与技术活动过程本身、人与自己的类本质相异化，导致人的本质的丧失②。芬伯格认为，在资本主义社会，资本家因争夺经济利益忽视生态环境的保护，这些行为导致地球环境恶化并为此付出沉重的代价，需要重新设计技术以提供与环境相协调的繁荣③。基于传统技术与环境、技术与社会的失调困境，需要建构促进人与自然和谐、促进低碳发展的低碳创新观。所谓低碳创新观，是以推进生态文明建设为基本目标，以低能耗、低排放、低污染的低碳发展观为基本价值取向，通过技术创新促进人与自然环境和谐，实现节能减排的新型技术价值观。低碳创新观强调技术创新应尽可能规避生态环境风险，在减少环境风险和避免生态恶化的基础上，实现经济与社会的持续发展和低碳发展，促进生态文明建设。技术创新应以生态而不仅是人作为评价人类

---

① 许茂华，张丽. 浅谈现代技术的超越——以安德鲁·芬伯格对技术超越的理解 [J]. 科技创新导报，2011（12b）：226－227.

② 于春玲，陈凡. 马克思技术批判视野中现代性追问的逻辑进程 [J]. 中国社会科学，2015（10）：29－50.

③ 安德鲁·芬伯格. 生态环境政治的过去与未来 [EB/OL]. http：//www.sina.com.cn，2006－11－7.

的经济、社会生活等一切活动和实物的尺度，反对片面追求物质价值、经济价值和人类价值，而忽视自然价值、环境价值和生态价值的发展模式①。低碳创新区别传统技术创新和经济发展模式，实现技术与环境的协调，以节能减排等技术创新，实现从土地、资本等传统要素主导发展转为创新驱动发展，不仅提高传统生产要素的效率，还能够创造新的生产要素，形成新的要素组合。低碳技术创新是以实现低能耗、低排放、低污染的发展方式和经济形态为目标，要求技术创新朝着低碳、节能、减排、高效的方向演化②。依托低碳创新对发展的速度、规模、结构、质量、效益发挥决定性作用，创造新常态下的低碳优势，形成低碳创新竞争力，构建国家低碳经济发展的新增长点。

（三）低碳技术创新观是深刻反思"技术合理性"、推进生态文明建设的价值重塑

西方技术批判理论的思想家们对技术手段的片面发展进行批判，对技术异化现象进行了深刻反思，要求人们弘扬技术的合理性。当代生态文明建设必须做到趋利避害、扬长避短③。马尔库塞在对技术意识形态的批判中指出，技术合理性的特征是"不合理中的合理性"。"合理"主要是指社会通过技术的应用，推动社会生产力的发展，使自然变成人化自然和人工自然。但看似"合理"目标是由技术创新自身的"不合理"问题所带来的，现代社会的技术改造带来环境加速破坏、资源能源加速消耗和环境污染问题频发。如何避免这种所谓的"技术合理性"给生态环境带来的负面影响，技术批判者对现代技术反思的批判中，提出构筑人与人、人与自然协调的终极目标和生态意识。深刻反思传统技术观，借鉴技术批判思想，低碳创新观是从价值理念层面反对传统的高碳技术经济模式，反对传统技

---

① 谈新敏. 低碳文化及其在低碳发展中的根本性作用 [J]. 自然辩证法研究，2011（4）：122－126.

② 王琳，陆小成. 低碳技术创新的制度功能与路径选择 [J]. 中国科技论坛，2012（10）：98－102.

③ 于海量，曹克. 技术理性批判与当代生态文明建设 [J]. 南京财经大学学报，2015（6）：56－60.

术加速资源能源的开发与消耗，反对传统技术创新对生态环境的加速破坏。在中国，经过几十年的改革开放和经济快速发展，经济总量跃居世界第二，但产业层次低、发展不平衡和资源环境刚性约束增强等矛盾愈加凸显，处于跨越"中等收入陷阱"的紧要关头①。适应和引领经济新常态，需要重视创新特别是低碳创新在保持经济中高速增长、转变发展方式、推进生态文明建设的引擎作用，追求适应生态文明建设需求的技术理性。低碳创新观致力于技术创新的合理性审视、重视加快传统高碳技术经济模式转变、重视低碳技术创新、提高能源利用效率、降低碳排放和环境的负面影响。低碳创新观作为面向生态文明的新型技术创新价值观，实现技术合理性与环境合理性高度统一的创新模式与价值重塑。

二、目标道路：重塑自然统一性与推进五位一体建设

党中央和国务院高度重视生态文明建设，并将生态文明建设上升到国家"五位一体"建设的战略高度。推进生态文明建设，基于技术批评的理论思考，构建低碳创新观是回归和重塑人与自然和谐相处的正确生态自然观，内在本质在于重塑"一种能够恢复社会和自然的破裂的统一性"关系；近期目标在于体现经济价值、政治价值、社会价值、文化价值与生态价值的五位一体；远期目标在于推进生态文明建设向自然更高水平迈进，助推美丽"中国梦"的实现，最终实现马克思主义所追求的人与自然和谐的大同世界。

（一）低碳创新观在于重塑技术系统与自然环境系统的统一性

低碳创新是以自然生态系统可承受范围内的重要创新，避免技术异化和技术对环境的负面影响，重塑技术系统与自然环境高度统一性的创新价值观。马克思主义提出的共产主义社会构想实际上是追求人与人、人与自然的和谐，抵制和批评资本主义社会违背自然规律和人性伦理要求的技术效率观。低碳创新观改变这种人与人、人与自然的对立观，应该追求符合

---

① 刘延东. 深入实施创新驱动发展战略 [N]. 人民日报，2015 – 11 – 11.

自然规律、自然环境承载力范围内的技术创新观，使技术回到人文怀抱，遵循自然规律，朝着适宜人类生存和自然环境的长远方向发展。低碳技术创新观是技术批判理论为基础，始终考虑和重视技术创新过程中的生态意识和低碳环保观念的指导，探索一条既适合现代技术进化，同时又实现人道主义与自然主义内在统一的思想道路迈进，构建人性与自然更高水平迈进的技术创新道路。

（二）低碳创新观在于实现经济、社会、政治、生态、文化的五位一体建设

党的十八大报告，明确提出全面落实经济建设、政治建设、文化建设、社会建设、生态文明建设五位一体总体布局。低碳创新观的提出就是以实现经济、政治、社会、文化、生态的五位一体总体布局为现实的目标道路，通过批判传统的技术经济方式，避免和减少技术创新的负面效应。低碳创新并不是不搞经济建设，而是追求经济发展与环境污染相脱钩的新型发展模式。以低碳创新为核心动力协同推进新型工业化、城镇化、信息化、农业现代化和绿色化，以低碳创新为新引擎将生态优势转变为经济优势、以低碳产业发展引领经济转型升级，将低碳创新驱动发展转为新的经济增长点、综合国力和竞争力。党的十八大以来，习近平总书记多次谈到生态文明，强调不能把加强生态文明建设、加强生态环境保护、提倡绿色低碳生活方式仅仅当作经济问题，这里面有很大的政治。推进生态文明建设是最普惠的民生福祉，是一项重大的政治任务。低碳创新以新的技术形式，立足于技术政治学的视野，释放和挖掘技术的降低环境风险和生态危害的民主潜能，以利益表达和民主渠道来实现创新目标设定与方案选择，实现低碳创新观的民主化理性重建，推进生态文明建设，增加民生福祉，促进政治稳定和社会和谐。低碳创新具有实现经济稳定增长、政治和谐稳定、社会民主改善、生态环境保护、文化繁荣发展五位一体的价值整合。

（三）低碳创新观在于向自然更高水平迈进，构建人与自然和谐的大同世界

技术批判理论既反对技术工具论，也反对技术实体论，认为工具主义

的缺陷在于把技术产生的效率与环境、伦理和宗教等割裂开来。实体论的解决方案是以完全放弃技术为代价，回归传统和原始自然的生活状态，从而达到降低对自然损害、减少环境破坏的目的。技术工具论和技术实体论均将技术人为地分割为两个极端，或过于拔高技术的中立性，将技术与文化价值完全分立，或停滞不前，彻底抵制和放弃技术的进步和自然改造意义。芬伯格认为，技术既不是实体论者中的技术悲观论和无力抗拒的"天命"，也不像工具论者中的技术独立于世界。芬伯格消除了主客体二元对立的思维模式，从双向即主体与客体融合的角度创造性地揭示了二者的内在关联①。技术批判对技术的负面影响进行反思，需要把人的全面发展需求和自然环境保护作为内在因素来考虑，将它们融合到技术设计中，创造一种既体现以人为本和人性关怀，又能促进自然协调发展的新型技术体系。如何创造新型技术体系，低碳创新既能避免技术工具论中的"中立"思想，将技术与社会、技术与自然环境割裂开来，重视技术对自然规律的尊重、对自然环境的保护、对生态环境的修复和补偿，也避免技术实体论中过分夸大技术的负面效应和人的非能动性，重视发挥人的全面发展需求和主观能动性。强化低碳创新观并加强低碳创新的战略部署和社会实践、推进生态文明建设、助推美丽"中国梦"的实现，向人性与自然更高水平的和谐状态迈进，最终实现马克思主义所追求的人的全面解放、人与自然和谐的大同世界目标。

三、实践路径：推进生态文明建设和实现美丽中国梦

推进生态文明建设和低碳发展是加快转变发展方式、全面建成小康社会、积极应对气候变化、维护生态安全的时代抉择。低碳创新观不仅是在技术创新观念层面的转变，更重要是在国家战略层面，如何选择更加科学、持续、有竞争力的技术创新观及战略路线。破解技术与环境的矛盾关系，需要探索人与自然和谐、促进生态文明的技术创新观，构建可替代的

---

① 王华英．芬伯格技术存在论思想探究［J］．自然辩证法研究，2010（5）：30–36.

改善环境关系的新技术文明，为人的解放和自然的解放开辟新的发展道路。基于此，技术批判强调技术价值观在技术社会建构中的突出地位，这为低碳技术创新观的实践提供重要启示。推进生态文明建设，要加强低碳创新观的社会建构，以"五位一体"的总体布局为重要导向，选择以下几个方面的实践路径。

（一）实施低碳创新驱动战略，构建低碳创新型国家

创新是"五大"理念之首，充分体现了以习近平同志为总书记的党中央确立发展新理念、开拓发展新境界的坚定决心与历史担当。低碳创新观是贯彻落实创新、协调、绿色、开放、共享五大理念的综合体现。低碳创新观的构建及实践，体现了创新驱动、人与自然协调、绿色低碳发展、开放共享的基本理念。加强对传统高碳技术、高碳模式的批判与审视，树立低碳创新观，实施低碳创新驱动战略是落实创新发展理念、推进生态文明建设的具体行动，是立足高碳发展困境、面向全球气候变暖、聚焦生态环境治理、建设美丽中国的战略实践。要重塑低碳价值观，在技术创新中融入低碳价值理念，在低碳价值的指导下进行低碳技术创新，将这种价值观融入技术创新、经济社会发展的战略部署和决策制定，促进经济行为与社会、环境之间的协调。当前低碳技术创新门槛高、投入多、风险大、周期长，使中国低碳技术创新艰难。要加强低碳创新的顶层设计，实施低碳创新驱动战略，构建低碳创新型国家。要把低碳创新摆在国家发展全局的关键位置，构建推进国家低碳创新的科技体制架构，加大低碳技术的研发投入，设立低碳科技研究专项基金，提升国家对低碳科技基础研究和战略前沿、共性关键技术研究的支持力度，鼓励和引导更多的科研人员从事低碳科技创新，提高国家低碳科技自主创新能力，进而真正构建低碳创新型国家。

（二）制订定低碳产业发展规划，构建低碳创新型经济

全球发展处于经济调整期，面临资源紧缺、能源耗竭、生态恶化、环境污染带来的挑战和制约，要改变传统的高能耗、高污染、高排放的经济发展模式和高碳排放型产业结构，重视发展低碳型产业，制订低碳产业发

展规划，构建低碳型经济结构。一是以国家自主创新示范区、国家高新区和全面创新改革试验区等为重要载体加强低碳创新，构建若干低碳创新型城市和区域低碳创新中心，打造低碳产业集群，提升中国低碳经济的竞争实力。二是依靠低碳创新培育发展高技术型、战略型、低碳型的新兴产业，提高经济发展的低碳科技驱动含量，走节能减排的低碳创新道路，构建以低碳工业、低碳农业和现代服务业为主要内容的低碳产业体系，加快传统产业向集约、高效、低碳方向转型升级。三是强化企业在低碳创新中的主体地位和主导作用，形成具有低碳技术竞争力的低碳创新型企业。由于低碳创新具有改善生态环境的正外部性，需要政府增加投入和政策扶持同时，也要健全低碳创新的市场机制，促进企业真正成为低碳技术创新、低碳成果转化和应用的主体。四是构建产学研合作创新的国家低碳创新体系，推动跨领域跨行业协同低碳创新、推动各创新主体打破壁垒开展低碳创新合作；发挥科研院所和高校在低碳创新体系中的知识源泉和人才培养功能、发挥各类中介服务机构在低碳创新体系中的桥梁纽带作用、发挥各类政府及职能部门在低碳创新体系中的政策服务作用；加强各类低碳技术和低碳知识产权交易平台及其基础设施建设，促进面向绿色低碳的创新要素流动和有效配置、促进国家低碳创新型经济结构的构建与优化。

（三）营造低碳创新社会氛围，构建低碳创新型社会

构建低碳创新型社会是低碳技术的民主化和社会建构过程。低碳技术的民主化、社会化推进，有利于体现更多主体特别是弱势社会群体的低碳价值、生态价值的利益追求。技术通过创新的对话不断地修正和进步，将反映更广泛兴趣和更多民主景象的不同价值观整合①。低碳技术创新作为对整个社会带来正外部性的利他行为，需要社会群众的支持和积极参与，离不开低碳技术的民主化推动。基于技术批判理论，要引导全社会加强对传统高碳技术、危害社会的技术的批判和审视，重视绿色低碳技术创新，不断参与、监督和评价低碳技术创新，在低碳创新的战略制定、政策讨论

---

① 安德鲁·芬伯格. 技术批判理论［M］. 北京：北京大学出版社，2005：125.

中纳入社会群众的意见和建议，营造低碳创新型的社会氛围，进而促进全社会重视低碳、倡导低碳、选择低碳的社会生活方式和消费模式，构建低碳型的社会结构。要倡导和鼓励低碳消费，引导和选择低碳产品、低碳文化服务的消费，杜绝浪费和对自然环境的破坏行为。要大力培育低碳创新、低碳发展、生态文明建设的社会服务组织，强化社会组织的枢纽桥梁作用，拓展低碳创新、低碳发展的社会活动空间，激发低碳创新的社会活力、构建多元化的社会治理体制和社会组织模式，强化低碳创新的法治保障，健全激励低碳创新的体制机制，营造良好的低碳创新生态空间、促进面向生态文明、低碳发展的"大众创业、万众创新"，鼓励面向低碳发展的众创空间，营造崇尚低碳创新、参与低碳创新与低碳消费的社会氛围。

（四）创造低碳创新文化环境，构建低碳创新型文化

技术批判既是技术哲学的重要范畴也是一种文化现象，是对技术合理性的理性思考和文化批判。加强对传统高碳技术、技术不确定性与风险的文化批判，进而构建具有面向经济、政治、社会、文化、生态环境五位一体的技术合理性的技术创新文化及其价值体系，构建低碳创新观是基于这种批判下的重要价值选择。为了获得低碳创新的价值认同和价值塑造，必然需要培育低碳创新的社会价值观及其社会氛围，进而构建低碳创新型文化。对于低碳创新而言，应对全球气候变暖和社会对绿色低碳生活的渴望与向往，对人类社会具有改善的正外部性，能获得社会共识和文化认同，有利于形成低碳的技术价值观，让低碳创新在全社会蔚然成风、让节能减排的价值观成为全社会的自觉意识和行为导向。要强化低碳创新、低碳发展、低碳生活的文化宣传，号召社会群众从我做起、从自身做起，发挥群众在低碳创新中的首创精神，积极开展厉行节约、杜绝浪费、低碳生活、生态文明的文化宣传活动，构建全社会参与低碳创新型文化环境。要综合运用各类政策，完善低碳创新等知识产权保护法律体系，创营造有利于低碳创新的市场环境和鼓励低碳创新的文化环境。

（五）强化生态环境技术创新，构建低碳创新型生态环境

低碳创新观的价值导向是以构建和谐宜居的生态环境为基本宗旨，要

重视以创新为基本理念，促进国家经济、社会、政治、文化、生态五位一体的建设，更要重视以生态环境领域的技术创新促进生态修复和环境治理。以先进的更加低碳节能技术，减少对自然环境的破坏和侵袭，提高生态环境系统的修复能力。一方面，要提高生态修复和环境治理领域技术创新水平，加强对受到破坏的自然生态系统进行恢复与重建，推进重大生态修复工程实施，加强对受损农地的再利用、废弃矿井资源的再开发、未利用废弃地的生态修复、地质灾害的防治和生态景观的建设，扩大森林、湖泊、湿地面积，提高沙区、草原植被覆盖率。另一方面，要通过低碳创新，提高能源技术效率，减少传统能源消耗强度，加大对太阳能、风能、地热能等新型低碳能源的技术创新，转变能源消费结构，构建低碳创新型的能源消费空间和环境治理空间，减少碳排放和环境污染，进而大力推进生态文明建设，助推美丽"中国梦"的实现。

附录三　生态文明视域下中国城市低碳转型研究

党的十九大报告明确指出，建设生态文明是中华民族永续发展的千年大计。中国区域经济社会发展长期遭遇资源能源的"瓶颈性"制约，随着全球资源能源危机不断加剧、资源约束不断趋紧、碳排放强度不断加大、环境污染程度越发严重、生态系统退化严峻、党和国家提出的生态文明建设意义重大、目标明确，体现党和国家领导人对尊重自然、维护自然生态平衡、实现生态发展和低碳发展的前瞻性、全局性、长远性的战略思维。如何推进生态文明建设，关键要树立低碳经济理念、选择低碳经济发展模式。目前中国作为世界碳排放大国，面对世界碳减排的国际压力和社会责任，选择和构建低碳经济发展模式是必然选择，加强低碳转型是城市发展方式转变和生态文明建设的必然选择。城市作为承接中国主要人口和产业发展的载体，长期面临资源约束趋紧、环境污染严重、生态系统退化的严峻形势，加快城市低碳转型已经迫不及待。

一、生态文明建设与城市低碳转型的提出

（一）生态文明建设与低碳经济的内涵与关系梳理

低碳经济（Low - carbon economy）的提出背景是基于应对全球气候变化的需要。发展低碳经济是中国面对气候变化和节能减排压力的现实选择[1]。低碳经济是以低能耗、低污染、低排放为基础的经济模式，它不仅

---

[1]　周玉梅. 中国发展低碳经济的战略意义与实现路径 ［J］. 前沿，2011（22）：87 - 89.

是应对全球气候危机的有效措施，而且已经成为世界经济的发展趋势①。如表 1 所示，根据世界银行 WDI 数据库所提供的相关数据，对中国与主要国家的二氧化碳排放量进行比较可以发现，中国在 1990—2007 年二氧化碳排放年均增长率排在世界前列，高于世界平均水平的 4 个百分点。如图 1 所示，中国二氧化碳排放总量由 2000 年的 3402.3 百万吨增加到 2007 年的 6533 百万吨，增长最快，并超过美国为第一大排放国。从图 2 可以看出，中国人均二氧化碳排放量由 2000 年的 2.7 吨增加到 5.0 吨，尽管人均量还不属于最高国家，但增长趋势最快。

表 1　中国与主要国家的二氧化碳排放量比较

国家和地区	二氧化碳排放年均增长（%）	二氧化碳排放总量（百万吨）		人均二氧化碳排放量（吨）	
	1990—2007 年	2000 年	2007 年	2000 年	2007 年
世　　界	1.8	24688.0	30649.4	4.1	4.6
中　　国	5.9	3402.3	6533.0	2.7	5.0
印　　度	5.1	1185.7	1611.0	1.2	1.4
日　　本	0.5	1228.8	1253.5	9.7	9.8
韩　　国	4.4	441.7	502.9	9.4	10.4
新 加 坡	0.8	52.3	54.2	13.0	11.8
加 拿 大	1.3	537.0	556.9	17.5	16.9
墨 西 哥	1.6	389.8	471.1	4.0	4.5
美　　国	1.1	5737.2	5832.2	20.3	19.3
法　　国	−0.4	365.3	371.5	6.2	6.0
德　　国	−1.3	831.4	787.3	10.1	9.6
英　　国	−0.3	544.0	539.2	9.2	8.8

资料来源：世界银行 WDI 数据库。http：//www.stats.gov.cn/tjsj/qtsj/gjsj/2011/t20120711_ 402817243.htm.

---

① 武雁萍. 低碳经济的法律路径研究［J］. 河北科技大学学报，2010（3）：58－61.

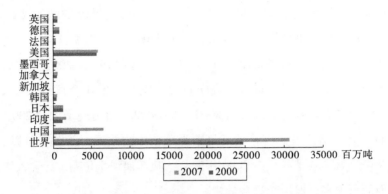

图 1　中国与主要国家的二氧化碳排放量总量比较

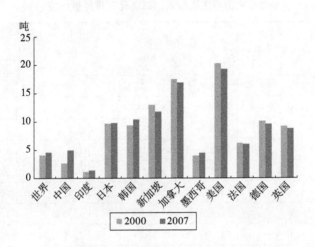

图 2　中国与主要国家人均二氧化碳排放量比较

联合国发布极具影响力的《联合国气候变化框架公约》（1992 年）和《京都协议书》（1997 年）两个纲领性文件，并积极组织各国制订可行的低碳创新行动计划。包括美国、日本、欧盟 15 国在内的主要发达国家承诺到 2050 年将全球二氧化碳排放减少 50%，如美国、欧盟 15 国、日本承诺到 2050 年将全球二氧化碳排放分别减少到 8155 百万吨、5123 百万吨、1219 百万吨，如表 2 所示。中国和印度作为发展中国家也承诺到 2050 年将全球二氧化碳排放减少到 10716 百万吨、2205 百万吨。中国碳排放量递增并为全球第一大排放国，面临低碳减排和低碳经济发展模式选择的压力。低碳经济兼顾了"低碳"和"经济"的本质内涵，低碳意味着经济发展必须最大限度地减少或停止对碳基燃料的依赖，实现能源利用转型和经济转型①。所谓低碳经济发展模式是以节约能源资源、减少碳排放、保护生态环境为目标的低碳产业结构、低碳增长方式、低碳消费模式的总和。低碳经济着力推进低碳绿色产业和低碳化经济结构的文明形态，核心问题是实现人与自然、经济与生态环境的持续发展。可见低碳经济是推进生态文明建设的重要抓手和模式选择。

表2　1990—2030年部分国家和地区二氧化碳排放趋势

单位：百万吨二氧化碳

国家/地区	历史		预测	
	1990	2003	2015	2030
美国	4978	5796	6718	8115
欧盟15国	4089	4264	4623	5123
日本	1011	1206	1228	1219
中国	2241	3541	7000	10716
印度	578	1023	1592	2205
世界	21223	25028	33663	43676

资料来源：IEA（2006）．

（二）城市低碳转型的提出：应对资源能源"瓶颈性"制约

如表3所示，世界主要城市空气污染状况考察，中国的上海、北京、天津2008年总悬浮颗粒物分别为65微克/立方米、80微克/立方米、112微克/立方米，均高于印度孟买、日本东京、加拿大多伦多、美国纽约、法国巴黎等城市，2001年的二氧化硫比较中，北京达到90微克/立方米，位于所列世界主要城市中的第一位，2001年二氧化氮比较中，北京达到122微克/立方米，同样位于所列主要城市中的第一位，而上海和天津两个城市数据也基本排在世界主要城市的前列。可见中国城市空气

---

① 王家庭．基于低碳经济视角的我国城市发展模式研究［J］．江西社会科学，2010（3）：85－89.

污染状况比较差，加快城市低碳转型非常紧迫。城市低碳转型即城市经济社会发展模式的选择、城市产业结构的调整、城市运营管理机制的构建、城市生活消费模式的转变均以实现低碳、绿色、节能、生态为基本目标和重要方向，减少对传统高碳能源的消耗，实现传统高碳排放、高强度资源能源消耗型城市向资源节约型与环境友好型城市转变。城市低碳转型是人们应对能源安全危机和全球气候变化的根本手段。由于许多城市对不可再生资源大规模、高强度、大面积的常年开采，使资源耗损严重、生态环境遭到破坏，城市可持续发展受到严峻挑战，迫使城市加快转型[①]。城市低碳转型是开拓新型城市发展理论和规划理论的有利契机，也是寻找新的经济增长点、实现低碳发展的必经之路[②]。中国城市低碳转型是实现城市或区域节能减排和经济发展方式转变的重要载体，是把经济发展与环境保护有机结合，开创低碳、生态、宜居的新型城市发展模式的重要突破口。

表 3　世界主要城市空气污染状况

国家和地区	城市	城市人口（万人）	总悬浮颗粒物（微克/立方米）	二氧化硫（微克/立方米）	二氧化氮（微克/立方米）
		2009 年	2008 年	2001 年	2001 年
中 国	上 海	1634	65	53	73
	北 京	1221	80	90	122
	天 津	776	112	82	50
印 度	孟 买	1970	51	33	39
日 本	东 京	3651	35	18	68
韩 国	汉 城	978	33	44	60
新加坡	新加坡	474	31	20	30
加拿大	多伦多	538	17	17	43

---

① 吴宗杰，李亮，王景新. 我国资源型城市低碳转型途径探讨［J］. 山东理工大学学报，2010（6）：5 - 8.

② 顾丽娟. 低碳城市：中国城市化发展的新思路［J］. 未来与发展，2010（3）：2 - 5.

续表

国家和地区	城市	城市人口（万人）	总悬浮颗粒物（微克/立方米）	二氧化硫（微克/立方米）	二氧化氮（微克/立方米）
		2009 年	2008 年	2001 年	2001 年
美　国	纽　约	1930	18	26	79
	洛杉矶	1268	29	9	74
	芝加哥	913	21	14	57
巴　西	圣保罗	1996	30	43	83
法　国	巴　黎	1040	10	14	57
英　国	伦　敦	861	17	25	77

资料来源：世界银行《世界发展指标》2011 年。http：//www.stats.gov.cn/tjsj/qtsj/gjsj/2011/t20120711_ 402817256.htm.

（三）中国城市低碳转型的战略意义

（1）中国城市低碳转型是城市经济持续发展的内在需要。中国许多城市特别是资源禀赋型城市面临资源耗竭、能源短缺、环境污染等问题。由于城市生态系统脆弱、粗放型发展模式、节能减排投入不足、低碳技术落后，城市发展存在资源匮乏、增长乏力、环境恶化等难题与困境。加强城市低碳转型，目的是以低碳为目标和方向，寻求城市经济社会的可持续发展、绿色发展和低碳发展，以低能源消耗、低环境污染、低碳排放实现城市转型发展。（2）中国城市低碳转型是实现城市发展方式转变的必然要求。中国城市以粗放型经济增长模式为主导，对能源、资源、环境等高投入、高消耗、高排放为代价，这种发展模式不可持续。城市低碳转型强调低碳科技进步、劳动者素质提升、管理创新实现资源集约、环境优化型经济发展模式构建，低碳经济发展和低碳城市建设，实现发展方式转变，提高城市生态文明水平和可持续发展能力。（3）城市低碳转型是建设资源节约型和环境友好型社会的战略选择。我国作为多煤、少油、少气的发展中国家，尽管总储藏量还不少，但人均拥有量、人均消耗量均低于世界平均水平，依照当前的资源能源消耗水平和碳排放强度，面临资源能源制约性"瓶颈"和环境污染危机等严重问题，加快城市低碳绿色转型已经迫在眉睫。实现城市低碳转型对于应对城市资源能源制约性"瓶颈"、城市生态环境恶化、区域生态系统脆弱、全球气候变化和国际碳减排压力等具有重要的战略意义。（4）中国城市低碳转型是提升产业技术含量、国际绿色竞争力和绿色低碳形象的重要途径。由于中国城市发展以代加工为重要特征的出口导向结构，产品技术含量低，环保水平低，在外贸领域中面临绿色壁垒和环境压力。加强城市低碳转型、强调低碳技术创新、提高低碳技术产品水平和国际绿色竞争力、构建企业绿色低碳的国际形象和低碳城市形象、提升低碳城市竞争力和低碳品牌影响力。（5）城市低碳转型是构建低碳、绿色、宜居城市的重要保障。城市低碳转型包括经济、社会、文化、环境等多个领域的低碳转型，以净化、美化、绿色城市环境为重要方向，构建低碳、绿色、宜居、和谐的城市社会，改善城市生态环境，全面提高市民生活水平和生活质量，真正解决人与自然的矛盾和摆脱生态危机，加快城市生态文明建设。

二、生态文明视域下中国城市低碳转型的系统建构

基于生态文明建设的战略背景，城市化进程加速推进，能源需求和碳排放快速增长，迫切需要加快中国城市低碳转型。通过低碳技术创新、低碳制度创新、低碳产业转型、低碳新能源开发、低碳社会构建等，提高能源利用效率、降低传统高碳能源消耗强度、减少温室气体排放，实现城市经济社会可持续发展。因此，如图 3 所示，中国城市低碳转型主要包括以下几个方面的系统建构。

（一）城市低碳技术创新是推进生态文明建设的核心动力

传统的技术创新加快提升生产力和城市经济增长速度，但加剧了资源能源消耗、环境污染和生态系统破坏，损害了城市持续发展的能力。加快城市低碳转型和低碳经济发展，关键是避免传统技术发展的负面效应，大力发展和创新低碳技术。低碳技术创新符合可持续发展要求，体现生态文明建设的基本要求和价值取向，是加快城市生态文明建设的核心动力。低碳技术创新是低碳技术发明成果的产业化和商品化应用，是有助于环境改

善、生态修复、能源集约、社会和谐的技术支撑，是建设城市生态文明的技术创新。低碳技术创新以技术发展提升产品竞争力和市场份额，同时把生态效益与社会效益纳入技术创新目标体系，重视通过改善城市自然环境和市民生活质量，实现经济效益、生态效益、社会效益的高度统一和共赢，追求城市生态环境承载能力基础上的经济增长，确保城市经济社会的可持续发展和生态文明建设。

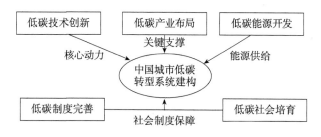

图3　中国城市低碳转型的系统模型

（二）城市低碳产业布局是加强生态文明建设的关键支撑

城市低碳产业布局与低碳产业结构调整是城市经济发展的载体，是加强城市生态文明建设的关键支撑。低碳产业布局强调产业和项目入驻的低碳生态指标的考核与评价，重视低碳绿色产业引进、重视低碳可再生能源体系建设、重视发展低碳的高新技术产业发展。具体而言，中国城市低碳产业布局主要包括：如图4所示，严格控制高污染、高能耗产业，对高投入、高消耗、高污染的产业和企业进行"关、停、并、转"，加强对传统高碳产业和企业的低碳化改造；大力发展低碳绿色的战略性新兴产业和再生能源产业，减少产业的碳排放强度；大力发展知识密集型、技术密集型、低碳绿色型的生产性服务业和现代文化创意产业，构筑城市低碳产业体系，促进城市转型与生态文明建设。

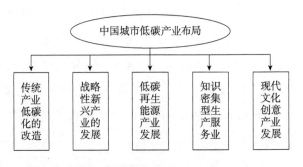

图4　中国城市低碳产业布局

（三）城市低碳能源开发是加快生态文明建设的能源供给

低碳能源包括对传统能源利用技术的提升与改造、降低高碳能源消耗强度、提高能源利用效率，也包括对可再生能源的替代和开发使用，重视对太阳能、风能、地热能、潮汐能、生物质能等低碳新能源的消费，不断优化能源结构，构建城市的低碳绿色能源结构。研发新产品新技术，减少以及降低能源的利用，根据现代经济发展的要求，构建低碳化的新能源体系①。中国城市普遍面临资源能源耗竭问题，传统资源型城市加快转型必然要求实现经济增长与能源消费的脱钩、必然要求实现以新的低碳能源开发为突破口，加强对传统能源技术改造、提高能源利用效率，加强煤层开发、洁净煤技术等创新，降低能源消耗碳排放强度，成为降低能源消耗以及污染的重要的选择。不断加强对风能、太阳能、地热能、生物质能等可再生能源的开发、利用和优化，实现新能源产业化，提高低碳新能源对传统能源的替代比例，减少对石油、煤炭等高碳、不可再生能源的依赖，有效应对全球石油危机等能源问题，构建低碳、绿色、安全的新型城市能源结构体系。

（四）城市低碳制度完善是加快生态文明建设的根本保障

低碳制度主要是创造和构建有助于节能减排和城市低碳转型的制度设计和制度安排，形成新的利益分配格局与激励机制，实现城市经济社会的

---

① 庞超．如何从高碳经济向低碳经济转变探讨［J］．现代经济信息，2012（15）：4－7.

持续发展与状态的改善和转型。完善城市低碳制度，涉及原有组织结构、运行模式、规范体系的改变，其深层次是改变原有的利益格局和资源配置模式，减少和消除促进城市低碳转型的各种制度障碍和制度缺陷，出台一系列保障城市低碳转型与发展的相关法律法规、政策制度、行为规范等。我国为加强节能减排和低碳经济发展，制定了一些法律政策和规划，如《能源中长期发展规划纲要》《可再生能源法》《中国应对气候变化国家方案》《清洁生产促进法》《可再生能源法》《循环经济促进法》等。这些法律法规以及相关政策制度的出台对城市加快低碳转型、低碳产业结构调整、经济发展方式转变发挥重要制度保障作用，同时加大对资源型产业和企业的调整与限制，加大对低碳产业和低碳企业的政策扶持和财税支持等，一定程度上促进了城市低碳转型。

（五）城市低碳社会培育是加快生态文明建设的坚实堡垒

对经济领域的低碳转型，必然要求构建低碳的社会生活方式和消费模式，引导城市公众选择低碳、绿色、生态型产品和服务，选择有助于资源节约、环境友好的低碳产品和低碳生活消费理念，转变和戒除浪费能源、污染环境的不良嗜好和消费模式，引导低碳生活方式。培育城市低碳社会，要树立低碳消费和环保绿色理念，出台引导和鼓励社会低碳生活方式的政策制度，如2008年的"限塑令"有效减少塑料袋的使用，遏制了"白色污染"，提高市民绿色低碳消费意识。培育鼓励低碳消费的社会组织和社会服务机构，开展系列的低碳科普、低碳生活的宣传教育活动，利用新闻媒体、报纸网络等进行城市低碳生活、低碳社会、低碳消费的知识讲座、科技宣传、低碳形象塑造等活动。

三、基于生态文明建设的中国城市低碳转型策略选择

党的十八大报告明确提出，坚持节约资源和保护环境的基本国策，坚持节约优先、保护优先、自然恢复为主的方针，着力推进绿色发展、循环发展、低碳发展。加快中国城市低碳转型，促进生态文明建设，应该从发展理念、空间格局、产业结构、生产方式、生活方式等方面采取有效策

略，从源头上扭转城市生态环境恶化趋势，为市民创造良好城市低碳绿色环境，为城市生态安全服务。具体而言，主要包括以下几个方面的策略。

（一）树立低碳发展和生态文明理念，提高城市低碳转型的认识

在认识层面树立低碳发展和生态文明理念，提高对城市低碳转型、低碳发展和生态文明建设的认识水平，从心理、价值、意识等层面深刻认识到低碳转型的紧迫性、必要性和战略性意义，特别是要提高党政领导的认识。党的十八大报告明确指出，必须树立尊重自然、顺应自然、保护自然的生态文明理念，把生态文明建设放在突出地位。城市低碳转型要加强低碳与生态文明建设的宣传、教育，将生态文明建设融入城市经济建设、政治建设、文化建设、社会建设各方面和全过程。要加强向全社会、城市社会组织、城市市民的宣传教育，不断提高低碳转型的认识水平和政治觉悟，提高城市低碳转型的内在动力和价值认同感，加强对企业员工和社区居民的低碳教育，提高生态环保意识。

（二）加强城市低碳产业规划，优化国土低碳开发格局

城市低碳转型依托低碳产业规划和国土低碳开发为重要载体和基本保障。从宏观的视野进行低碳发展的战略决策和规划，涉及中央政府、地方政府及职能部门对低碳发展的重视，在产业规划、政策选择、制度安排等多个方面注重低碳、注重节能、注重减排[①]。国土是生态文明建设的空间载体，要按照人口资源环境相均衡、经济社会生态效益相统一的原则，控制开发强度、调整空间结构，促进生产空间集约高效、生活空间宜居适度、生态空间山清水秀，给自然留下更多修复空间。城市低碳转型要在产业布局和产业空间调整方面，加大对低碳产业的吸引和对传统高碳产业限制与改造，大力发展有利于减少国土开发面积、提高国土使用效益和资源能源集约化利用的产业，加强产业和主体功能区的战略定位和低碳布局，构建更加低碳、绿色、生态的城市化格局、农业发展格局、生态安全格局。加强城市低碳产业规划，需要建立以低碳农业、低碳工业和低碳服务

---

① 陆小成．区域低碳创新系统：综合评价与政策研究［M］．中国书籍出版社，2012.42－44.

业为核心的新型生态产业结构体系；加强城市各个区域以及城市周边区域的产业协同规划和布局，避免同质竞争和重复建设，提高国土利用的生态效益和整体优势，转变高投入、高消耗、高污染的粗放型产业结构体系和经济增长模式，实现城市经济结构的低碳化、生态化、绿色化。

（三）加强低碳技术创新，发展低碳可再生能源，全面促进资源节约

发展低碳经济，关键在于低碳技术创新①。加强科技进步和科技创新是减缓温室气体排放，提高气候变化适应能力的有效途径，也是促进城市发展方式转变和生态文明建设的重要途径。城市低碳转型应充分发挥科技进步在节能减排中的先导性和基础性作用，通过科技力量降低经济发展对生态系统碳循环的影响，实现低碳发展的碳中性技术，主要包括节能减排技术、清洁能源技术、碳收集与利用技术等②。依靠低碳技术创新，大力发展和开发太阳能、风能、水能、地热能和生物质能等可再生能源，优化提升城市能源消费结构，形成低碳可再生能源占主导的新型城市能源结构，全面促进资源节约、能源低碳、环境友好，促进生态文明建设。

（四）建构低碳转型的制度体系，加强生态文明制度建设

城市低碳转型和生态环境保护必须制度体系建构与完善为根本保证。从制度层面将资源消耗、环境损害、生态效益纳入城市转型与发展评价体系，加强生态文明制度建设，建立城市低碳转型的目标体系、考核办法、奖惩机制。政府要加大对企业低碳技术创新、低碳产业生产的政策支持，通过排污收费、排污权交易、排污许可证制度等经济手段推动企业绿色技术创新③。加快建立碳排放权、排污权、水权交易的制度和政策体系，建立碳交易市场，推行清洁生产机制，依托低碳制度创新引导企业发展方向，加快低碳产品生产，加强财税和碳金融对低碳技术的政策支持力度，提高城市低碳转型和低碳发展的制度保障。此外，还要加强城市环境监管

①　何建坤．发展低碳经济，关键在于低碳技术创新［J］．绿叶，2009（1）：13 – 14.
②　刘莎，王培红．发展低碳经济呼唤科技创新［J］．能源研究与利用，2010（2）：1 – 3.
③　秦书生．基于生态文明建设的企业绿色技术创新［J］．理论导刊，2010（10）：73 – 75.

力度，健全生态环境保护责任追究制度和环境损害赔偿制度，提高环境监察执法队伍的素质和执法水平，强化监督管理，促进城市实现低碳转型与生态文明建设。

（五）鼓励植树造林，增加碳汇，培育市民低碳消费的行为模式，提升自然生态系统和环境保护能力和效果

城市低碳转型需要加快城市绿化美化建设，鼓励市民植树造林，加强城市空间特别是城市建筑的园林绿化建设，增加碳汇，减少温室效应，培育市民低碳消费的生活方式和行为模式，构建城市美好家园。植树造林是绿化环境的重要措施，城市园林和绿地不仅是大自然的"碳库"、天然的"氧吧"、城市的"绿肺"，加强城市低碳转型，鼓励植树造林对保护环境、降低大气污染以及减少大气中温室气体的浓度，建设绿色低碳城市具有重要的作用和价值。培育市民低碳消费的行为模式，要在消费过程中实现低能耗、低污染和低排放，转变高碳排放、铺张浪费、崇洋炫富等不健康的消费陋习，倡导生态文明、低碳科学、绿色健康的消费方式，促进城市低碳转型和生态文明建设。

附录四 生态文明视域下首都城市绿色基础设施建设

党的十八届五中全会强调，坚定走生产发展、生活富裕、生态良好的文明发展道路，构建科学合理的城市化格局，筑牢生态安全屏障，实施山水林田湖生态保护和修复工程，开展大规模国土绿化行动，完善天然林保护制度等。随着经济跨越式发展，城市人口增长加速、建筑物密集、能源消耗和环境污染总量不断攀升，导致城市人口、资源、能源、环境协调发展问题不断加剧，北京已经投入大量人力物力进行绿色基础设施建设。构建绿色北京、打造宜居生态的新首都，促进北京人口、资源与环境协调发展的格局与目标还没有完全实现，还不能满足城市人口、资源、环境的协调发展要求。构建以首都为核心的世界级城市群，大力推进生态文明建设，需要重视和加强首都城市绿色基础设施建设。

一、生态文明建设：城市绿色基础设施的提出

（一）城市绿色基础设施的提出背景

绿色基础设施是面向城市绿色发展、低碳节能、生态宜居的设施建设，在城市基础设施布局、规划与建设上，更加强调城市经济环境与自然区域的生态关联性和内部连接性，形成具有自然生态体系功能和价值的开放空间网络，为人类和野生动物提供自然场所，形成保证环境、社会与经济可持续发展的生态框架①。绿色基础设施建设形成和构建了具有

---

① Benedict M. , McMahon E. . Green Infrastructure：linking communities and landscapes［M］. Washington：Island Press, 2006：1 - 3.

生态平衡关系的城市绿色空间网络，高层建筑丛林中具有更加开放的自然绿色空间，包括各种绿色建筑、绿道、空中花园、城市园林、景观、乡土植被等，有效促进城市经济与自然的和谐发展。因此，城市绿色基础设施建设是生态文明建设的重要组成部分，也是促进生态文明建设的关键要素。

（二）城市绿色基础设施建设的基本要素

城市绿色基础设施面向生态文明建设、促进城市人口资源与环境协调发展的战略要求，并非新的概念，是基于城市更加生态绿色、环保低碳的战略要求，与城市绿地、绿化带、绿道、生态网络等概念相互关联，一脉相承。绿色基础设施主要包括绿带、绿道、园林、生态网络等城市绿地建设理论的延伸。一是绿带。霍华德在其"田园城市"理论中提出农田地和游憩绿地环抱城市形成绿带，控制城市的无序蔓延和过度增长，实现城市人口、资源与环境的协调发展。二是城市园林。城市园林主要是通过增加城市公共绿地和园林面积，为市民提供休闲、健身、娱乐的活动场所，优化城市自然环境。三是绿道。艾里克森（Erickson）将绿道定义为沿着自然或者人工要素，如河流、山脊线、铁路、运河或者道路的线性开放空间。四是生态网络。生态网络是城市各个要素组成多种同一类型生态系统的集合，关注网络的整体性和生态过程。

（三）城市绿色基础设施建设的生态文明意义

加强绿色基础设施建设具有重要的战略意义，有利于促进北京人口、资源与环境协调发展和生态文明建设。一是有效改善城市空气环境，减少雾霾天气的发生或降低雾霾浓度。二是绿色基础设施建设强化人口、资源、环境的协调发展，绿地或绿道增加，能有效建设建筑面积和密度，减少核心城区人口过于膨胀、产业过于集聚、交通过于拥堵等的客观需求，减少了产业密度、建筑密度、人口密度，从而有效缓解城市环境污染、交通拥堵等诸多"城市病"问题。三是大力推进生态文明建设，促进城市绿色发展、循环发展、低碳发展的基础和重要保障。绿色基础设施为城市经济社会可持续发展、指导城市科学建设、加强环境保护提供了有益的理论指导，是构建更加生态宜居、低碳绿色城市和推进生态文明建设的重要保障①。四是由于人口增长、城市扩张、农村和自然区域萎缩，人类聚居区蔓延，单靠少量的国家公园、自然保护区等局部保护难以发挥对大自然的净化作用。从大区域、大城市群、城市与自然和谐发展的宏观战略看，绿色基础设施成为协调整个国家或区域人口、资源与环境具有持续发展作用，促进自然环境修复和生态平衡，减少生态脆弱性，促进人口、资源与环境的协调发展，推进城市生态文明建设。

二、城市绿色基础设施建设的现状与问题：以北京为例

构建绿色北京、打造宜居生态的新首都，促进北京人口、资源与环境协调发展的格局与目标还没有完全实现，还不能满足城市人口、资源、环境协调发展要求。北京城市绿色基础设施建设的现状及其主要问题表现在以下几个方面：

（一）出台系列绿色基础设施建设政策措施，但绿地系统规划的单一性，导致绿色基础设施建设内容的单调和系统性功能的缺失

北京市根据园林绿化建设、城市精细化管理的实际需要，先后出台了《代征城市绿化用地移交建设管理办法》《公共绿地建设管理办法》等一系列政策措施与管理办法，制定了地方标准《北京市级湿地公园建设规范》《北京市级湿地公园评估标准》等多项标准规范。这些规章措施有效地促进城市绿色基础设施建设，但还不能更加有力保障北京环境质量的改善与提升。在城市绿色环保设施建设方面缺乏对开发商、基层政府部门更有约束力的绿色基础设施建设的硬措施。目前关于绿色基础设施规划主要侧重于城市这个单一尺度，缺乏更加科学合理的、多尺度的绿色基础设施规划体系。单一尺度和单一政策措施难以从整体层面确保城市可持续发展。例如，重经济建设忽视环境建设，导致污染严重，城市环保问题长期得不到

---

① 杨静，潘国锋. 建设城市绿色基础设施，打造"绿色宜居城市" [C]. 城市发展与规划大会论文集，2011：296 – 298.

解决, 追求短期利益导致城市环境恶化和 GDP 损失。

（二）城市人口密度过大, 增加绿地面积及基础设施建设任务艰巨

如表 1 所示, 北京 2014 年常住人口达到 2151.6 万人, 常住人口密度达到 1311 人/平方公里, 从首都功能核心区、城市功能拓展区、城市发展新区以及生态涵养发展区比较来看, 人口密度最大为功能核心区, 达到 23953 人/平方公里, 而生态涵养区人口密度为 218 人/平方公里, 人口密度最大为西城区, 高达 25767 人/平方公里, 东城区其次, 达到 21763 人/平方公里。北京城市核心区人口密度过大, 产业过度集中, 导致环境承载力下降, 交通拥堵现象过于严重, 而高密度建筑群、居民区、商业区的绿色基础设施严重不足, 制约了城市环境的改善, 机动车尾气、生活废气排放等不能得到有效的净化。基于不断上涨和高企的房价与地价, 当地政府偏向于房地产开发和商业开发, 很难有动力增加绿地建设投入, 导致部分绿色基础设施面积减少或不足, 难以促进城市自然环境修复。

表1　北京常住人口密度（按区县分）（2014 年）

地　　区	土地面积（平方公里）	常住人口（万人）	常住人口密度 （人/平方公里）
全　　市	16410.54	2151.6	1311
首都功能核心区	92.39	221.3	23953
东 城 区	41.86	91.1	21763
西 城 区	50.53	130.2	25767
城市功能拓展区	1275.93	1055.0	8268
朝 阳 区	455.08	392.2	8618
丰 台 区	305.80	230.0	7521
石景山区	84.32	65.0	7709
海 淀 区	430.73	367.8	8539
城市发展新区	6295.57	684.9	1088
房 山 区	1989.54	103.6	521
通 州 区	906.28	135.6	1496

地　区	土地面积（平方公里）	常住人口（万人）	常住人口密度 （人／平方公里）
顺义区	1019.89	100.4	984
昌平区	1343.54	190.8	1420
大兴区	1036.32	154.5	1491
生态涵养发展区	8746.65	190.4	218
门头沟区	1450.70	30.6	211
怀柔区	2122.62	38.1	179
平谷区	950.13	42.3	445
密云县	2229.45	47.8	214
延庆县	1993.75	31.6	158

资料来源：北京统计信息网，http：//www.bjstats.gov.cn/sjfb/bssj/tjnj/，2015－11－15.

（三）城市绿化不够完善，利益博弈导致绿色基础设施建设动力不足

北京许多区域存在树种配置单一、老化，绿化面积、数量、质量以及植物配置水平不高，城市规划和旧城改造忽视绿色基础设施建设，制约了城市人口、资源与环境的协调发展。绿色基础设施不足、绿化不够完善，降低了城市环境承载力，绿地上直接导致开发商和政府增加了建筑物密度和产业密度与人口空间，进而导致城市人口承载力、资源承载力"超载"现象。如表2所示，北京园林绿地面积和森林面积逐年增加，年末园林绿地面积从2006年的45495公顷增加到2014年的80223公顷。但森林覆盖率缓慢提升，从2006年的35.9%增加到2014年的41.0%。市场条件下绿色基础设施建设变成政府、企业和社会组织的利益博弈产物，外部性存在导致绿色基础设施建设动力不足。行政藩篱、城市权利不平衡和地方保护主义等原因造成绿色基础设施发展缓慢[①]。旧城区本身绿化面积不够，绿色基础设施建设薄弱，在旧城改造和拆迁过程中被开发商减少绿地面积，绿色基础设施建设重视不够，导致绿地生态功能缺失。

---

① 贺炜，刘滨谊. 有关绿色基础设施几个问题的重思［J］. 中国园林，2011（1）：88－92.

表2 北京园林绿地面积与森林覆盖率（2006－2014）

年 份	年末园林 绿地面积（公顷）	森林面积 （公顷）	森林覆盖率 （%）	活立木蓄积量 （万立方米）	森林蓄积量 （万立方米）
2006	45495	626006.3	35.9	1521.4	1295.3
2009	61695	658914.1	36.7	1810.3	1406.2
2010	62672	666050.7	37	1854.7	1435.4
2011	63541	673411.8	37.6	1899.4	1468.7
2012	65540	691341.1	38.6	1943.3	1499
2013	67048	716456.1	40.1	1993.4	1536.8
2014	80223	734530.6	41.0	2109.1	1669.9

资料来源：北京统计信息网，http：//www.bjstats.gov.cn/sjfb/bssj/tjnj/，2015－11－15.

（四）城市绿色基础设施配套建设乏力，污水处理与环境卫生存在较多问题

绿色基础设施包括污水处理、环境卫生、能源消耗等配套设施建设。城乡结合部和农村环境问题日益突出，这些地区绿色环保基础设施建设落后，环境污染突出。从表3污水处理及环境卫生基础设施建设以及运营来看，污水管道长度从2005年的2521公里增加到2014年的6536公里，污水处理率2014年达到86.1%，生活垃圾无害化处理能力从2005年的10350吨/日增加到2014年的21971吨/日，表明北京污水处理设施建设和能力得到提升。但北京作为缺水城市，对污水处理的再生水利用率不高，河流污染和水资源浪费现象严重，节水方面的配套设施建设还不足。部分城乡结合部、农村及北京周边区县对绿色环保基础设施的投入不足、建设不够、管理滞后，集中燃气供热率较低，部分工业区小型自备锅炉，散烧煤现象还存在。绿色基础设施建设还不能真正体现绿色、环保，对减缓北京环境污染程度、改善环境质量的作用还没有充分体现，北京遭遇环境污染的"瓶颈性"制约还长时期存在。

表3　北京污水处理及环境卫生（2005－2014年）

年　份	污水管道长度（公里）	污水处理能力（万立方米/日）	污水处理率（%）	生活垃圾无害化处理能力（吨/日）	生活垃圾产生量（万吨）	生活垃圾清运量（万吨）	生活垃圾无害化处理率（%）
2005	2521	324	62.4	10350	536.93	454.59	96.0
2010	4479	365	81.0	16680	634.86	632.98	96.9
2011	4765	369	81.7	16930	634.35	634.35	98.2
2012	5735	389	83.0	17530	648.31	648.31	99.1
2013	6363	393	84.6	21971	671.69	671.69	99.3
2014	6536	425	86.1	21971	733.84	733.84	99.6

资料来源：北京统计信息网，http：//www.bjstats.gov.cn/sjfb/bssj/tjnj/，2015－11－15.

（五）城市区域差异较大，公众参与不足，没有建立有效的区域协调机制

北京市重视对近郊区的隔离带绿地建设，在城市中心地区和城乡结合部划定了绿化隔离地区，初步形成点、线、面、带、网、片相结合的绿化系统。北京已建成两道环绕市区的绿化隔离带，这些隔离带林木绿地面积总量达443.7平方公里，初步形成了以河路为主体的绿色走廊和生态景观带①。生态涵养区的绿色基础设施建设和保护比较完善，但对核心城区及周边城市功能拓展区的绿色基础设施建设力度不大，从绿地面积、森林覆盖率、人均绿地面积等指标看均低于远郊区县的标准，这些区域恰恰是污染最严重，人口、资源与环境协调发展压力大，城市综合承载力不足。各区域绿色基础设施建设差异比较大，表现为没有建立有效的区域协调机制，忽视对绿地功能与合理绿地结构的保障、缺乏多制度的衔接机制、公众参与机制不够完善②。参与绿色基础设施规划编制主体单一，缺乏市民和多方面利益主体的公共参与，导致规划不系统、规划执行不力、建设不

---

① 北京：2012绿化隔离带串起首都绿色生态环［J］. http：//www.chla.com.cn/htm/2012/1224/153354.html.

② 徐本鑫. 论我国城市绿地系统规划制度的完善——基于绿色基础设施理论的思考［J］. 北京交通大学学报（社会科学版），2013（2）：15－20.

协调、发展不统筹，绿色基础设施建设的系统性、生态廊道性等特征受行政壁垒的影响而导致中断或局部化。

三、基于生态文明的城市绿色基础设施建设对策

（一）加强城市主动性规划，为促进人口、资源与环境协调发展服务

绿色基础设施需要的是体系性的规划、前瞻性的建设维护以及主动性的保护和利用①。绿色基础设施作为低碳、生态、和谐的规划设计理念，应该加强战略层面的主动性规划，城市产业、交通、城区等规划应该与绿色基础设施相配套，应该强调增加绿地和提高绿化覆盖率来拓展绿化城市空间，提高城市环境承载力。促进城市人口、资源与环境协调发展应该强调绿色基础设施布局对城市自然环境的修复功能，寻求经济建设与环境保护的平衡点，构建城市建筑、人口、产业扩张与自然环境相互联系的绿色空间网络、通过更多的绿道、湿地、森林、乡土植被等构建更加绿色宜居的城市空间、通过主动性规划，绿色基础设施规划应该先于其他专项规划，提升城市绿色基础设施的空间，为促进人口、资源与环境协调发展服务。

（二）建立多尺度的城市绿地系统规划体系，强制性提高城市绿化覆盖率

建立多尺度、多元参与的绿地系统规划体系。根据区域尺度、城市尺度、分区尺度、功能尺度等不同设定绿色基础设施规划目标和战略重点。加强各类规划的统筹协调，突出城市绿化和绿色基础设施建设规划在其他规划中的引领作用和统筹作用。改变传统的高碳排放、粗放发展的城市"摊大饼"模式，应该优先考虑多尺度的绿地系统规划，与主体性规划相协调，重视绿地基础设施不同尺度的规划，将绿地基础设施建设与其他规划高度统一起来，并强制性地规定城市建筑的容积率限制及绿化覆盖率目

---

① 李开然.绿色基础设施：概念，理论及实践［J］.中国园林，2009（10）：88－90.

标的实现，重视绿色建筑、空中花园、绿色社区等建设。

（三）避免单一尺度的绿地建设，以复合功能为导向重视城市绿色基础设施建设

绿色基础设施是城市的"绿肺"，要从城市系统功能的角度，重视绿色基础设施的功能复合，不仅强调绿地增加，还要强调保护和连接分散的绿地、构建系统的园林绿化，为市民提供休闲、健身、审美等多方面的功能，同时还要重视对自然区域生物多样性的保护与连接，避免生境的破碎。绿色基础设施体系主要由网络中心（hubs）、连接廊道（links）与小型场地（sites）组成，绿色基础设施的构成内容并非为单一的绿色空间，河流与雪山等自然环境同样有助于绿色基础设施体系的构建①。因此，要高度重视绿色基础设施的功能复合，避免单一尺度的绿色建设，应考虑差异化和特色化。建设绿色基础设施时应考虑不同地区的地域特色，因地制宜。还应注意城乡绿色基础建设的区别化，满足不同居民的差异需求②。促进市民对城市绿色基础设施的认同感和归属感，增强支持和参与绿色基础设施建设的动力，提高对绿色基础设施建设的认识程度和发展水平。

（四）鼓励和引导社会资本参与城市绿色基础设施建设，建立多元化参与机制，采用市场机制提升建设动力

贯彻落实党的十八届三中全会精神，鼓励和引导社会资本参与城市绿色基础设施建设，提升城市绿色基础设施服务水平，促进经济社会协调发展。发挥市场机制在绿色基础设施建设领域资源配置的决定性作用，要鼓励和引导社会资本参与，建立多元化的参与和投融资机制。绿色基础设施作为公共物品和外部性存在，政府应该发挥主导作用，履行好绿色基础设施建设的职能和职责，创新体制机制，引入市场机制，鼓励社会力量、社会资本、私人企业参加城市绿地建设，建立多元化的绿地基础设施建设与

---

① 应君，张青萍，王末顺，等. 城市绿色基础设施及其体系构建 ［J］. 浙江农林大学学报，2011（5）：805-809.

② 吴晓敏. 国外绿色基础设施理论及其应用案例 ［C］. 中国风景园林学会 2011 年会论文集，2011：1034-1038.

管理的投融资机制，改变单一追求经济利益至上的利益博弈规则，通过市场竞争机制鼓励开发商增加城市绿地建设，也可以通过政府购买形式鼓励绿地基础设施建设，创新机制、增加动力、提高效益，推动绿色基础设施建设进程与运营绩效。

（五）加大对污水处理与再生水利用等配套设施建设，构建绿色基础设施统筹协调发展的长效机制

党的十八届五中全会指出，实现"十三五"时期发展目标，破解发展难题，厚植发展优势，必须牢固树立并切实贯彻创新、协调、绿色、开放、共享的发展理念。北京包括京津冀范围在内的污水处理、再生水利用等基础设施建设，应该贯彻创新、协调、绿色、开放、共享的基本理念，构建绿色基础设施统筹协调发展长效机制。污水处理、再生水利用等设施建设是绿色基础设施建设的关键环节。一是应该将污水处理和再生水利用等绿色基础设施建设作为基础设施建设的优先领域，树立创新、绿色的基本理念，加大对污水处理设施建设的投入力度，以推进污水资源化为重点，提高污水收集率和处理率。二是树立市场开放、设施共建共享的基本理念，运用市场机制创新投融资渠道，鼓励私人资本、社会力量、私人企业参与和购买政府在深化水污染治理和污水再生利用的公共服务，优化污水处理等绿色基础设施建设的运营机制和建设模式。三是要加强污水处理、再生水利用领域技术创新，加强技术改造。四是坚持城乡统筹，协调好城区与郊区、流域与区域、北京与周边区域在污水处理与再生水利用等方面的关系，构建统筹协调发展的长效机制，提升绿色基础设施建设与运营绩效，为构建更加绿色、生态、低碳的国际一流的和谐宜居之都服务。

附录五　生态文明视域下
中国典型区域低碳创新模式研究

能源短缺、环境污染、高碳排放问题成为世界各国共同关注的焦点问题，二氧化碳的大量排放是造成温室效应、环境问题和全球气候变暖的罪魁祸首。国内许多地区大面积的雾霾天气频现、生态恶化、环境污染问题突出，迫切需要从根本上改变传统高碳排放的粗放型经济增长方式，推进生态文明建设与低碳发展。党的十八大报告提出要大力推进生态文明建设，促进绿色发展、循环发展、低碳发展。党的十九大报告再次强调要坚持人与自然和谐共生，加强生态文明体制改革，建立健全绿色低碳循环发展的经济体系。如何构建绿色低碳循环发展的经济体系，加强区域低碳创新是推进生态文明建设、构建绿色低碳循环发展的经济体系的重要引擎，也是成为世界各国经济社会可持续发展和共同应对全球气候变暖的战略选择。我国许多城市如上海、杭州、天津、保定等以推进生态文明建设、低碳发展、创新驱动为主题进行了低碳创新实践与探索，积累了许多成功经验，值得全面梳理和深入总结，为进一步推进其他区域低碳创新、建设美丽中国提供示范效应与政策启示。

一、区域低碳创新的提出背景与内涵阐释

区域低碳创新是在应对全球气候变化、推进生态文明建设、实现低碳发展、实施创新驱动战略的大背景下的现实需要。全球气候变化等非传统安全威胁持续蔓延、极端天气、冰川消融、海平面上升、生态系统改变等给人类及生态系统带来了巨大灾难，以中国为代表的发展中国家为应对全

球气候变化作出突出了贡献。习近平总书记在十九大报告中再次强调要坚持环境友好，合作应对气候变化，保护好人类赖以生存的地球家园。习近平总书记高度重视生态文明建设和绿色低碳发展，提出必须树立和践行"绿水青山就是金山银山"的理念。推进绿色低碳发展的重要目的在于把发展的基点放到创新上来，要依靠创新驱动加快发展方式转变，化解供需结构性矛盾，提高发展质量和效益。应对全球气候变化，推进生态文明建设、实现绿色低碳发展的关键突破口在于加强创新驱动，将资源能源、生态环境等因素纳入区域经济发展的考虑范围之内，加强面向低碳发展的区域低碳创新。

许多学者对区域低碳创新进行了探讨，如陆小成（2009）从技术预见的视角研究了区域低碳创新系统的路径选择问题，提出面对可持续发展与低碳经济发展要求，需要从节能减排、低碳经济发展的内在规律出发加强区域低碳创新[1]。梁中、李小胜（2013）进行了欠发达地区区域低碳创新能力评价研究[2]。高鹤、杜兴翠（2016）研究了区域低碳创新系统的架构及协同机制[3]。樊步青、王莉静（2016）研究了制造业低碳创新系统及其危机诱因与形成机理[4]。张亮、任立肖（2016）研究了城市智能化与低碳创新的双螺旋联动机制[5]。远亚丽、张长森（2017）对物流企业低碳创新风险动态评估进行了研究。霍明连（2017）对区域低碳创新系统自组织演化机理进行了研究。综合以上学者研究成果，笔者认为，区域低碳创新是指一定区域内，为降低碳排放，提高能源效率所采取的各种技术、制度等

---

① 陆小成. 技术预见对区域低碳创新系统的作用及其路径选择［J］. 科学学与科学技术管理, 2009, 30（2）: 61-65.

② 梁中, 李小胜. 欠发达地区区域低碳创新能力评价研究［J］. 地域研究与开发, 2013, 32（2）: 116-121.

③ 高鹤, 杜兴翠. 区域低碳创新系统的架构及协同机制［J］. 中国人口·资源与环境, 2016, 26（S2）: 1-4.

④ 樊步青, 王莉静. 我国制造业低碳创新系统及其危机诱因与形成机理分析［J］. 中国软科学, 2016（12）: 51-60.

⑤ 张亮, 任立肖. 城市智能化与低碳创新的双螺旋联动机制［J］. 科技进步与对策, 2014, 31（4）: 30-35.

多方面的创新手段和工具的集合①。区域低碳创新是以应对全球气候变暖、推进生态文明建设、实现绿色低碳发展为重要战略背景，以低碳技术创新与制度创新为重要引擎，以低碳产业培育、低碳城市发展、低碳社会构建为重要支撑，实现区域空间的综合性、低碳化、全领域的创新驱动模式，如图1所示。

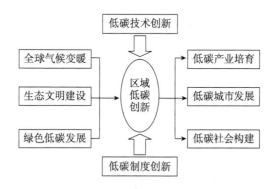

图1　区域低碳创新的内涵阐释

（一）区域低碳创新是以低碳技术创新为关键突破口

区域低碳创新的核心内涵是技术创新问题，即强调应该加强哪些技术的创新，技术创新应该往哪些方面发展的问题。低碳技术是低碳经济的核心动力，低碳技术在很大程度上决定了我国能否顺利实现低碳经济发展②。发展低碳经济，如果缺乏先进的低碳技术作为基础保障，能源消耗和碳排放水平始终难以降下来，低碳发展就是一句空话。技术创新是实现低碳经济的关键手段③。低碳技术是相对于高碳技术而言的，高碳技术是指近代以来以利用石油为主，大量排放碳及其相关物的技术，低碳技术是指更低的温室气体排放技术④。有研究指出，根据我国经济社会发展状况和国际

---

① 陆小成. 中国区域低碳创新：制约因素与对策选择［M］. 北京：知识产权出版社，2015：53.

② 李猛. 能源结构约束下的技术创新与中国低碳经济困境［J］. 江苏社会科学，2011（2）：95－98.

③ 黄栋. 低碳技术创新与政策支持［J］. 中国科技论坛，2010（2）：37－40.

④ 邓线平. 低碳技术及其创新研究［J］. 自然辩证法研究，2010（6）：43－47.

科技发展的趋势，低碳技术主要包括替代技术、减量化技术、再利用与资源化技术、系统化技术、能源利用技术、绿色制造技术等①。区域低碳创新则是以这些技术的创新为基本内容和重要支点。加强区域低碳技术创新，在一定程度上减少了能源消耗和碳排放强度，为进一步优化能源结构，提高经济质量和效益，保护生态环境，特别是以低碳技术抢占了新的低碳市场制高点，形成区域乃至国家低碳技术竞争力，树立了负责人的低碳大国形象。

（二）区域低碳创新是以低碳制度创新为内在保障

低碳制度是区域低碳创新的重要保障。加强制度创新是保障低碳技术创新和低碳经济转型的重要基础②。低碳发展目标不仅依靠技术层面的创新，而且离不开制度层面的创新，低碳制度是低碳创新的重要内容和组成部分，也是促进低碳技术创新，扫清低碳技术创新制度障碍的基本要求。低碳制度是为实现低碳技术创新和促进节能减排的制度体系。低碳创新需要立足节能减排的目标重点，健全低碳技术创新的激励与约束制度机制，完善低碳创新的体制机制和制度政策体系，加强低碳制度建设，提高低碳技术创新能力和应对气候变化能力。低碳制度是有利于低碳技术创新和低碳发展的激励与约束规则、政策体系的总和，包括低碳发展政策、规章制度、低碳标准、低碳可交易许可证、财政补贴和税收减免、研发、示范、扩散、应用等所有制度政策的安排。

（三）区域低碳创新是以低碳产业培育为强大基础

低碳经济的核心是低碳型产业的发展问题，低碳产业是低碳经济的载体和基本内容。所谓低碳产业，即以促进节能减排、降低能源消耗强度，提高能源利用效率，减少二氧化碳排放的产业体系和产业形态。发展低碳产业，需要加强低碳技术创新和低碳制度创新，新的低碳技术研发与创新及其转化应用，能形成新的产业类型，培育新的产业和经济增长点，同时

---

① 冯之浚. 发展低碳技术，建设低碳城市［J］. 中国科技投资，2010（11）：18－20.
② 王琳，陆小成. 低碳技术创新的制度功能与路径选择［J］. 中国科技论坛，2012（10）：98－102.

通过技术进步和创新，能对传统产业进行改造升级，在提高产业质量和效益的基础上，降低环境污染和能源消耗，将高碳产业改造成为低碳产业。低碳产业与低碳创新存在密切的关联，一方面，发展低碳产业，需要重视低碳创新，以低碳创新为突破口，促进低碳产业的形成与壮大，低碳创新是低碳产业的动力和引擎。另一方面，低碳创新的目的是发展成为低碳产业，低碳技术研发的转化应用，进而形成生产力和经济增长，转化产业形态，依托产业价值链的构建，实现低碳技术创新的价值，加强低碳创新，培育和发展低碳产业。

（四）区域低碳创新是以低碳城市发展为空间载体

低碳城市是在产业形成的区域空间层面的战略思考，低碳城市是区域低碳创新的空间载体。即以低碳为基本理念，在城市区域层面的经济发展模式、发展方向、社会文化、生活模式、组织管理等多方面加强低碳创新、节能减排、持续发展。2008年初，中国与世界自然基金会联合确立了上海与保定两个低碳城市试点。低碳城市试点是以树立低碳发展理念和发展模式为基本原则，在建筑、交通、工业等多个领域进行低碳创新发展试点，促进整个城市的低碳发展。低碳城市是低碳创新的功能载体，一方面，城市必须加强低碳技术创新和低碳制度创新，才能促进低碳城市建设，真正形成低碳发展模式和生活方式，缺乏低碳技术创新动力和低碳制度创新保障，难以引导低碳城市转型与发展，低碳减排目标难以真正实现。另一方面，低碳创新必须以城市为重要支点和区域，通过在一定城市内的系统化的低碳化创新，由于城市化率不断提升，城市区域不断扩大，城市化进程不断提速，低碳创新必须以城市区域为重要载体和发展目标，才能真正体现低碳创新的价值和社会效应。

（五）区域低碳创新是以低碳社会构建为根本目标

加强区域低碳创新的重要目标是构建低碳社会，推进生态文明建设，实现人与自然和谐共生。区域低碳创新离不开社会组织、社会力量、社会群众的广泛参与和全力支持，低碳创新的根本目标是为了增进全社会福祉，构建更加绿色低碳的可持续发展的人类社会环境。低碳社会是指以低碳生活、低碳消费为主导的社会生活模式和社会行为范式，低碳社会倡导以低能耗、低污染、低排放为特征的社会健康运行和低碳文明建设，以低碳、绿色、节能为理念和方法，促进消费的节约和低碳生活的健康和安全、环境的绿色和宜居。低碳社会包括低碳饮食、低碳衣着、低碳出行、低碳旅游、低碳消费、低碳娱乐以及生活低碳节能、垃圾减量资源化再利用等。从国家和区域的宏观和中观层面看，低碳社会建设能为国家节约更多的资源能源，减少对环境的污染和碳排放，促进国家生态文明建设和低碳经济发展，是关系人类生活方式的重大革新，代表人类社会发展的新潮流、新远景。从微观组织包括企业、机关事业单位和其他社会组织与个人而言，低碳社会意味着积极参与低碳消费、低碳生活之中，倡导低碳社会，是建设资源节约型、环境友好型社会的核心体现，是构建低碳社区、实现低碳生活的重要内容。低碳社会需要以低碳技术创新和低碳制度创新为保障，通过低碳技术的支撑和低碳制度的规定，确保社会运行与生活消费的低碳发展。

二、国内典型区域低碳创新的模式构建与实践经验

全球对于气候变化的重视不断升级，国内加强低碳转型和低碳创新的步伐也逐渐加快。1990 年国家气候变化协调小组成立。1998 年，中国代表签署《京都议定书》表明中国负责任的积极态度。2008 年发布《中国应对气候变化的政策与行动》白皮书。2009 年 11 月，中国政府宣布到 2020 年，我国单位国内生产总值（GDP）二氧化碳排放量比 2005 年下降 40% ~45%。2015 年 9 月，习近平主席和美国总统联合发布《中美元首气候变化联合声明》，明确提出我国计划于 2017 年启动覆盖钢铁、电力、化工等重点工业行业的全国碳排放交易体系。2016 年 1 月，国家发展改革委发布《关于切实做好国碳排放权交易市场启动重点工作的通知》，旨在推进区域低碳发展与转型。在国家采取积极措施的背景下，中国许多典型区域如上海、保定、杭州、天津等高度重视低碳创新，以低碳技术创新为引擎，促进本区域的低碳创新驱动与低碳经济发展，形成一定的实践经验，如表 1 所示。

表 1　国内典型区域低碳创新的模式构建

典型区域	基本模式	主要经验
上海	低碳世博	（1）打造低碳世博，以低碳项目促进发展方式转变。 （2）制定低碳政策，构建低碳发展的协调推进机制。 （3）提高能源利用效率，培育低碳产业。 （4）设立低碳专项资金，构建低碳经济实验区。 （5）加强低碳技术创新，倡导低碳生活方式
保定	中国电谷	（1）制定促进低碳创新的政策措施。 （2）充分发挥低碳发展的产业基础和集群优势。 （3）加强低碳创新的投融资机制与战略合作机制
天津	生态新城	（1）以低碳生态为理念，建立生态城市评价指标体系。 （2）重视低碳技术创新与应用，大力发展可再生能源。 （3）大力发展文化创意产业，构建低碳产业集聚效应。 （4）重视生态城市配套建设，提升区域软环境质量
杭州	环境立市	（1）树立低碳新政理念，提高低碳创新的重视程度。 （2）建立"六位一体"的低碳城市发展模式。 （3）发展绿色交通，构建"五位一体"的大公交系统。 （4）推广低碳建筑，实施阳光屋顶示范工程

（一）上海：构建以低碳项目为引擎的低碳世博模式

上海作为世界自然基金会发起的"中国低碳城市发展项目"首批入选试点城市之一，重视低碳创新，加快低碳城市建设。上海提出了低碳世博战略，从制定低碳政策、培育低碳产业、设立低碳专项资金等方面加大区域低碳创新力度，取得了一定的发展成效。（1）打造低碳世博，以低碳项目促进发展方式转变。上海提出低碳世博的发展理念，以低碳项目引进为契机，加大低碳技术创新的支持力度，注重低碳能源结构、低碳消费模式转变，探索符合上海特大型城市特点的区域低碳创新道路。（2）制定低碳政策，构建低碳发展的协调推进机制。上海积极制定低碳技术创新政策与相关制度，促进低碳发展。上海发挥低碳政策的导引功能，制定低碳城市规划，建立由世博会事务协调局、环保局、发改委、科委等部门牵头的"低碳世博"推进工作机制，搭建自上而下的综合协调平台，实现低碳世博各类项目的落地①。（3）提高能源利用效率，培育低碳产业。上海加强产业结构调整和优化升级，实施节能重点工程建设，不断培育绿色低碳产业。在上海世博园建设中，大力发展绿色低碳产业，加强传统产业改造升级、产业结构调整、低碳技术开发。（4）设立低碳专项资金，构建低碳经济实验区。上海市科委最早从 2005 年起设立了节能减排科技专项，支持节能技术和低碳技术的研发。2010 年上海市发改委公布了《崇明生态岛建设纲要（2010—2020 年）》，提出建立专门的项目库，有效对接财政专项资金。（5）加强低碳技术创新，倡导低碳生活方式。上海在低碳世博理念的支撑下，进一步加强低碳技术创新、研发、推广和应用，并在生活习惯、生活理念和消费模式上实现低碳化，倡导低碳化的生活方式。上海世博展出的"沪上-生态家"，创新和利用各种低碳技术，展现包括浅层地热、热湿独立空调、智能集成管理、自然通风技术、太阳能一体化等技术创新的低碳生活方式。2017 年 6 月，上海发布全国首张以低碳为主题的低碳地图，囊括低碳科普展览馆、绿色建筑、低碳发展示范区、低碳发展实践区、低碳社区等与低碳相关的信息，倡导低碳生活方式。

（二）保定：构建以低碳能源为主导的中国电谷模式

河北省保定市以低碳能源为导向的创新模式，致力于打造中国新能源产业的领军城市，提出构建"中国电谷"和"太阳能之城"的战略目标，助推保定区域低碳创新与发展。2006 年，河北省保定市首次提出建设"中国电谷"的概念。保定建设"中国电谷"推动区域低碳创新的经验主要表现为：（1）制定低碳创新政策，实施六大重点工程。明确提出打造六项重点工程，如表 2 所示。保定市推进区域低碳创新，提出"中国电谷"、"太阳能之城"等六大重点工程建设构想，全面推广太阳能在照明、热水供应和取暖等方面的应用，先后出台多项优惠政策鼓励利用和发展低碳能源，如《关于加快推进保定"中国电谷"建设的实施意见》、《关于鼓励投资

---

① 胡静. "低碳世博"对城市未来发展的启示与借鉴［J］. 中国环境管理, 2012（2）: 26-29.

"中国电谷"建设的若干规定》、《关于建设保定"太阳能之城"的实施意见》等一系列政策措施应运而生。（2）充分发挥低碳新能源发展的产业基础和集群优势。保定市重点培育以太阳能、风能等为代表的新能源及新能源设备产业，以新能源产业为切入点推动低碳经济建设①。在太阳能产业方面，保定是国内重要的太阳能光伏设备生产基地。在风能发电产业上，保定形成了相对完善的风电产业链，形成风能产业集群。保定还重视低碳能源产业的智力支持，重视高校和科研院所的低碳创新智力资源整合，与多家单位建立低碳创新合作关系与战略联盟。（3）构建低碳创新的投融资和战略合作机制。保定市设立太阳城建设专项资金，先后与多个知名企业集团和金融机构建立了长期的低碳创新合作关系。保定市与国家开发银行签订了建设"中国电谷"的战略合作协议。中国电谷的光伏产业园、风电产业园、输变电设备产业园、新型储能产业园、高效节能产业园等均通过市场融资模式获得了社会资金的投入和支持。

表2　保定市低碳创新重点工程

重点工程	主要内容
"中国电谷"建设工程	将用10年左右的时间，建设太阳能光伏发电、风电、高效节电、新型储能、电力电子器件等产业园区
"太阳能之城"建设工程	将用3年左右的时间，在全市生产、生活等各个领域，基本实现太阳能的综合利用
城市生态环境建设工程	力争用3年左右的时间，取缔市区建成区内分散的燃煤锅炉，加快实施城市区域集中供热。加快城市水系建设；实施"绿荫行动"
办公大楼低碳化运行示范工程	对政府办公大楼运行改造，更换节能灯、安装太阳能照明系统，建立办公大楼能源需求与使用管理系统
低碳化社区示范工程	积极推广面向低碳化的社区规划手段，开展低碳社区试点
低碳化城市交通体系整合工程	合理配置主城区和卫星城内部的城市就业、居住、公共服务和商业设施，避免职住分离。加快都市区各组团之间快捷公共交通网络建设，建立低碳化的公交系统

①　王丽民，尤晓敏，白杰. 以新能源产业的发展推动保定市低碳经济建设 [J] 河北软件职业技术学院学报，2010（4）：9－12.

（三）天津：构建以低碳城市为蓝图的生态新城模式

天津以低碳城市为蓝图，加快生态新城建设，与新加坡合作构建中新生态城。2007 年 11 月 18 日，中国与新加坡共同签署了在天津建设生态城的框架协定，《中新天津生态城总体规划（2008—2020 年)》正式开始启动。天津依托生态新城建设推进区域低碳创新，主要经验包括：（1）以低碳城市建设为蓝图，建立生态城市评价指标体系。中新天津生态新城以世界先进的低碳绿色技术为引领，建立生态城市评价指标体系，制定了比较详细的绿色建筑设计和施工标准，完善生态城市建设的各项法规、政策和标准体系。（2）重视低碳技术创新与应用，大力发展可再生能源。生态城建设积极推动太阳能供热、地源热泵技术在生态住宅、大型公建中普遍应用，加快建设风力发电、光伏发电等项目，与国家电网公司合作实施以信息化、自动化、互动化为主要特征的智能电网工程建设。（3）发展文化创意产业，加快低碳产业集聚。中新天津生态城设立国家 3D 影视创意产业园，吸引了 800 多家企业注册，形成了文化创意、环保科技、金融贸易、服务外包等四大低碳绿色产业集群态势。（4）重视低碳创新的基础设施配套建设，不断完善生态城的教育、社区服务、卫生等设施条件，为区域低碳创新提供基础保障。此外，还重视环境治理与生态重建，特别是在对污水库治理中，采取污水外源输入、导入生态系统"关键种"、建立水域景观生态城系统等，实现城市生态环境的低碳治理①。

（四）杭州：构建以六位一体为架构的环境立市模式

杭州重视区域低碳创新，构建以六位一体为基本架构的环境立市模式，加快杭州生态市、健康城市和国家森林城市的建设步伐②。杭州市通过《杭州市关于建设低碳城市的决定》，发布"低碳新政 50 条"，着力推进低碳经济、低碳建筑、低碳交通、低碳生活、低碳环境、低碳社会"六位一体"的

---

① 刘振江，赵益华，陶君，等. 中新生态城污水库环境治理与生态重建 [J]. 城市环境与城市生态，2015, 28 (5)：37 - 41.

② 叶辉. 杭州市"六位一体"打造低碳城市 [N]. 光明日报，2009 - 12 - 24 (1).

低碳创新模式，如图 2 所示。（1）树立低碳新政理念，发展低碳经济。2009 年 12 月，杭州在全国范围内率先打出"实施低碳新政，建设低碳城市"的口号，加强低碳节能、节水、节材型产品和技术创新与应用，积极开展低碳企业、工业循环经济示范园区创建，构建低碳型经济。（2）推广低碳建筑，实施阳光屋顶示范工程。杭州积极推广低碳建筑，实施"阳光屋顶示范工程"，充分利用工业、住宅、公共设施等各类建筑和构筑物表面，安装光伏发电设施，积极利用太阳能等低碳能源。杭州市还建设了中国杭州低碳科技馆，是全球第一家以低碳为主题的大型科技馆，充分体现了低碳建筑特征和低碳理念，推进了低碳科技普及。（3）发展低碳交通，倡导低碳出行理念。杭州以环境立市为发展战略，构建领先的绿色公共交通体系，大量新型混合动力公交车、纯电动出租车、新能源快递车及环卫车的使用已经使"低碳出行"的理念得到普及。（4）倡导低碳生活。鼓励市民积极参与低碳生活中来，选择低碳生活方式，崇尚绿色低碳的生活氛围。（5）构建低碳环境。杭州加强燃煤锅炉等环境整治，加强对污染企业的关停搬迁，加强对老工业区、传统乡镇的产业升级、低碳改造、村庄整治和生态修复，加强城市生态绿化建设，提高城市绿化率，推进低碳环境建设。（6）建设低碳社会。通过整合政府、企业、社会组织和公众的力量，共同建设低碳社会。即政府制定低碳战略，企业加强低碳技术创新，科研院所、社会组织、新闻媒体等积极参与低碳创新，宣传低碳理念，公民践行低碳行为的方式。

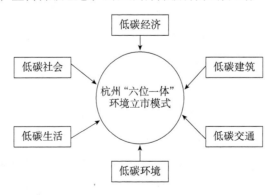

图 2　杭州"六位一体"的区域低碳创新模式

三、国内典型区域低碳创新的政策启示与路径探索

实施创新驱动战略、推进低碳发展成为加快区域低碳转型、建设美丽中国的新理念、新战略、新常态。总结上海、保定、天津、杭州等典型区域的低碳创新模式与基本经验，重点从低碳制度、低碳技术、低碳产业、低碳城市、低碳社会等领域全面推进创新驱动，为推进生态文明建设、实现绿色低碳发展、建设美丽中国形成强大支撑和引擎作用，对中国其他区域的低碳发展提供了重要借鉴，主要政策启示与路径探索表现在以下几个方面，如图3所示：

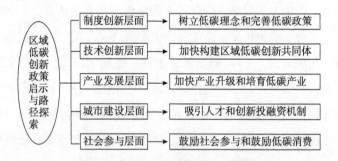

图3　国内区域低碳创新的政策启示与路径探索

（一）树立低碳创新理念，完善区域低碳创新政策

区域低碳创新首先从理念层面上树立低碳发展、低碳创新观。上海低碳世博、保定电谷、天津生态城以及杭州环境立市等的提出均离不开当地政府各级领导对低碳创新和低碳发展的高度重视，树立低碳发展理念。其次从战略、规划和政策层面上加强区域低碳制度创新。完善区域低碳创新政策，对低碳创新行为进行鼓励和放松规制，以低碳创新促进区域经济、社会、文化、环境的全面发展和低碳发展。区域低碳创新的相关规划、政策措施应以低碳为指导，加强技术创新和完善政策，建立低碳创新的协调机制，促进区域低碳创新发展。与此同时，制定和完善低碳创新政策措施，设立低碳创新专项资金，在低碳产业布局、财政税收政策方面给予扶持，营造鼓励低碳创新的政策环境。

（二）加强低碳技术创新，加快构建区域低碳创新共同体

上海、保定、天津、杭州等区域均重视低碳技术创新，提高能源利用效率，降低碳排放。第一，鼓励企业加大低碳技术创新投入，构建低碳创新合作网络平台，开展低碳技术联合攻关，提高低碳技术创新能力，抢占未来低碳技术竞争的经济制高点。第二，要加强对传统高碳能源、高碳产业的技术改造，推广采用先进适用的低碳技术、节能减排技术、资源综合利用技术、能源技术等，积极引进先进低碳技术和低碳装备，鼓励企业加强低碳技术的消化、吸收、再创新，在集成创新和原发创新的基础上进行全面创新，提升企业低碳技术竞争力。以低碳技术创新形成城市新的经济增长点，提高低碳技术含量，形成新的区域低碳竞争优势，以低碳技术创新促进区域低碳崛起。第三，重视低碳技术的合作创新网络和创新联盟的构建。企业应重视创新联盟的建立，不断优化并提升外部关系质量①。构建区域低碳创新共同体，揭示区域低碳创新规划建设、低碳生产生活方式、区域低碳创新系统之间的耦合关系，在区域空间优化、技术范式、产业体系、综合交通、基础设施等方面构建完善的区域低碳创新系统，促进低碳创新资源整合，实现组织间的信息交流与知识共享，进而提升低碳技术创新水平和区域低碳创新竞争力。

（三）培育低碳创新型产业，加快产业结构转型升级

积极培育低碳创新型产业，加快产业结构优化升级，推动能源结构调整。如上海加强产业结构调整和优化升级，实施节能重点工程建设，降低能源消耗强度，提高能源利用效率，不断培育绿色低碳产业。保定市重视低碳能源产业发展，以低碳新能源为核心打造"中国电谷"的低碳创新发展道路，培育以太阳能、风能等为代表的新能源及新能源设备产业。因此，要加强区域低碳创新，积极培育低碳产业，优化产业结构，大力发展资源能源消耗强度低、碳排放少的服务业，积极发展现代物流业、服务业

---

① 孟凡生，韩冰. 政府环境规制对企业低碳技术创新行为的影响机制研究［J］. 预测，2017，36（1）：74–80.

和战略性高新技术产业，减少区域经济对工业增长和资源能源消耗的高度依赖。大力开发和使用太阳能、风能、地热能等低碳新能源，减少对传统能源的依赖和碳排放强度，拓宽区域资源能源开发领域，实现能源结构低碳化、产业类型多元化，促进区域发展方式向资源节约型、环境友好型和低碳化方向转变。

（四）重视低碳城市建设，吸引低碳人才和创新投融资机制

区域低碳创新要围绕低碳城市建设，不仅要重视低碳政策、低碳技术、低碳产业等创新发展，还要加强人才吸引和投融资机制创新，其中人才是低碳创新和低碳城市建设的生命力，投融资机制创新则为区域低碳创新、低碳城市建设提供资金保障。上海、保定、杭州、天津等区域低碳创新重视人才吸引，重视人力资本储备和智力支持。由于低碳技术创新是专业性强、技术密集、知识密集，需要大量的高技术人才，需要充分发挥高校、科研院所等智力源泉的支撑作用。如保定发挥华北电力大学、河北大学等高校以及大批知名专家学者的创新资源和人才资源的集聚优势，为低碳技术创新、低碳产业发展、低碳城市建设提供充足的创新源泉和人才供给。天津、上海、杭州等城市高校和科研院所密集，为区域低碳创新提供重要的智力支持和人才保障。与此同时，区域低碳技术创新需要大量的资金投入，加强区域低碳创新应构建低碳创新的多元化投融资机制，采取市场化手段吸引社会资本和社会力量，构建多元化的低碳创新投融资机制，为区域低碳创新、低碳城市建设创造良好的市场竞争环境和投融资平台。

（五）鼓励社会参与低碳创新，构建低碳消费模式

社会组织和群众参与低碳创新，是促进区域低碳创新的重要资源和社会基础。基于上海低碳世博、杭州环境立市等模式的经验启示，要提升全社会的低碳环保意识，引导市民参与低碳创新和低碳社会建设，并转化为全社会的低碳消费行为。一是要重视社会参与在区域低碳创新中的突出作用，树立低碳创新发展新理念。区域低碳创新关乎全体市民的公共利益和长远利益，是提升和增进区域低碳生态效益和社会效益的关键战略，要使全社会树立低碳理念和低碳价值观，要加强低碳科技知识普及，为区域低

碳创新建立坚实的群众基础和社会文化氛围。二是充分发挥群众力量，倡导和构建生态文明、低碳科学、绿色健康的消费方式。习近平总书记在党的十九大报告中指出，倡导简约适度、绿色低碳的生活方式，反对奢侈浪费和不合理消费。因此，要将低碳创新理念融入到市民生活的各个方面，推进区域社会生活低碳化，鼓励城市居民选择自行车、步行和公共交通工具，减少对环境的污染，减少碳排放。三是加强区域生态绿化建设，鼓励市民参与植树造林，增加碳汇，加强污水处理和环境治理，加强区域景观生态系统，提升区域生态承载力。全社会要积极改变高碳排放、铺张浪费、崇洋炫富等不健康的消费陋习，以低碳的生活方式和消费模式构建形成区域低碳创新协同效应，推动区域生态文明建设与低碳发展，加快实现美丽中国的伟大梦想。

附录六　世界级城市群行政体制改革的经验比较研究

　　世界城市是现代技术革命的产物，是国际大都市的高端形态①。1966年，彼得·霍尔（Peter Hall）将世界城市定义为对全世界或大多数国家产生全球性经济、政治、文化影响的国际一流大都市，是处于世界城市体系顶端的城市②。弗里德曼（Friedmann）提出了著名的"世界城市假说"，认为世界城市是全球经济的指挥与控制中心③。世界城市成为国际活动的聚集地④，在全球城市格局中处于最高层次、对世界经济、政治和文化均有重要影响力和领导力。目前世界级城市或城市群主要是纽约、东京、伦敦、巴黎，这四大世界城市已经成为一流国际大都市，与其优良的公共治理效率、高效的行政管理体制密不可分。2010年8月，习近平指出，北京建设世界城市，要按照科学发展观的要求，立足于首都的功能定位，着眼于提高"四个服务"水平，既开放包容、善于借鉴，又发挥自身优势、突出中国特色⑤。2014年2月，习近平总书记视察北京提出要建设国际一流的和谐宜居之都。2015年8月，《京津冀协同发展规划纲要》明确提出京津冀将建成以首都为核心的世界级城市群。北京作为国家首都，如何实现这些战略目标，迫切需要在发挥自身优势和特色的同时，加强对世界级城市群的行政体制模式进行比较研究。研究典型的世界级城市群的行政体制

---

① 马剑平、赵国亮. 北京与世界城市的发展差距研究——以伦敦、纽约和东京城市对比 [J]. 学术论坛，2015（1）：130–135.
② Hall P.. The World Cities [M]. London：Heinemann，1966.
③ Friedmann J.. The World City Hypothesis [J]. Development and Change，1986（17）：69–83.
④ 段霞. 世界城市的基本格局与发展战略 [J]. 城市问题，2002（4）：9–11.
⑤ 习近平. 把北京打造成国际活动聚集、和谐宜居之都 [N]. 中国新闻网，2010–08–23.

设置、运行模式和演化态势，总结其体制改革的内在规律和主要特征，对于建立和完善中国特色世界级城市群的行政体制架构、打造人民满意的服务型政府、推进以首都为核心的世界级城市群和建设国际一流的和谐宜居之都具有重要的经验借鉴和政策启示。

一、世界级城市群行政管理体制模式比较：两级架构与基层自治

纽约、伦敦、东京和巴黎等世界级城市在行政管理体制模式上的选择各具特色，无论从其演变历程还是现状特点来看，这些城市的行政体制模式具有许多相似的特点和发展趋向。对伦敦、纽约等世界级城市在行政层级设置、职责划分上进行比较，如表1所示。

表1　世界城市行政管理体制模式比较

城市	人口总数（万人）	面积（平方公里）	运行模式	区级行政数	主要特点
伦敦	863（2010）	1577.3	"市—自治市"模式	33	实行议行合一，横向权力不变，强化地方自治。
纽约	1943（2010）	1214	"市—行政区—基层社区单元"模式	5	"强市长制"、"强市弱区制"
东京	3667（2010）	2188	"都—特别区"和"都—市町村"模式	23	两级管理、不强调上下对口，设立都区协议会，机构精简，管理扁平化。
巴黎	1049（2010）	105.4	"市—行政区"模式	20	"强市长制"、"强市弱区"

资料来源：人口数来源世界银行《世界发展指标》2012年。其他资料来源相关网站和张智新（2011）论文。

（一）伦敦的"市—自治市"模式

作为英国第一大城市和港口及欧洲最大都会区之一的伦敦，大都市区面积1577.3平方公里，包括外围郊区市镇在内的一体化大都市区人口达827万[①]。2010年人口达到863万人。二战以来，伦敦大都市区的行政管

---

① 张智新．四大世界城市行政体制比较及其启示［A］．2011城市国际化论坛——全球化进程中的大都市治理（论文集）［C］．2011：45–52.

理体制改革比较频繁，经历"统一、分散、再统一"的演变过程。从 1986 年到 1997 年，大伦敦议会被英国中央政府解散，导致中央和地方政府之间的职责分工存在无序状态，导致伦敦城市行政管理体制改革滞后。1997 年，工党政府对伦敦大都市区启动新一轮体制改革，伦敦大都市区建立了"大伦敦—自治市"两级政府和"大伦敦管理局—自治市政府—选区"三级管理体制模式，如图 1 所示。1998 年伦敦建立大伦敦管理局，由市长和议会组成，市长行使行政权力，议会则掌握审查权。伦敦大都市区行政管理体制改革特征主要表现在以下几个方面：（1）实行两级架构，减少行政层级，明确政府职能权责。（2）实行议行合一，横向权力不变，强化地方自治。（3）实行监督分立，扩大公众参与，维护选民利益。监督机构的分立和公众参与的真正推进，确保对地方政府监督的有效实施和参与，有效维护选民利益。

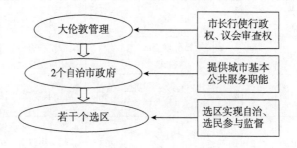

图 1　伦敦城市行政管理体制模式

（二）纽约的"市—行政区—基层社区单元"模式

在行政区划与体制设置上，纽约市被划分为 5 个区级政区和 59 个社区单元，另外还有 339 个街道，如图 2 所示。纽约是美国第一大都市和第一大商港，面积 1214 平方公里。据美国《世界日报》报道，2013 年 3 月，纽约市人口已经达到 8，336，697 人，历史最高纪录①。市级政府总体上遵循"三权分立"原则，设立市长、议会和地方司法机构；区级政府设有

---

① 刘爽. 纽约市人口达 833.6 万人创新高［EB/OL］. http：//www.chinanews.com/hr/2013/03－16/4649662.shtml

议会、区长和其他行政部门；社区采用理事会负责制，理事都由社区居民义务兼职。基层社区单元之下的街道属于市民自我管理、自我服务的群众性组织。纽约市还有许多超越行政区的公共服务功能区，如 33 个学校区、6082 个选举区、352 个消防区、354 个保健区等①。在行政管理体制运行模式上，纽约实行的是"强市长制""强市弱区制"。强市长制突出选民直选，能对选民直接负责，承担城市发展和公共服务供给、任免政府职能部门负责人、提出预算草案否决市议会议案等重要行政权力。纽约在市级层面的体制设置中，增强了对政府的监督功能，专门设立审计长、公共利益监督官（Public Advocate），并通过直接民选获得社会认可的人士担任，保持人事安排的独立性，为其能真正发挥财务审计和监督功能建立制度保障，避免因人身任免依附政府而受到牵制。审计长的职责是审计监督全市财政开支，公共利益监督官负责处理市民的投诉、抱怨、建议、批评等②。纽约通过"市强区弱"的体制模式改变，加强市级层面的土地、城市规划、交通等重大公共事务管理权限。

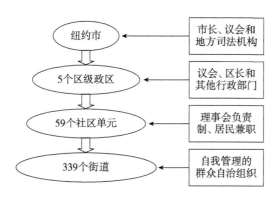

图 2　纽约城市行政管理体制模式

---

① 高新军. 美国大城市的管理与监督体制：以纽约为例 ［EB/OL］. 腾讯网"燕山大讲堂"2009 – 09 – 05，http：//view. news. qq. com/a/20090909/000029_ 1. htm.
② 马祖琦. 大都市政区：理论探讨经验借鉴实证分析——兼论上海直辖市政区改革 ［D］. 华东师范大学博士论文，2004.

（三）东京的"都—特别区"和"都—市町村"模式

在行政管理体制模式运行上，东京实行"两级政府、高度自治"的模式。东京大都市区主要由23个特别行政区和26个市、5个町、8个村所组成，人口约为1299万人（截至2009年10月1日），面积约为2188平方公里。"都—区"或"都—市町村"的体制架构形成"两级政府"，所属部门和机构不存在交叉管理矛盾，没有设置派出机构。"都"下辖的行政区具有一定的自治权力，与都政府并非完全的依附关系。东京两级政府均具有结构扁平化、机构精简化等特征。都政府和区政府所属政府部门和下设机构按照各自职权划分设立，不强调上下对口，实现机构精简化、管理扁平化、权责明晰化，提高行政效率，减少机构臃肿、人员膨胀等现象发生。为满足基层政府提供多元化、高效化的市民公共服务需求，东京都给予都内市、町、村等地方机构更大的决策自主权，提供一定的财政支持补充款项来弥补地方政府在发展当地公共设施投入与建设上的不足，设立基金提供专项帮助①。各政府间实现职能明确、权责对等、管理规范、机制灵活。通过设立"都区协议会"和"都市町村协议会"，有效实现各个政府部门之间的沟通协调、信息共享、合作治理。

（四）巴黎的"大区—市镇"模式

作为世界城市的巴黎建立了"大区（或省）—市镇"的体制模式。如表2所示②，法国的行政建制分为国家、大区、省和市镇，后三者统称为地方领土单位，各地方有明确的职权划分，市镇作为法国最基本层在社会、经济、城市建设等领域拥有很大的自主权。省和大区两级领土单位的主要职能是在市镇或各省之间发挥协调作用，维护省或大区的整体利益。巴黎在职权上有明确的在行政区意义上的"省"、"市"和"大区"三个层面。巴黎大都市区主要是指巴黎大区。巴黎大区管辖巴黎市（省）和另

---

① 罗翔，曹广忠．日本城市管理中的地方自治及对中国的启示——以东京为例［J］．城市发展研究，2006（2）：29-33.

② 赵信敏．巴黎现行政治——行政体制特征及其成因探析［D］．复旦大学硕士学位论文，2007：9-10.

外 7 个省，这一个城市和 7 个省之下，又总共设有 1300 个市镇，而巴黎市下属的 20 个市镇一般又被称作 20 个区。巴黎大区面积 12 万平方公里，2008 年人口规模为 1184 万人（其中巴黎市人口 217 万人），占法国人口的 18.7%。自从 1975 年法国中央政府对巴黎的行政体制进行改革后，确立了巴黎的自治地位，规定巴黎既是一个市镇，又是一个省。巴黎市和巴黎省，除法律另有规定外，分别适用一般市镇和省的共同法。虽然是两个不同的地方领土地位，但它们的权力机关却是共同的：巴黎议会既是巴黎市议会，又是巴黎省议会，同时行使两个议会的权力。在行政体制管理模式上，巴黎实行的是"强市长制"。巴黎市长负责规划和交通，巴黎市政厅还管理社会住宅和小学等。在行政层级和府际关系上，巴黎呈现出"强市弱区"特征，市镇级政府拥有经济社会发展及公共服务等方面较为广泛的权力，区级政府权力则极其有限，区长在行政上受到市长和省长的指导和监督。

表 2　法国行政管理分割表

行政建制类别	详细说明	职权
大区	设有大区议会，选举产生的大区议长是大区最高行政首脑，大区长是国家在大区的代表，由内部长和总理提名，经部长会议讨论通过，由总统颁布法令任命，大区长由大区首府所在地的省长担任	国土整治，经济发展、职业培训及中学的建设和办学开支等
省	设有省议会，选举产生的省长是省的最高行政首脑，是国家在省内的代表，由内政部长和总理提名，经部长会议讨论通过，总统颁布法令任命	卫生和社会行动，农村公共服务设施、省内公路和投资等
市镇	市镇是法国最小单位的地方领土，设有市镇议会，间接选举产生的市镇长是国家在市镇的公务人员，又是市镇的最高地方行政长官	领导城市规划、乡村治理、制订跨市镇整治宪章，管理公产、公共工程，建立公共公益设施等

二、世界级城市群行政管理体制模式特点：层级精简与强化服务

通过对伦敦、纽约、东京、巴黎等著名世界级城市群行政管理体制模

式及其改革的分析，可发现每个城市政府均根据自身的实际情况设立不同的体制架构，没有统一的模式，每一种体制模式均展示不同的政治制度、区域特色、历史传统、文化习俗等差异性，同时也展现出许多共同的特点和改革经验。

（一）行政层级少，机构精简，区划设置均衡，公共服务中心下移

伦敦、东京等世界城市均强调依法规定政府职能，根据职能要求设置政府机构，职能稳定也确保机构基本稳定，如表3所示。同时，行政层级实现精简化，强调管理扁平化，减少行政管理程序的繁杂和官僚主义，提高运行效率。区划设置趋向更加均衡，市级权力集中但不滥用，强调公共服务职能下移，以便满足多样化、及时性、个性化、均衡化的社会群众需求。公共服务中心下移将各种公共服务供给的权能下放到基层政府，甚至下放给社区、非政府组织和企业等，有效促进政府管理部门与市民的直接沟通，能有效、快捷、及时满足市民提出的各种公共服务需求，解决群众问题，提高群众满意度。特别是教育、住房、垃圾处理、公园建设、医疗健身、文化娱乐等基本公共服务方面，下放到区级政府和社区基层管理部门。部分公共服务通过权力下放、财权与事权对等、政府采购等方式和渠道委托给非营利机构、企业及其他社会组织，坚持均等化供给、就近原则保障，确保面向群众的基本公共服务供给到位，满足群众需求，维护公共利益。

表3　世界城市行政体制分级职能设置

城市	市级职能	区级职能	基层自治单位职能
纽约	拥有土地利用、规划等最终决定权，对城市公共事务进行统一控制与管理权	拥有区级财政预算管理权、建设审批权、社区规划审批权等	社区委员会拥有社区福利、社区财政预算、社区工作计划、选举主席等职能
伦敦	负责大伦敦地区的空气质量、文化和旅游、经济发展、交通、土地规划、警察、消防等公共服务	提供教育、住房、社会服务、街道清扫、废物处置、道路等服务	实行社区自治，负责社区日常事务管理与社区公共服务的提供

续表

城市	市级职能	区级职能	基层自治单位职能
东京	跨越地区的区域性事务；与区市町村联系协调相关事务	地方自治体，管理户籍、地址标识、街区建设、设施、管理等	地域中心部负责社区公共信息服务、公开办事项目，集中提供服务，为特殊群众提供服务等
巴黎	召集和主持巴黎议会会议，领导巴黎的行政工作，负责巴黎的经济、教育、文化、城市规划等	审议公共设施的设立、负责户籍管理、选举事务、主持区议会等	社区自治组织，负责社区内各类面向居民的基层公共服务

（二）强调市级政府的统一规划和地方自治，规范职责，分工合作

伦敦、纽约、东京等世界城市在行政层级精简的基础上，强调市级政府的统一城市规划，又尊重地方特色实现地方自治，各自依法明确职能、规范职责、分工合作，避免打架和上级对下级的过多干预，体现法制精神和自治理念。欧美和日本等国家城市规划的主要任务在于如何使城市健康发展，又保持良好的生活和工作环境，在城市管理中善于把城市规划和建设有机结合起来，使理想的规划能逐步得到实施①。重视促进大都市的统一规划和协调发展，强调市级政府的权威和统一规划职能，在城市拓展、土地利用规划、公共交通等领域，市级政府处于主导地位，建立比较完善的、统一协调的大城市管理机构。上下两级政府之间并非上下隶属关系，依据法律规定明确各自职权范围，独立行使管辖权，向选民负责。依据法律规定上级政府对下级政府具有指导、协助、监督等职责，但不存在财政、人事等方面的干预权，确保地方自治。各级政府职能分工由法律加以界定，责任清晰、权能规范、制度稳定，不会因为领导更换带来政策多变。如纽约的"城市宪章"对政府职能进行明确界定，东京和伦敦分别有"地方自治法"和"伦敦市自治法"等确保各个政府的依法行政、制度稳定和管理有序。

---

① 冷熙亮. 国外城市管理体制的发展趋势及其启示 [J]. 城市问题, 2001 (1)：48–50.

（三）立法与行政分立，强化机构整合，避免管理碎片化，提高和改善行政绩效

根据西方政治制度架构，立法权、行政权分立，市长有较强的行政权，但对议员和选民负责，接受监督，议员受市长的行政干预较少，能独立发挥议员的监督制衡作用。回应城市化、后工业化发展要求，满足21世纪知识经济背景下的高知识市民对城市公共治理和公共服务不断提升的要求，加强政府职能转变、机构优化整合，避免管理碎片化和职责交叉等问题，提高行政管理绩效。一方面，通过精简的行政层级和机构设置，减少官僚主义，决策权集中到市级政府，加强政策制定和统筹规划，基层政府更好执行政策，畅通市民监督机制，提高行政绩效。另一方面，加强职能整合，有效治理管理的碎片化和职责交叉问题，提高运行效率，充分体现了大部制改革特点。

三、世界级城市群行政体制改革的政策启示：模式选择与中国道路

世界级城市群在行政管理体制设置和改革方面的许多成功经验，值得中国学习与借鉴。但西方国家所打造的世界级城市群是符合其国家利益和政体特征的，中国不能盲目照搬，更不能简单复制，中国模式选择与发展道路需要结合中国国情、体现中国特色、打造中国模式。结合北京作为国家首都的实际情况，在不断学习和借鉴伦敦、纽约、东京、巴黎等世界级城市所积累的宝贵经验的基础上，建立党委领导下的市区两级政府、三级管理的中国模式。主要启示包括以下几个方面：

（一）建立"党委领导、两级政府、三级管理"的中国特色世界城市行政体制模式，完善分层调控机制，推进城市政府治理体系和治理能力现代化

伦敦等世界城市建立"两级政府、三级管理"模式是行政管理体制改革的重要成功经验，北京借鉴世界城市经验，行政体制改革伴随由"单位

制"向"街居制"再到"社区制"转变和演化趋势①，要进一步创新首都政府分级管理体制模式，完善分层调控机制。建议在未来 5 – 10 年强化市级政府规划决策职能，完善区级政府行政执行职能，进一步简化层级，提高服务效率和治理能力，建立党委领导下的"市—区"两级政府，实行"市—区—社区"三级管理体系，打造具有中国特色世界城市的北京模式，如图 3 所示。根据我国政治体制特点，实行党委领导下的市长负责制，突出战略性、全局性的决策制定和规划，提供首都战略性公共服务。区政府负责直接提供区级层面的日常性公共服务，执行市政府各项决议和规划实施，依据权责和分层管理制度派驻街道办事处等下派机构，加强对社区的监管与政策服务。社区则属于群众自治性组织，由社区居民选举产生居委会协调社区层面的各项公共事务管理，区政府可通过政府采购、外包等形式将日常性公共服务委托给各类社区自治组织或社会组织，区政府加强监督、协调和管理，社区居民有监督、评价、选择社会组织的权利，从而进一步提高公共服务供给质量，提高政府运行效率。以小政府、大社会为导向，社区体制强调透明、回应与参与，要求社区事务的处理、各项措施的制定、实施必须体现社区居民的广泛参与，与居民的要求相适应，拓宽政府与居民之间的对话渠道，从根本上改变城市基层管理的方式②。坚持"党委领导、两级政府、三级管理"的城市治理模式既能适应世界城市行政体制发展潮流与趋势，又能充分体现中国特色和城市实际情况，强调逐渐将街道权限下放到社区，规范分级管理各层级的权限边界，提高行政体制运行效率，打造高效、群众满意的服务型世界城市政府，推进城市政府治理体系和治理能力现代化。

---

① 陈雪莲．从街居制到社区制：城市基层治理模式的转变——以"北京市鲁谷街道社区管理体制改革"为个案［J］．华东经济管理，2009（9）：92 – 98．
② 杨荣．论我国城市基层管理体制的转型［J］．国家行政学院学报，2002（4）：15 – 18．

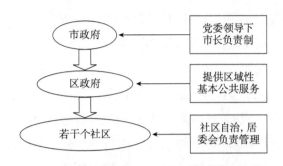

图3　建设中国特色世界城市行政体制模式

（二）加强政府职能整合与分工合作，避免管理碎片化，促进公共服务中心下移，利用大数据、互联网技术和现代信息技术手段，加快智慧型世界城市和服务型政府建设

党的十八届五中全会提出深化行政管理体制改革，进一步转变政府职能，持续推进简政放权、放管结合、优化服务，提高政府效能。当前，我国许多城市政府职能分散交叉，导致管理碎片化，责任不清，追责难以到位。对一个问题但涉及多个部门的事项，各部门间的职责界定不清晰，如处理食品安全、违章建筑、环境治理等问题涉及多个部门，但没有明确谁来牵头，导致"谁都有责任"变成"谁都没有责任"，管理职能碎片化的结果是产生了严重的权责不对称现象①。加强政府管理职能整合就是要面向社会需求及时进行职能转变与创新，满足群众多方面需求的公共服务，提高群众满意度，建立服务型、一体化的行政管理体制架构。只有根据职能要求进行体制设置与改革，才能真正确保政府运行的高效和服务职能履行，否则就会走向"机构改革——机构膨胀——机构再改革"的体制运行循环怪圈。借鉴世界城市体制改革与运行的基本经验，是面向社会需求加强职能设置，市级政府重抓战略、规划、政治性职能，区级政府具有一定的自治性，主要服务基层社会需求的具体性公共服务职能，不强调上下对口，避免过多的繁文缛节和文山会海，提高体制运行效率，真正构建服务

---

① 张忠林，李绥州．整合碎片，走向一体化的城市行政管理体制——以江门市一区间政府关系为例 [J]．岭南学刊，2010（4）：52－56．

性政府。如大伦敦政府、东京都市区政府均强调宏观层面的职能整合，而将具体的、一般性公共服务职能转变给下级政府，发挥世界城市在全球经济中宏观规划、资源整合、战略制定等功能，提高世界城市政府运行效率和国际影响力。打造中国特色世界城市，需要面对经济全球化的国际背景，加强政府职能转变和整合，加强市级政府的宏观管理职能，统一政策标准，统一职责要求，避免管理碎片化，将具体执行性、一般性的公共服务权限下放到基层政府，并将公共服务中心进行下移，充分利用大数据、互联网和现代信息技术手段，建立统一的集中办公的现代公共服务中心或平台，加快建设智慧型、智能型世界城市，提高城市基层行政管理体制运行的高效、快捷、扁平和服务性，避免政府职能"越位""缺位"和"不到位"的现象，实现政府治理能力现代化，打造服务型、扁平化、一体化、高效化的现代政府。

（三）强化宏观层面的政府决策，规范下级政府执行职能，增强社会群众的公共监督，形成制度化互动的运行架构

伦敦、纽约、巴黎、东京等世界城市政府体制运行强调立法权、行政、司法三权分立，但中国具有自己的国情和政治体制特色，不能盲目照搬和实施西方的三权分立制度，其中有效的制度安排可以学习和借鉴。在决策层和执行层之间建立委托授权、责任契约等关系模式，加强决策层对执行层的监督考核，规划执行层的服务职能。北京市作为国家首都，建设世界城市既要保证政治体制的稳定性，同时也要回应经济全球化、知识化、后工业化等发展要求，进一步强化宏观层面的政府决策，加强中长期战略规划制定，加强区域之间的政府协调，为建设世界城市和美丽北京的宏伟蓝图进行谋划。北京市级政府要注重宏观层面的规划决策，发挥市人大在立法决策等方面的作用，吸收城市管理、社会建设、经济发展、城市规划等领域的专家咨询作用，进行科学的城市规划决策，抓好城市规划立法，并保证规划的法律权威和有效实施。进一步减少行政审批，下放权力，释放体制活力，规范好下级政府特别是基层政府和社会组织的执行职能，减少行政层级和行政机构，提高行政绩效。要改革和创新传统的行政

监督机制，增强社会群众、社会组织对政府体制运行的监督权、知情权和参与权，避免传统的监督机构依附政府和自己"监督"自己的弊端，提高监督的时效性和透明度，确保阳光运行，进而提高下级政府特别是基层政府提供公共服务的积极性和主动性，提高体制运行效率。

（四）重视基层政府在具体性公共事务的自治，增强社会群众的制度化参与和自我管理

基于世界城市行政管理体制设置及其模式改革的基本经验，重视地方自治和加强社会群众的公共参与，是促进城市行政体制改革、提高政府绩效的重要突破口和内在活力。一方面，地方自治是尊重基层群众首创精神和人民当家作主的民本思想的重要体现，也是减少政府干预，减少行政层级，减少行政管理成本的重要举措，还是充分发挥地方特色，结合地方实际情况，进行差异化、地方化管理的基本要求。我国在行政体制改革历程中，不断重视地方自治，特别是增强城市社区和农村居委会自我管理能力方面进行了大胆改革与创新。部分地方通过扩权强县，减少行政层级，提高了行政绩效。北京应进一步重视和加强地方自治，赋予地方和基层更多的自治权和自我管理权。另一方面，要重视社会群众的公共参与，加快推进街道管理体制变革，畅通群众参与渠道和体制机制，理顺街道与群众参与的关系，不断压缩和消减街道办事处的管理体制，将权力下放到社区，并通过群众参与，使居民有更多的资源分配权和监督权，使社区真正为群众服务。

（五）通过政府采购与外包形式，加强社会组织培育，促进公共服务社会化、多元化、均等化供给

世界城市的行政管理体制改革应重视社会组织的积极作用，承接政府职能，促进公共服务供给社会化建设，为行政体制运行减负、提质、增效。面向多元化、个性化、复杂化的社会发展，传统的大一统和高度集中的行政体制架构难以适应变化的市场需求。伦敦、巴黎、纽约、东京等世界城市积极回应这些需求，重视更具有灵活性、社会性、服务性、多元性的社会组织培育和建设，依托发达的社会组织体系实现部分公共服务职能

的有效运行，确保社会健康发展。首都北京相对其他国内城市，还承担服务中央的首都政府职能，任务更多，压力更大，要求更高。借鉴世界城市行政体制改革经验和全球经济社会发展潮流，加强社会组织培育与建设，转变职能、下放权力、创新机制，将更多的一般性、公共性不涉及政治性问题的公共服务，以外包和委托等形式交给社会组织和基层群众。政府要着眼于转变职能，从实际出发，做到简政放权，善于从大量社会事务中解脱出来，将一些服务性职能交给或归还社会，由社会服务组织去承担①。将更多的公共服务通过采购和外包方式转给社会组织和中介机构，依托社会组织构建更加灵活、多元、丰富、公平、均等的公共服务体制，不断提高公共服务覆盖面、质量和效益，建立群众满意的公共服务型政府，既有利于社会稳定和政治稳定，也能促进社会和谐，满足社会需求，促进首都经济社会协调发展。

---

① 王维国. 城市基层管理体制改革的路径与模式选择：以北京为例 [J]. 新视野，2009 (5)：159-163.

参考文献

［1］Geddes Patrick. Cities in Evolution［M］. Williams&Norgate,1915.

［2］Hall Peter. The World Cities［M］. London：World University Library. Weidenfeld&Nicolson,1984.

［3］Mayor of London. , The London Plan：Spatial Development Strategy for London, Greater London Authority. 2004.

［4］习近平. 习近平谈治国理政［M］.外文出版社,2015:3.

［5］杨斌. 不辱使命将北京城市副中心建成历史典范［J］.前线,2017(2):88 - 89.

［6］赵伟. 习近平统筹城乡发展思想研究［J］. 井冈山大学学报(社会科学版),2014(6):65 - 75.

［7］于雅琼. 国家新型城镇化的通州实践［J］. 投资北京,2017(3):21 - 23.

［8］顾梦婷,张亮. 多筹并举实现城乡一体化发展——习近平统筹城乡发展中的辩证思维研究［J］.南京晓庄学院学报,2016(5):82 - 85.

［9］姚晓. 强化五个理念,加快统筹城乡发展［J］. 经贸实践,2016(9):113.

［10］张守凤,李淑萍. 统筹城乡发展的内涵及路径研究［J］.山东社会科学,2017(3):109 - 114.

［11］任远. 统筹城乡发展的基本任务和制度改革［J］.社会科学,2016(3):92 - 98.

［12］赵其国,黄国勤,马艳芹. 中国生态环境状况与生态文明建设［J］.

生态学报,2016(19):6328 – 6335.

[13]孟伟,范俊韬,张远. 流域水生态系统健康与生态文明建设[J]. 环境科学研究,2015(10):1495 – 1500.

[14]胡彪,王锋,李健毅,于立云,张书豪. 基于非期望产出 SBM 的城市生态文明建设效率评价实证研究——以天津市为例[J]. 干旱区资源与环境,2015(4):13 – 18.

[15]彭向刚,向俊杰. 中国三种生态文明建设模式的反思与超越[J]. 中国人口·资源与环境,2015(3):12 – 18.

[16]张森年. 确立生态思维方式　建设生态文明——习近平总书记关于大力推进生态文明建设讲话精神研究[J]. 探索,2015(1):5 – 11.

[17]黄勤,曾元,江琴. 中国推进生态文明建设的研究进展[J]. 中国人口·资源与环境,2015(2):111 – 120.

[18]庞昌伟,龚昌菊. 中西生态伦理思想与中国生态文明建设[J]. 新疆师范大学学报(哲学社会科学版),2015(2):98 – 104.

[19]李平星,陈雯,高金龙. 江苏省生态文明建设水平指标体系构建与评估[J]. 生态学杂志,2015(1):295 – 302.

[20]李泽红,王卷乐,赵中平,董锁成,李宇,诸云强,程昊. 丝绸之路经济带生态环境格局与生态文明建设模式[J]. 资源科学,2014(12):2476 – 2482.

[21]张景奇,孙萍,徐建. 我国城市生态文明建设研究述评[J]. 经济地理,2014(8):137 – 142 + 185.

[22]张欢,成金华,陈军,倪琳. 中国省域生态文明建设差异分析[J]. 中国人口. 资源与环境,2014(6):22 – 29.

[23]吕忠梅. 论生态文明建设的综合决策法律机制[J]. 中国法学,2014(3):20 – 33.

[24]王灿发. 论生态文明建设法律保障体系的构建[J]. 中国法学,2014(3):34 – 53.

[25]王树义. 论生态文明建设与环境司法改革[J]. 中国法学,2014

（3）:54 – 71.

［26］龙花楼,刘永强,李婷婷,万军. 生态文明建设视角下土地利用规划与环境保护规划的空间衔接研究［J］. 经济地理,2014（5）:1 – 8.

［27］夏光. 建立系统完整的生态文明制度体系——关于中国共产党十八届三中全会加强生态文明建设的思考［J］. 环境与可持续发展,2014（2）:9 – 11.

［28］张欢,成金华,冯银,陈丹,倪琳,孙涵. 特大型城市生态文明建设评价指标体系及应用——以武汉市为例［J］. 生态学报,2015（2）:547 – 556.

［29］刘某承,苏宁,伦飞,曹智,李文华,闵庆文. 区域生态文明建设水平综合评估指标［J］. 生态学报,2014（1）:97 – 104.

［30］刘贵华,岳伟. 论教育在生态文明建设中的基础作用［J］. 教育研究,2013,（12）:10 – 17.

［31］任丙强. 生态文明建设视角下的环境治理:问题、挑战与对策［J］. 政治学研究,2013（5）:64 – 70.

［32］严耕,林震,吴明红. 中国省域生态文明建设的进展与评价［J］. 中国行政管理,2013（10）:7 – 12.

［33］蓝庆新,彭一然,冯科. 城市生态文明建设评价指标体系构建及评价方法研究——基于北上广深四城市的实证分析［J］. 财经问题研究,2013（9）:98 – 106.

［34］周生贤. 走向生态文明新时代——学习习近平同志关于生态文明建设的重要论述［J］. 求是,2013（17）:17 – 19.

［35］赵景柱. 关于生态文明建设与评价的理论思考［J］. 生态学报,2013（15）:4552 – 4555.

［36］孙新章,王兰英,姜艺,贾莉,秦媛,何霄嘉,姚娜. 以全球视野推进生态文明建设［J］. 中国人口. 资源与环境,2013（7）:9 – 12.

［37］彭向刚,向俊杰. 论生态文明建设视野下农村环保政策的执行力——对"癌症村"现象的反思［J］. 中国人口. 资源与环境,2013（7）:13 – 21.

［38］马凯．坚定不移推进生态文明建设［J］．求是,2013(9):3－9．

［39］刘丽红．浅议生态文明建设的制度确立［J］．企业经济,2013(4):
155－158．

［40］毛惠萍,何璇,何佳,牛冬杰,包存宽．生态示范创建回顾及生态文
明建设模式初探［J］．应用生态学报,2013(4):1177－1182．

［41］樊杰,周侃,孙威,陈东．人文—经济地理学在生态文明建设中的
学科价值与学术创新［J］．地理科学进展,2013(2):147－160．

［42］俞海,夏光,杨小明,尚素娟．生态文明建设:认识特征和实践基础
及政策路径［J］．环境与可持续发展,2013(1):5－11．

［43］樊杰,周侃,陈东．生态文明建设中优化国土空间开发格局的经济
地理学研究创新与应用实践［J］．经济地理,2013(1):1－8．

［44］谷树忠,胡咏君,周洪．生态文明建设的科学内涵与基本路径［J］．
资源科学,2013(1):2－13．

［45］龚万达,刘祖云．从马克思的生态内因论看中国生态文明建
设——对中共十八大报告中生态文明建设的理论解读［J］．四川师范大学学
报(社会科学版),2013(1):5－10．

［46］余谋昌．生态文明:建设中国特色社会主义的道路——对十八大
大力推进生态文明建设的战略思考［J］．桂海论丛,2013(1):20－28．

［47］刘小朋,周怡,耿冰,王翻翻,丁宪浩,刘亚男．论生态文明建设目
标下城乡居民思想观念的改进与发展［J］．黑龙江科技信息,2012(36):
128－129．

［48］杨阳腾．珠三角走出绿色低碳发展新路［N］．经济日报,2017－
09－27(012)．

［49］石敏俊．京津冀建设世界级城市群的现状、问题和方向［J］．中共
中央党校学报,201721(4):49－55．

［50］冯正霖．实现世界级城市群和机场群联动发展［N］．人民日报,
2017－07－24(7)．

［51］李兰冰,郭琪,吕程．雄安新区与京津冀世界级城市群建设［J］．

南开学报(哲学社会科学版),2017(4):22 - 31.

[52]金凤君. 服务世界级城市群的交通一体化战略[J]. 中国公路, 2017(14):12 - 13.

[53]吴凡. 大湾区联合出海深圳应成重要"引擎"[N]. 深圳特区报, 2017 - 07 - 02(A04).

[54]吴丹. 把握"一带一路"发展重大机遇 打造世界级城市群和机场群的新联通[N]. 中国民航报,2017 - 05 - 29(001).

[55]高俊. 中国开启建设世界级城市群和机场群的时代之门[N]. 中国民航报,2017 - 05 - 29(002).

[56]戴春晨. 对标世界著名湾区 环珠江口崛起世界级城市群[N]. 21世纪经济报道,2017 - 05 - 08(011).

[57]郭锦润. 中山全面启动组团式发展战略[N]. 中山日报,2017 - 04 - 26(001).

[58]张文君. 向京津冀世界级城市群"第三极"迈进[N]. 河北日报, 2017 - 03 - 29(010).

[59]张燕. "粤港澳大湾区",即将崛起的世界级城市群[J]. 中国经济周刊,2017(11):39 - 41.

[60]肖姗. 为长三角世界级城市群建设提供示范[N]. 南京日报, 2017 - 03 - 09(A02).

[61]杜弘禹. 粤港澳合作新方位:对标国际一流湾区和世界级城市群[N]. 21世纪经济报道,2017 - 03 - 09(005).

[62]李艳伟. 打造京津冀世界级机场群 助推世界级城市群建设[N]. 中国民航报,2017 - 03 - 02(007).

[63]刘秀敏. 推进协同发展 将石家庄打造成京津冀世界级城市群第三极[J]. 经济论坛,2017(2):41 - 43.

[64]黄丽华. 建设枢纽型网络城市引领珠三角湾区向世界级城市群发展[J]. 探求,2017(1):39 - 44.

[65]张西陆. 晋级"超级城市"广州有何高招?[N]. 南方日报,

2016 – 12 – 27(AA2).

[66]黄晓慧.珠三角世界级城市群构建的法治保障研究——以低碳环保法制建设为视角[J].中国名城,2016(12):37 – 42.

[67]尹德挺,史毅.人口分布、增长极与世界级城市群孵化——基于美国东北部城市群和京津冀城市群的比较[J].人口研究,2016,40(6):87 – 98.

[68]安树伟,闫程莉.京津冀与世界级城市群的差距及发展策略[J].河北学刊,2016,36(6):143 – 149.

[69]朱晓青.京津冀建设世界级城市群面临的突出问题与对策[J].领导之友,2016(5):56 – 61.

[70]陈小卉.面向建设具有全球影响力的世界级城市群,江苏如何融入?[J].江苏城市规划,2016(6):4 – 6.

[71]刘铁娃.增强京津冀世界级城市群的软实力[J].对外传播,2016(6):57 – 58.

[72]张倪.长三角绘就世界级城市群发展蓝图[J].中国发展观察,2016(12):50 – 53.

[73]郝媛,全波.世界级城市群目标下京津冀机场群发展策略[J].城市交通,2016,14(3):67 – 71 + 80.

[74]刘广平,张敬,陈立文,章静敏.京津冀世界级城市群建设背景下河北省新型城镇化发展研究[J].商业经济研究,2016(10):214 – 216.

[75]杨兵.纳入长三角城市群发展规划 合肥都市圈未来更美好[N].合肥晚报,2016 – 05 – 13(A02).

[76]孟进.打造世界级机场群 服务世界级城市群[N].中国民航报,2016 – 05 – 09(001).

[77]李震,刘品安.珠三角世界级城市群建设路径创新[J].开放导报,2016(2):55 – 58.

[78]冷宣荣.打造具有较强国际竞争力的世界级城市群[J].领导之友,2016(4):5 – 7.

［79］卢昀伟．京津冀"世界级城市群"的交通一体化与宜居建设［J］．山西建筑,2016,42(4):7-8.

［80］高瀛．天津参与构建京津冀世界级城市群战略发展的对策研究［D］．天津大学,2016.

［81］彭力,黄崇恺．关于我国三大城市群建成世界级城市群的探讨［J］．广东开放大学学报,2015,24(6):29-33.

［82］解读:京津冀协同发展——打造以首都为核心的世界级城市群［J］.资源节约与环保,2015(9):8.

［83］京津冀将协同建设世界级城市群生态体系［J］．园林科技,2015(3):49-50.

［84］钱春弦．鼓起世界级城市群的风帆［N］．中国信息报,2015-09-16(2).

［85］宋文新．打造京津冀世界级城市群若干重大问题的思考［J］．经济与管理,2015,29(5):11-14.

［86］京津冀将建成以首都为核心的世界级城市群［J］．印刷工业,2015,10(8):13.

［87］刘立栋．中国着力打造最新世界级城市群［J］．中学政史地(高中文综),2015(Z2):35-41.

［88］陈秀山,李逸飞．世界级城市群与中国的国家竞争力——关于京津冀一体化的战略思考［J］．人民论坛·学术前沿,2015(15):41-51.

［89］王尔德．京津冀三地功能定位大调整 建以首都为核心的世界级城市群［N］．21世纪经济报道,2015-07-16(006).

［90］薛惠娟,田学斌,高钟庭．加快推进京津冀世界级城市群建设——"加快京津冀城市群建设"专家座谈会综述［J］．经济与管理,2015,29(4):10-13.

［91］苏励．建设京津冀世界级城市群中的明星卫星城［N］．河北日报,2015-07-06(001).

［92］梁本凡．长江中游城市群建成世界级智慧城市群的进程与路径研

究[J].江淮论坛,2015(3):25-31.

[93]刘志奇.长三角:建设更高水平世界级城市群[N].经济日报,2015-03-30(010).

[94]李敏.长三角:一个世界级城市群正在崛起[N].中国信息报,2015-03-08(003).

[95]梁琦."海上丝路"助力粤港澳打造世界级城市群[J].同舟共进,2015(2):24.

[96]朱国庆,刘娜,刘露.民族地区农村生态文明建设探析——以湖北省五峰土家族自治县为例[J].特区经济,2012(11):166-167.

[97]胡世强,刘金彬.生态文明视野下的企业环境成本控制——基于成都市工业化与生态文明建设的思考[J].财经科学,2012(8):84-91.

[98]周璇,戴春勤.浅谈我国生态文明建设中的人口问题[J].黑龙江科技信息,2012(1):207+55.

[99]白杨,黄宇驰,王敏,黄沈发,沙晨燕,阮俊杰.我国生态文明建设及其评估体系研究进展[J].生态学报,2011(20):6295-6304.

[100]曲艺.浅析生态马克思主义对中国生态文明建设的启示[J].改革与开放,2011(14):52-53.

[101]刘海霞.论马克思主义对生态文明建设的指导作用[J].山东省青年管理干部学院学报,2010(6):11-14.

[102]吴昌春,吕亚青.浅谈现代林业与生态文明建设的关系[J].黑龙江科技信息,2010(8):117.

[103]毛明芳.着力构建生态文明建设的长效机制[J].攀登,2009(3):72-75.

[104]邵超峰,鞠美庭,赵琼,陈书雪.我国生态文明建设战略思路探讨[J].环境保护与循环经济,2009(2):44-47.

[105]李学军.对生态文明建设思想的几点认识[J].攀登,2009(1):59-61.

[106]张晓明,邬伟娥.基于生态文明建设背景的绿色公关现状分析

［J］．现代经济（现代物业下半月刊），2008（S1）:98 - 100.

［107］包静晖，王祥荣．伦敦的生态及自然保护［J］．国外城市规划，2000（3）:36 - 39.

［108］北京城市规划管理局科技处情报组．国外城市规划参考资料—伦敦［E］．1979.

［109］陈弘仁．北京建设"低碳"世界城市［N］．中国经济导报，2010 - 6 - 18.

［110］陈瑞清．建设社会主义生态文明 实现可持续发展［J］．中国政协，2008（2）: 64 - 65.

［111］崔伟奇．论"绿色北京"理念的价值哲学基础［J］．北京行政学院学报，2011（2）:111 - 114.

［112］韩红霞、高峻、刘广亮、杨冬青．英国大伦敦城市发展的环境保护战略［J］．国外城市规划，2004，19（2）:60 - 64.

［113］刘春霞．全市经济体制和生态文明体制改革专项小组工作会议召开［N］．乌海日报，2017 - 08 - 29（001）.

［114］钟兰花．构筑绿色发展的内生机制［N］．绍兴日报，2017 - 08 - 29（001）.

［115］郎宝生．发挥塞罕坝生态文明建设范例引领带动作用 推进生态文明体制改革建立生态文明制度体系［N］．承德日报，2017 - 08 - 23（1）.

［116］倪寒霞．我市出台生态文明体制改革方案［N］．金华日报，2017 - 08 - 23（A2）.

［117］蓝锋．扎实推进农业农村改革发展各项工作［N］．广西日报，2017 - 08 - 22（1）.

［118］全面推行排污权有偿使用和交易制度助推生态文明体制改革［J］．环境保护，2017，45（14）:70 - 71.

［119］文涛．总书记定调长江经济带共抓大保护 生态文明体制改革"守住绿水青山"［N］．长江日报，2017 - 07 - 23（007）.

［120］李海英．到2020 年，沈阳基本建成六大制度体系（二）［N］．沈阳

日报,2017 - 06 - 13(012).

[121]张孝德. 扎实推进生态文明体制改革落地[N]. 经济日报,2017 - 05 - 24(006).

[122]韩万青. 芜湖市深化生态文明体制改革的实践探索[N]. 芜湖日报,2017 - 05 - 16(002).

[123]史大平. 使重庆成为山清水秀美丽之地——重庆落实习近平总书记系列重要讲话精神,深化生态文明体制改革的探索实践[J]. 环境保护,2017,45(8):23 - 26.

[124]赵玉强,崔涤尘,王雪. 沈阳市生态文明体制改革规划研究[J]. 环境保护科学,2017,43(1):43 - 47.

[125]侯雪静. 湿地保护方案 生态文明体制新成果[J]. 浙江林业,2017(2):12 - 13.

[126]郭会玲. 论生态文明体制改革背景下林业生态环境保护制度创新——以法律制度创新为视角[J]. 林业经济,2017,39(1):8 - 12.

[127][常纪文. 生态文明体制改革的五点建议[N]. 中国环境报,2017 - 01 - 17(003).

[128]胡碧霞,李卫祥,林瑞瑞. 生态文明体制下有关土地资源产权制度的思考[J]. 山西农业大学学报(社会科学版),2017,16(1):7 - 11 +44

[129]黄勤,王林梅. 省区生态文明建设的空间性[J]. 社会科学研究,2011(6):17 - 20.

[130]京津冀合作须健全生态补偿机制[N]. 中国经营报,2013 - 6 - 22.

[131]李斌. 试论生态文明与经济体制改革[J]. 牡丹江师范学院学报,2006(1):6 - 8.

[132]刘俊卿,苗正卿. 河北重化工之重[J]. 中国经济和信息化,2013(19).

[133]路遥. 大城市公园体系研究——以上海为例[D]. 上海:同济大学. 2007:3.

[134]伦敦生态联合学会．英国城市自然保护[J]．生态学报,1990,10(1):96－108.

[135]盛蓉,刘士林．世界城市理论与上海的世界城市发展进程[J]．学术界,2011(2):219－224.

[136]王红．借鉴"伦敦规划"改进战略规划编制工作[J]．外国规划研究,2004,28(6):78－87.

[137]吴兴智．生态现代化理论与我国生态文明建设[N]．学习时报,2010－8－19.

[138]张浩,王祥荣,包静晖,闫水玉．上海与伦敦城市绿地的生态功能及管理对策比较研究[J]．城市环境与城市生态,2000,13(2):29－32.

[139]郑晶,廖福霖．生态文明体制改革的重大创新[J]．林业经济,2014(1):3－7.

[140]钟茂初,潘丽青．京津冀生态—经济合作机制与环京津贫困带问题研究[J]．林业经济,2007(10):44－47.

[141]邹正方,李兆洁．低碳经济视角下的京津冀晋蒙区域经济合作:挑战与选择[J]．重庆工商大学学报,2012(5):37－40.

[142]王鸿春．日本东京治理大气污染对策研究[J]．北京日报,2007－12－17.

[143]陈云．东京都的环境经济:挑战和机遇[J]．社会观察,2005(1):32－33.

[144]戚本超,周达．东京环境管理及对北京的借鉴[J]．宁夏社会科学,2010(5).

[145]孙宝林．东京都:环境问题与对策[J]．城市问题,1997(3):59－62.

[146]北京市统计局:《北京统计年鉴2014》,中国统计出版社,2014年版。

[147]王桂新.我国大城市病及大城市人口规模控制的治本之道[J].探索与争鸣,2011(7).

[148]辜胜阻,李华.缓解"大城市病"需实施均衡的城镇化战略[J].中国合作经济,2011(4).

[149]王大伟,文辉,林家彬.应对城市病的国际经验与启示[J].中国发展观察,2012(7).

[150]王开泳等.国外防治城市病的规划应对思路与措施借鉴[J].世界地理研究,2014(1).

[151]赵弘.北京大城市病治理与京津冀协同发展[J].经济与管理,2014(3):5-8.

[152]杨传开,李陈.新型城镇化背景下的城市病治理[J].经济体制改革,2014(3):48-52.

[153]向春玲.中国城镇化进程中的"城市病"及其治理[J].新疆师范大学学报(哲学社会科学版),2014(2):45-53.

[154]赵吉芳,李洪波,黄安民.美国国家公园管理体制对中国风景名胜区管理的启示[J].太原大学学报,2008(2).

[155]郑敏,张家义.美国国家公园的管理对我国地质遗迹保护区管理体制建设的启示[J].中国人口.资源与环境,2003(1).

[156]朱华晟,陈婉婧,任灵芝.美国国家公园的管理体制[J].城市问题,2013(5).

[157]杨多贵,周志田,陈劭锋.我国人与自然和谐发展面临的挑战及其战略选择[J].上海经济研究,2005(4):6-12.

[158]何怀宏.生态伦理—精神资源与哲学基础[M].保定:河北大学出版社,2002.

[159]中国低碳经济发展战略思考:以京津冀经济圈为例[J].http://www.xzbu.com/7/view-3083711.htm

[160]刘薇.京津冀区域生态文明圈构建研究[J].沿海企业与科技,2013(6):53-56.

[161]环保部发布74个城市2013年空气质量状况[N].http://news.sohu.com/20140326/n397217067.shtml

[162]刘俊卿,苗正卿.河北重化工之重[J].中国经济和信息化,2013(19).

[163]京津冀合作须健全生态补偿机制[N].中国经营报,2013-06-22.

[164]钟茂初,潘丽青.京津冀生态—经济合作机制与环京津贫困带问题研究[J].林业经济,2007(10):44-47.

[165]邹正方,李兆洁.低碳经济视角下的京津冀晋蒙区域经济合作:挑战与选择[J].重庆工商大学学报2012(5):37-40.

[166]高大伟:积极发挥公园在首都社会治理体系创新中的作用[J].前线,2014(9).

[167]郇庆治.环境政治学视角的生态文明体制改革与制度建设[J].中共云南省委党校学报,2014(1):80-84.

[168]李斌.试论生态文明与经济体制改革[J].牡丹江师范学院学报,2006(1):6-8.

[169]陈瑞清.建设社会主义生态文明,实现可持续发展[J].中国政协,2008(2):64-65.

[170]吴兴智.生态现代化理论与我国生态文明建设[N].学习时报,2010-08-19.

[171]郇庆治.环境政治学视角的生态文明体制改革与制度建设[J].中共云南省委党校学报,2014(1):80-84.

[172]郭兆晖.生态文明是政治体制改革的重要突破口[N].中国石油报,2013-01-29

[173]郑晶,廖福霖.生态文明体制改革的重大创新[J].林业经济,2014(1):3-7.

[174]王天义.改变单一追求GDP的绩效考核办法[J].人民论坛,2009(8).

[175]崔伟奇.论"绿色北京"理念的价值哲学基础[J].北京行政学院学报,2011(2):111-114.

［176］盛蓉,刘士林. 世界城市理论与上海的世界城市发展进程［J］. 学术界,2011(2):219 – 224.

［177］陈弘仁. 北京建设"低碳"世界城市［N］. 中国经济导报,2010 – 06 – 18.

［178］黄勤,王林梅. 省区生态文明建设的空间性［J］. 社会科学研究, 2011(6):17 – 20.

［179］刘俊卿,苗正卿. 河北重化工之重［J］. 中国经济和信息化,2013 (19).

［180］钟茂初,潘丽青. 京津冀生态—经济合作机制与环京津贫困带问题研究［J］. 林业经济,2007(10):44 – 47.

［181］邹正方,李兆洁. 低碳经济视角下的京津冀晋蒙区域经济合作: 挑战与选择［J］. 重庆工商大学学报 2012(5):37 – 40.

［182］郇庆治. 环境政治学视角的生态文明体制改革与制度建设［J］. 中共云南省委党校学报,2014(1):80 – 84.

［183］王鸿春. 日本东京治理大气污染对策研究［N］. 北京日报, 2007 – 12 – 17.

［184］陈云. 东京都的环境经济:挑战和机遇［J］. 社会观察,2005(1): 32 – 33.

［185］戚本超,周达. 东京环境管理及对北京的借鉴［J］. 宁夏社会科学,2010(5).

［186］孙宝林. 东京都:环境问题与对策［J］. 城市问题,1997(3): 59 – 62.

［187］唐佑安. 伦敦治理"雾都"的启示［N］. 法制日报,2013 – 01 – 30.

［188］高洪善. 洛杉矶的雾霾治理及其启示［J］. 全球科技经济瞭望, 2014(1).

［189］李家才. 洛杉矶经验与珠三角地区灰霾治理［J］. 环境保护,2010 (18).

［190］张浩,王祥荣,包静晖,闫水玉. 上海与伦敦城市绿地的生态功能

及管理对策比较研究［J］.城市环境与城市生态,2000,13(2):29-32.

［191］刘云山.牢固树立和自觉践行五大发展理念［J］.党建,2015 (12):8-11.

［192］赵其国,黄国勤,马艳芹.中国生态环境状况与生态文明建设 ［J］.生态学报,2016(19):1-7.

［193］陈金龙.五大发展理念的多维审视［J］.思想理论教育,2016 (1):4-5.

［194］杜祥琬.以低碳发展促进生态文明建设的战略思考［J］.环境保 护,2015(24):17-22.

［195］顾海良.五大发展理念的"中国智慧"［J］.前线,2016(1): 17-19.

［196］胡鞍钢.五大发展新理念如何引领"十三五"［J］.人民论坛, 2015(33):23.

［197］冯之浚,方新,李正风.塑造当代创新文化 践行五大发展理念 ［J］.科学学研究,2016(1):1-3.

［198］高大伟,积极发挥公园在首都社会治理体系创新中的作用［J］. 前线,2014(9).

［199］孟献丽.资本主义和生态灾难的替代选择——有机马克思主义 述评［N］.人民日报,2015-04-20.

［200］王治河,杨韬.有机马克思主义及其当代意义［J］.马克思主义 与现实,2015(1):84-92.

［201］马克思,恩格斯.马克思恩格斯文集(第5卷)［M］.北京:人民 出版社,2009:714.

［202］袁记平.马克思主义生态观与生态社会建设［J］.求实,2011 (12):822.

［203］杨寄荣.马克思主义低碳经济伦理思想分析［J］.乌鲁木齐职业 大学学报,2013(1):52-55.

［204］林志友.生态危机视域中的马克思主义时代化［J］.社会主义研

究,2013(5):38 - 42.

[205] 杨志华. 何为有机马克思主义? ——基于中国视角的观察[J].
马克思主义与现实,2015(1):78 - 81.

[206] 傅志寰,牛田瑛. 关于低碳发展的认识和思考[J]. 中国工程科
学,2010(6):12 - 17.

[207] 王治河,杨韬. 有机马克思主义的生态取向[J]. 自然辩证法研
究,2015(2):117 - 222.

[208] 刘传江,刘洪辞. 生态文明时代的发展范式转型与低碳经济发展
道路[J]. 南京理工大学学报,2012(4):20 - 26.

[209] 张秀丽. 当代中国马克思主义生态观的历史文化基奠与发展
[J]. 毛泽东邓小平理论研究,2011(3):64 - 69.

[210] B. 柯布. 论有机马克思主义[J]. 马克思主义与现实,2015(1):
68 - 73.

[211] 马克思,恩格斯. 马克思恩格斯文集(第5卷) [M]. 北京:人民
出版社,2009:387 - 519.

[212] 李崇富. 马克思主义生态观及其现实意义[J]. 湖南社会科学,
2011(1):15 - 21.

[213] B. 柯布. 论有机马克思主义[J]. 马克思主义与现实,2015(1):
68 - 73.

[214] 雷结斌,胡伯项. 论马克思主义生态观对我国生态文明建设的启
示[J]. 求实,2013(5):4 - 6.

[215] 何建坤. 发展低碳经济,关键在于低碳技术创新[J]. 绿叶,2009
(1):46 - 50.

[216] 王蓓. 低碳技术:发展低碳经济的关键[J]. 中国经贸导刊,2011
(3):56 - 57.

[217] 陈志恒. 日本构建低碳社会行动及其主要进展[J]. 现代日本经
济,2009(6):1 - 5.

[218] 孙超骥,郭兴方. 日本低碳经济战略对我国经济发展的启示[J].

价格月刊,2011(9):42-46.

[219] 董立延. 新世纪日本绿色经济发展战略——日本低碳政策与启示[J]. 自然辨证法研究,2012(11):65-71.

[220] 平力群. 日本政府支持新兴产业发展的政策措施——以降低企业技术创新成本为视角[J]. 东北亚学刊,2013(3):31-36.

[221] 孟晶. 日本:政策引导抢占技术制高点[J]. 中国石油和化工,2010(8):12-13.

[222] 鲍健强,王学谦,叶瑞克,陈明. 日本构建低碳社会的目标、方法与路径研究[J]. 中国科技论坛,2013(7):136-143.

[223] 李顺才,李伟,王苏丹. 日本产业技术综合研究所研发组织机制分析[J]. 科技管理研究,2008(3):76-78.

[224] 刘立,王博. 中日韩低碳技术发展模式比较研究[J]. 科技进步与对策,2014(22):26-30.

[225] 任卫峰. 低碳经济与环境金融创新[J]. 上海经济研究,2008(3):38-42.

[226] 蓝虹. 日本构建低碳社会战略的政策与技术创新及其启示[J]. 生态经济,2012(10):72-77,92.

[227] 王新,李志国. 日本低碳社会建设实践对我国的启示[J]. 特区经济,2010(10):96-98.

[228] 城市已成为我国碳排放主要来源地[N]. 深圳晚报,2015-06-18.

[229] 李萌,李学锋. 中国城市时代的绿色发展转型战略研究[J]. 社会主义研究,2013(1):54-54.

[230] 张泉,叶兴平,陈国伟. 低碳城市规划——一个新的视野[J]. 城市规划,2010(2):13-18.

[231] 陆伟,张丹. 全球气候变暖背景下低碳城市规划研究[J]. 中国房地产业,2013(5).

[232] 张洪波,陶春晖,庞春雨,刘生军,姜云. 全球气候变化影响下的

低碳城市规划创新体系[J]. 四川建筑科学研究,2012(5):302－305.

[233] 周潮,刘科伟,陈宗兴. 低碳城市空间结构发展模式研究[J]. 科技进步与对策,2010(22):56－59.

[234] 岳雪银,谈新敏,黄文艺. 低碳技术创新在低碳经济发展中的作用及对策[J]. 科协论坛,2011(4):142－143.

[235] 袁贺,杨犇. 中国低碳城市规划研究进展与实践解析[J]. 规划师,2011(5):11－15.

[236] 陈达. 低碳城市的空间构建研究[J]. 产业与科技论坛,2010(11):13－15.

[237] 陈晓春,蒋道国. 新型城镇化低碳发展的内涵与实现路径[J]. 学术论坛,2013(4). 123－127.

[238] 弋振立. 低碳城镇化:中国可持续发展必由之路[N]. 光明日报,2010－04－25.

[239] 吴昌华. 低碳创新的技术发展路线图[J]. 中国科学院院刊,2010(2):138－144.

[240] 郭晶. 低碳目标下城市产业结构调整与空间结构优化的协调——以杭州为例[J]. 城市发展研究,2010(7):25－28.

[241] 吴南,王雪岚,杨军,刘征. 城市规划中的减碳和固碳策略研究[J]. 规划师,2012(S1):267－270.

[242] 顾大治,周国艳. 低碳导向下的城市空间规划策略研究[J]. 现代城市研究,2010(11):52－56.

[243] 郭金龙. 协同发展京津冀,牢牢把握新时期首都城市战略定位[N]. 人民日报,2014－03－03.

[244] 贺炜,刘滨谊. 有关绿色基础设施几个问题的重思[J]. 中国园林. 2011(1):88－92

[245] 徐本鑫. 论我国城市绿地系统规划制度的完善——基于绿色基础设施理论的思考[J]. 北京交通大学学报. 2013(2):15－20.

[246] 国务院鼓励社会资本进入城市基础建设领域[N] 南方日报,

2013 – 09 – 18.

[247]李开然. 绿色基础设施:概念,理论及实践[J]. 中国园林,2009,25(10):88 – 90.

[248]应君,张青萍,王末顺,吴晓华. 城市绿色基础设施及其体系构建[J]. 浙江农林大学学报. 2011(5):805 – 809.

[249]吴晓敏. 国外绿色基础设施理论及其应用案例[C]. 中国风景园林学会 2011 年会论文集. 2011:1034 – 1038.

[250]刘薇. 京津冀区域生态文明圈构建研究[J]. 沿海企业与科技,2013(6):53 – 56.

[251]刘俊卿,苗正卿. 河北重化工之重[J]. 中国经济和信息化,2013(19).

[252]京津冀合作须健全生态补偿机制[N]. 中国经营报,2013 – 06 – 22.

[253]钟茂初,潘丽青. 京津冀生态—经济合作机制与环京津贫困带问题研究[J]. 林业经济,2007(10):44 – 47.

[254]邹正方,李兆洁. 低碳经济视角下的京津冀晋蒙区域经济合作:挑战与选择[J]. 重庆工商大学学报 2012(5):37 – 40.

[255]许冬香. 企业生态道德责任浅析[J]. 伦理学研究,2009(1):64 – 67.

[256]殷乾亮. 生态文明与工业文明冲突下的低碳城市建设思路[J]. 江西社会科学,2011(1):86 – 89.

[257]章轲. 中国的环境污染到底有多重? 污水总量超环境容量三倍[N]. 第一财经日报,2014 – 05 – 23.

[258]马永庆. 生态文明建设的道德思考[J]. 伦理学研究,2012(1):1 – 7.

[259]丁丁,周冏. 我国低碳经济发展模式的实现途径和政策建议[J]. 环境保护与循环经济,2008(3).

[260]王玉珏,武中哲. 我国低碳技术创新模式的选择问题研究[J]. 经

济师,2012(6):46 - 49.

　　[261]王家庭.基于低碳经济视角的我国城市发展模式研究[J].江西社会科学,2010(3):85 - 89.

　　[262]罗井峰,马风光.经济学视角下的企业道德资本研究[J].特区经济,2009(12):287 - 289.

　　[263]崔晓冬,张小丹,刘清芝.企业低碳发展与低碳认证[J].环境与可持续发展,2012(1):63 - 66.

　　[264]吴江华."碳道德"的责任维度——基于低碳经济的视角分析[J].上海商学院,2010(5):28 - 31.

　　[265]杨洁勉.世界气候外交和中国的应对[M].中国:时事出版社,2008:257 - 262.

　　[266]刘湘溶,罗常军.生态环境的治理与责任[J].伦理学研究,2015(3):98 - 102.

　　[267][美]米尔顿·弗里德曼.资本主义与自由[M].张瑞玉译.北京:商务印书馆,1986:128.

　　[268][法]爱弥尔·涂尔干.职业伦理与公共道德[M].渠东,付德根译.上海:上海人民出版社,2001:18.

　　[269][美]P.普拉利.商业伦理[M].洪成文,等译.北京:中信出版社,1999:1 - 20.

　　[270]谢芬芳.低碳经济时代道德调节新范——生态道德[J].传承,2014(11):88 - 89.

　　[271]林志友.生态危机视域中的马克思主义时代化[J].社会主义研究,2013(5):38 - 42.

　　[272]李慧.社会道德规范下我国低碳经济的建设路径[J].前沿,2012(7):84 - 85.

　　[273]常纪文.生态文明体制改革取得了哪些经验?[J].中国生态文明,2016(5):86.

　　[274]常纪文.生态文明体制改革一路前行[J].环境经济,2016(Z8):

36 – 39.

[275]李永胜．开创生态文明体制改革新局面的六大理念[J]．南都学坛,2016(4):79 – 82.

[276]瞿畏,吴小平,陈凌嘉．以生态文明体制改革为引领 扎实推进排污权交易工作[J]．中国环境监察,2016(4):49 – 52.

[277]王克群,许军振．坚持绿色发展 推进生态文明体制改革[J]．理论与现代化,2016(2):5 – 8.

[278]常纪文．生态文明体制全面改革的"四然"问题[J]．中国环境管理,2016(1):23 – 29.

[279]周宏春．生态文明体制改革:知易行难[J]．中国环境管理,2016(1):114.

[280]夏光．积极推进生态文明体制改革[J]．中国产经,2015(12):88 – 89.

[281]董战峰,李红祥,葛察忠,王金南．生态文明体制改革宏观思路及框架分析[J]．环境保护,2015(19):15 – 19.

[282]陶国根．深化生态文明体制改革 迈向多中心治理[J]．沈阳干部学刊,2015(4):40 – 43.

[283]郇庆治．环境政治视角下的生态文明体制改革[J]．探索,2015(3):41 – 47.

[284]叶平．深化生态文明体制改革的时代特点及理论前提[J]．环境保护,2015(Z1):50 – 53.

[285]谭建军．主体功能区视角下生态文明建设和生态体制改革[J]．南方论刊,2015(2):11 – 14.

[286]刘汉武,高冬婧,初华沄,孟建男．生态文明体制改革的探索与实践——以辽阳市为例[J]．环境保护与循环经济,2014(11):17 – 19.

[287]谭建军．主体功能区视角下生态文明建设和生态体制改革——以清远为例[J]．岭南学刊,2014(6):104 – 107.

[288]雷玉华．加快生态文明体制改革 努力建设美丽新疆和布克赛尔

[J]. 实事求是,2014(6):98 – 100.

[289]于康震. 让生态文明体制改革的春风吹绿草原[J]. 求是,2014(13):58 – 60.

[290]包锦阔. 浅谈深化生态文明体制改革[J]. 市场论坛,2014(6):7 – 8.

[291]独娟. 促进生态文明建设的财税体制改革探讨[J]. 中外企业家,2014(17):47 – 48.

[292]刘湘溶. 关于生态文明体制改革的若干思考[J]. 湖南师范大学社会科学学报,2014(2):5 – 7.

[293]郇庆治. 环境政治学视角的生态文明体制改革与制度建设[J]. 中共云南省委党校学报,2014(1):80 – 84.

[294]郑晶,廖福霖. 生态文明体制改革的重大创新[J]. 林业经济,2014(1):3 – 6 + 21.

[295]邓集文. 建设生态文明需要改革我国环保管理体制[J]. 生态经济,2008(6):156 – 159.

[296]李斌. 试论生态文明与经济体制改革[J]. 牡丹江师范学院学报(哲学社会科学版),2006(1):6 – 8.

[297]马小虎. 新媒体时代的公共政策创新研究——基于信息传播变革的视角[J]. 理论观察,2016(4):50 – 52.

[298]赵其国,黄国勤,马艳芹. 中国生态环境状况与生态文明建设[J]. 生态学报,2016(19):6328 – 6335.

[299]彭向刚,向俊杰. 中国三种生态文明建设模式的反思与超越[J]. 中国人口·资源与环境,2015(3):12 – 18.

[300]张森年. 确立生态思维方式 建设生态文明——习近平总书记关于大力推进生态文明建设讲话精神研究[J]. 探索,2015(1):5 – 11.

[301]黄勤,曾元,江琴. 中国推进生态文明建设的研究进展[J]. 中国人口·资源与环境,2015(2):111 – 120.

[302]庞昌伟,龚昌菊. 中西生态伦理思想与中国生态文明建设[J].

新疆师范大学学报(哲学社会科学版),2015(2):98 - 104.

[303]张景奇,孙萍,徐建.我国城市生态文明建设研究述评[J].经济地理,2014(8):137 - 142 + 185.

[304]张欢,成金华,陈军,倪琳.中国省域生态文明建设差异分析[J].中国人口.资源与环境,2014(6):22 - 29.

[305]吕忠梅.论生态文明建设的综合决策法律机制[J].中国法学,2014(3):20 - 33.

[306]王灿发.论生态文明建设法律保障体系的构建[J].中国法学,2014(3):34 - 53.

[307]王树义.论生态文明建设与环境司法改革[J].中国法学,2014(3):54 - 71.

[308]李渤生.国家公园体制之我见[J].森林与人类,2014(5):78 - 81.

[309]张欢,成金华,冯银,陈丹,倪琳,孙涵.特大型城市生态文明建设评价指标体系及应用——以武汉市为例[J].生态学报,2015(2):547 - 556.

[310]刘某承,苏宁,伦飞,曹智,李文华,闵庆文.区域生态文明建设水平综合评估指标[J].生态学报,2014(1):97 - 104.

[311]任丙强.生态文明建设视角下的环境治理:问题、挑战与对策[J].政治学研究,2013(5):64 - 70.

[312]严耕,林震,吴明红.中国省域生态文明建设的进展与评价[J].中国行政管理,2013(10):7 - 12.

[313]蓝庆新,彭一然,冯科.城市生态文明建设评价指标体系构建及评价方法研究——基于北上广深四城市的实证分析[J].财经问题研究,2013(9):98 - 106.

[314]周生贤.走向生态文明新时代——学习习近平同志关于生态文明建设的重要论述[J].求是,2013(17):17 - 19.

[315]赵景柱.关于生态文明建设与评价的理论思考[J].生态学报,2013(15):4552 - 4555.

[316]孙新章,王兰英,姜艺,贾莉,秦媛,何霄嘉,姚娜.以全球视野推进生态文明建设[J].中国人口.资源与环境,2013(7):9-12.

[317]马凯.坚定不移推进生态文明建设[J].求是,2013(9):3-9.

[318]刘丽红.浅议生态文明建设的制度确立[J].企业经济,2013(4):155-158.

[319]毛惠萍,何璇,何佳,牛冬杰,包存宽.生态示范创建回顾及生态文明建设模式初探[J].应用生态学报,2013(4):1177-1182.

[320]俞海,夏光,杨小明,尚素娟.生态文明建设:认识特征和实践基础及政策路径[J].环境与可持续发展,2013(1):5-11.

[321]樊杰,周侃,陈东.生态文明建设中优化国土空间开发格局的经济地理学研究创新与应用实践[J].经济地理,2013(1):1-8.

[322]谷树忠,胡咏君,周洪.生态文明建设的科学内涵与基本路径[J].资源科学,2013(1):2-13.

[323]龚万达,刘祖云.从马克思的生态内因论看中国生态文明建设——对中共十八大报告中生态文明建设的理论解读[J].四川师范大学学报(社会科学版),2013(1):5-10.

[324]余谋昌.生态文明:建设中国特色社会主义的道路——对十八大大力推进生态文明建设的战略思考[J].桂海论丛,2013(1):20-28.

[325]刘小朋,周怡,耿冰,王翻翻,丁宪浩,刘亚男.论生态文明建设目标下城乡居民思想观念的改进与发展[J].黑龙江科技信息,2012(36):128-129.

[326]胡世强,刘金彬.生态文明视野下的企业环境成本控制——基于成都市工业化与生态文明建设的思考[J].财经科学,2012(8):84-91.

[327]白杨,黄宇驰,王敏,黄沈发,沙晨燕,阮俊杰.我国生态文明建设及其评估体系研究进展[J].生态学报,2011(20):6295-6304.

[328]曲艺.浅析生态马克思主义对中国生态文明建设的启示[J].改革与开放,2011(14):52-53.

[329]刘海霞.论马克思主义对生态文明建设的指导作用[J].山东省

青年管理干部学院学报,2010(6):11 – 14.

[330]吴昌春,吕亚青. 浅谈现代林业与生态文明建设的关系[J]. 黑龙江科技信息,2010(8):117.

[331]毛明芳. 着力构建生态文明建设的长效机制[J]. 攀登,2009(3):72 – 75.

[332]邵超峰,鞠美庭,赵琼,陈书雪. 我国生态文明建设战略思路探讨[J]. 环境保护与循环经济,2009(2):44 – 47.

[333]李学军. 对生态文明建设思想的几点认识[J]. 攀登,2009(1):59 – 61.

[334]秦静,白中科,周伟. 基于生态足迹与生态服务价值的区域生态环境动态评价[J]. 中国人口·资源与环境,2016(S1):244 – 247.

[335]赵其国,黄国勤,马艳芹. 中国生态环境状况与生态文明建设[J]. 生态学报,2016(19):6328 – 6335.

[336]程春明,李蔚,宋旭. 生态环境大数据建设的思考[J]. 中国环境管理,2015(6):9 – 13.

[337]王金南,许开鹏,蒋洪强,王晶晶. 基于生态环境资源红线的京津冀生态环境共同体发展路径[J]. 环境保护,2015(23):22 – 25.

[338]杨建林,徐君. 经济区产业结构变动对生态环境的动态效应分析——以呼包银榆经济区为例[J]. 经济地理,2015(10):179 – 186.

[339]刘军会,高吉喜,马苏,王文杰,邹长新. 中国生态环境敏感区评价[J]. 自然资源学报,2015(10):1607 – 1616.

[340]王金南,秦昌波,苏洁琼,田超. 国家生态环境监管执法体制改革方案研究[J]. 环境与可持续发展,2015(5):7 – 10.

[341]叶海涛. 生态环境问题何以成为一个政治问题? ——基于生态环境的公共物品属性分析[J]. 马克思主义与现实,2015(5):190 – 195.

[342]张晓瑞,贺岩丹,方创琳,王振波. 城市生态环境脆弱性的测度分区与调控[J]. 中国环境科学,2015(7):2200 – 2208.

[343]蔺雪芹,王岱,刘旭. 北京城市空间扩展的生态环境响应及驱动

力[J]. 生态环境学报,2015(7):1159-1165.

[344]张荣天,焦华富. 中国省际城镇化与生态环境的耦合协调与优化探讨[J]. 干旱区资源与环境,2015(7):12-17.

[345]石玉林,于贵瑞,王浩,刘兴土,谢冰玉,王立新,张红旗,唐克旺. 中国生态环境安全态势分析与战略思考[J]. 资源科学,2015(7):1305-1313.

[346]王喆,周凌一. 京津冀生态环境协同治理研究——基于体制机制视角探讨[J]. 经济与管理研究,2015(7):68-75.

[347]罗丽英,魏真兰. 城镇化对生态环境的影响路径及其效应分析[J]. 工业技术经济,2015(6):59-66.

[348]周训芳. 生态环境保护司法体制改革构想[J]. 法学杂志,2015(5):25-35.

[349]曹姣星. 生态环境协同治理的行为逻辑与实现机理[J]. 环境与可持续发展,2015(2):67-70.

[350]王洪铸,王海军,刘学勤,崔永德. 实施环境—水文—生态—经济协同管理战略,保护和修复长江湖泊群生态环境[J]. 长江流域资源与环境,2015(3):353-357.

[351]龚万达,刘祖云. 生态环境也是生产力——学习习近平关于生态文明建设的思想[J]. 教学与研究,2015(3):35-43.

[352]陈放. 基于生态文明理念下化解城乡生态环境二元化的路径选择[J]. 生态经济,2015(2):172-176.

[353]闻雅,周恩远. 中国农村生态环境问题及对策[J]. 环境与可持续发展,2014(6):127-129.

[354]邢忠,汤西子,徐晓波. 城市边缘区生态环境保护研究综述[J]. 国际城市规划,2014(5):30-41.

[355]范育鹏,陈卫平. 北京市再生水利用生态环境效益评估[J]. 环境科学,2014(10):4003-4008.

[356]佟新华. 日本水环境质量影响因素及水生态环境保护措施研究

[J]．现代日本经济,2014(5):85－94.

[357]邬晓燕．德国生态环境治理的经验与启示[J]．当代世界与社会主义,2014(4):92－96.

[358]袁广达．我国工业行业生态环境成本补偿标准设计——基于环境损害成本的计量方法与会计处理[J]．会计研究,2014(8):88－95+97.

[359]方小玲．污染治理中文本规范和实践规范分离的生态环境分析[J]．管理世界,2014(6):184－185.

[360]龙开胜,刘澄宇．基于生态地租的生态环境补偿方案选择及效应[J]．生态学报,2015(10):3464－3471.

[361]王长建,张小雷,杜宏茹,汪菲,张新林,倪天麒．城市化与生态环境的动态计量分析——以新疆乌鲁木齐市为例[J]．干旱区地理,2014(3):609－619.

[362]张郁,杨青山．基于利益视角的城市化与生态环境耦合关系诊断方法研究[J]．经济地理,2014(4):166－170.

[363]罗媞,刘艳芳,孔雪松．中国城市化与生态环境系统耦合研究进展[J]．热带地理,2014(2):266－274.

[364]于玉林．基于生态文明建立生态环境会计的探讨[J]．绿色财会,2014(1):3－9.

[365]罗能生,李佳佳,罗富政．城镇化与生态环境耦合关系研究——以长株潭城市群为例[J]．湖湘论坛,2014(1):47－52.

[366]方叶林,黄震方,段忠贤,王坤．中国旅游业发展与生态环境耦合协调研究[J]．经济地理,2013(12):195－201.

[367]袁晓玲,李政大．中国生态环境动态变化、区域差异和影响机制[J]．经济科学,2013(6):59－76.

[368]吕立刚,周生路,周兵兵,戴靓,昌亭,鲍桂叶,周华,李志．区域发展过程中土地利用转型及其生态环境响应研究——以江苏省为例[J]．地理科学,2013(12):1442－1449.

[369]李国平,汪海洲．加强生态文明的生态环境制度建设[J]．新疆

师范大学学报(哲学社会科学版),2013(6):32 – 37 + 2.

[370]祁新华,叶士琳,程煜,林荣平. 生态脆弱区贫困与生态环境的博弈分析[J]. 生态学报,2013(19):6411 – 6417.

[371]孙峰华,孙东琪,胡毅,李少鹏,徐建斌. 中国人口对生态环境压力的变化格局:1990 ~ 2010[J]. 人口研究,2013(5):103 – 113.

[372]荣宏庆. 论我国新型城镇化建设与生态环境保护[J]. 现代经济探讨,2013(8):5 – 9.

[373]李国平,郭江. 能源资源富集区生态环境治理问题研究[J]. 中国人口. 资源与环境,2013(7):42 – 48.

[374]颜运秋,罗婷. 生态环境保护公益诉讼的激励约束机制研究[J]. 中南大学学报(社会科学版),2013(3):42 – 48 + 104.

[375]董贵华,何立环,刘海江,齐杨,李季. 生态系统管理中生态环境评价的关键问题[J]. 中国环境监测,2013(2):41 – 45.

[376]陈利顶,孙然好,刘海莲. 城市景观格局演变的生态环境效应研究进展[J]. 生态学报,2013(4):1042 – 1050.

[377]李惠梅,张安录. 生态环境保护与福祉[J]. 生态学报,2013(3):825 – 833.

[378]苗泽华,彭靖,董莉. 工业企业环境污染与实施生态工程的激励机制构建——以制药企业为例[J]. 企业经济,2012(12):10 – 14.

[379]孙东琪,张京祥,朱传耿,胡毅,周亮. 中国生态环境质量变化态势及其空间分异分析[J]. 地理学报,2012(12):1599 – 1610.

[380]顾华详. 我国生态环境保护与治理的法治机制研究[J]. 湖南财政经济学院学报,2012(6):5 – 16.

[381]沈清基. 城乡生态环境一体化规划框架探讨——基于生态效益的思考[J]. 城市规划,2012(12):33 – 40.

[382]沈清基,张鑫,周原田. 城市危机:特征、影响变量及表现剖析——基于生态环境危机的视角[J]. 城市规划学刊,2012(6):23 – 33.

[383]颜梅春,王元超. 区域生态环境质量评价研究进展与展望[J].

生态环境学报,2012(10):1781-1788.

[384]焦张义.房价、生态环境质量与最优城市规模[J].南方经济,2012(10):63-73.

[385]许冬兰.生态环境逆差与绿色贸易转型:基于隐含碳与隐含能估算[J].中国地质大学学报(社会科学版),2012(1):19-24+138.

[386]郑华伟,刘友兆,丑建立.中国城市土地集约利用与生态环境协调发展评价研究[J].水土保持通报,2012(1):227-232.

[387]柯坚.建立我国生态环境损害多元化法律救济机制——以康菲溢油污染事件为背景[J].甘肃政法学院学报,2012(1):101-107.

[388]苏泳娴,黄光庆,陈修治,陈水森,李智山.城市绿地的生态环境效应研究进展[J].生态学报,2011(23):302-315.

[389]吕途,杨贺男.马克思、恩格斯生态经济思想及其对生态环境法治观的启示[J].企业经济,2011(9):190-192.

[390]王军,李正,白中科,鞠正山,王国茹.土地整理对生态环境影响的研究进展与展望[J].农业工程学报,2011(S1):340-345.

[391]王江,黄锡生.我国生态环境恢复立法析要[J].法律科学(西北政法大学学报),2011(3):193-200.

[392]陈晓红,万鲁河.城市化与生态环境协调发展评价研究——以东北地区为例[J].自然灾害学报,2011(2):68-73.

[393]陈晓红,万鲁河,周嘉.城市化与生态环境协调发展的调控机制研究[J].经济地理,2011(3):489-492+499.

[394]蔺雪芹,方创琳.城市群工业发展的生态环境效应——以武汉城市群为例[J].地理研究,2010(12):2233-2242.

[395]孔凡斌.建立和完善我国生态环境补偿财政机制研究[J].经济地理,2010(8):1360-1366.

[396]傅威,林涛.区域社会经济发展与生态环境耦合关系研究模型的比较分析[J].四川环境,2010(3):102-109.

[397]傅首清.区域创新网络与科技产业生态环境互动机制研究——

以中关村海淀科技园区为例[J]. 管理世界,2010(6):8-13+27.

[398]王红征,胡彧. 论生态伦理、环境伦理道德与经济可持续发展[J]. 特区经济,2010(5):272-273.

[399]薛冰,张子龙,郭晓佳,陈兴鹏,耿涌. 区域生态环境演变与经济增长的耦合效应分析——以宁夏回族自治区为例[J]. 生态环境学报,2010(5):1125-1131.

[400]宋建波,武春友. 城市化与生态环境协调发展评价研究——以长江三角洲城市群为例[J]. 中国软科学,2010(2):78-87.

[401]朱士光. 遵循"人地关系"理念,深入开展生态环境史研究[J]. 历史研究,2010(1):4-10+189.

[402]张理茜,蔡建明,王妍. 城市化与生态环境响应研究综述[J]. 生态环境学报,2010(1):244-252.

[403]张和平. 盘锦市生态环境质量遥感调查及评价[J]. 环境保护与循环经济,2009(6):45-47.

[404]陈晓红,宋玉祥,满强. 城市化与生态环境协调发展机制研究[J]. 世界地理研究,2009(2):153-160.

[405]万本太,王文杰,崔书红,潘英姿,张建辉. 城市生态环境质量评价方法[J]. 生态学报,2009(3):1068-1073.

[406]李恺. 层次分析法在生态环境综合评价中的应用[J]. 环境科学与技术,2009(2):183-185.

[407]李静,李雪铭,刘自强. 基于城市化发展体系的城市生态环境评价与分析[J]. 中国人口. 资源与环境,2009(1):156-161.

[408]李双成,赵志强,王仰麟. 中国城市化过程及其资源与生态环境效应机制[J]. 地理科学进展,2009(1):63-70.

[409]王忠华. "本体论"思维与生态环境[J]. 和田师范专科学校学报,2009(1):14-15.

[410]王晓婵,郑洪波,张树深. 关于环境管理向生态管理模式转变的探究[J]. 环境保护与循环经济,2008(12):49-52.

[411]聂艳,雷文华,周勇,王宏志.区域城市化与生态环境耦合时空变异特征——以湖北省为例[J].中国土地科学,2008(11):56-62.

[412]蔺雪芹,方创琳.城市群地区产业集聚的生态环境效应研究进展[J].地理科学进展,2008(3):110-118.

[413]黄宝荣,欧阳志云,张慧智,郑华,徐卫华,王效科.中国省级行政区生态环境可持续性评价[J].生态学报,2008(1):327-337.

[414]刘耀彬,陈斐,周杰文.城市化进程中的生态环境响应度模型及其应用[J].干旱区地理,2008(1):122-128.

[415]李边疆,王万茂.区域土地利用与生态环境耦合关系的系统分析[J].干旱区地理,2008(1):142-148.

[416]李杨帆,朱晓东,孙翔,王向华.快速城市化对区域生态环境影响的时空过程及评价[J].环境科学学报,2007(12):2060-2066.

[417]靳乐山,李小云,左停.生态环境服务付费的国际经验及其对中国的启示[J].生态经济,2007(12):156-158+163.

[418]王宏昌.浅议我国生态环境保护的制度建设——基于环境库兹涅茨曲线的视角[J].特区经济,2007(11):132-133.

[419]李鸣.生态文明背景下环境管理机制的定位与创新[J].特区经济,2007(8):290-292.

[420]李霞,王炳义.加强生态建设和环境保护 实现人与自然的和谐[J].特区经济,2007(4):125-126.

[421]李江天,甘碧群.基于生态足迹的旅游生态环境承载力计算方法[J].武汉理工大学学报(信息与管理工程版),2007(2):96-100+107.

[422]刘耀彬,陈斐,李仁东.区域城市化与生态环境耦合发展模拟及调控策略——以江苏省为例[J].地理研究,2007(1):187-196.

[423]杨卫军.构建环境友好型社会的生态文化基础[J].特区经济,2007(1):275-276.

[424]沈洪艳,宋存义,贾建和.城市化进程中的生态环境问题及生态城市建设[J].河北师范大学学报,2006(6):726-730+736.

[425]尹忠东,李一为,辜再元,赵方莹,赵廷宁,周心澄.论道路建设的生态环境影响与生态道路建设[J].水土保持研究,2006(4):161-164.

[426]卫美云.生态环境与人类健康之辨析[J].攀登,2006(4):94-96.

[427]蒋满元,唐玉斌.垃圾填埋的生态环境问题及治理途径[J].城市问题,2006(7):76-80.

[428]方亮.加强生态环境保护 实现人与自然和谐发展[J].中国科技信息,2006(12):56-57.

[429]李秉成.中国城市生态环境问题及可持续发展[J].干旱区资源与环境,2006(2):1-6.

[430]魏建兵,肖笃宁,解伏菊.人类活动对生态环境的影响评价与调控原则[J].地理科学进展,2006(2):36-45.

[431]方创琳,杨玉梅.城市化与生态环境交互耦合系统的基本定律[J].干旱区地理,2006(1):1-8.

[432]彭建,王仰麟,叶敏婷,常青.区域产业结构变化及其生态环境效应——以云南省丽江市为例[J].地理学报,2005(5):798-806.

[433]尚尔君.生态环境用水与生态环境需水[J].农业与技术,2005(4):23-25.

[434]刘耀彬,宋学锋.城市化与生态环境耦合模式及判别[J].地理科学,2005(4):26-32.

[435]左其亭.论生态环境用水与生态环境需水的区别与计算问题[J].生态环境,2005(4):611-615.

[436]刘耀彬,李仁东,张守忠.城市化与生态环境协调标准及其评价模型研究[J].中国软科学,2005(5):140-148.

[437]宋巍巍,刘年丰,谢鸿宇.基于综合生态足迹的项目生态环境影响分析研究[J].华中科技大学学报(城市科学版),2005(1):85-89.

[438]刘耀彬,李仁东,宋学锋.中国区域城市化与生态环境耦合的关联分析[J].地理学报,2005(2):237-247.

[439]张甘霖. 城市土壤的生态服务功能演变与城市生态环境保护[J]. 科技导报,2005(3):16-19.

[440]赵凤琴,汤洁,王晨野,李昭阳. 生态脆弱地区土地生态环境安全初探[J]. 水土保持通报,2005(1):99-103.

[441]刘耀彬,李仁东,宋学锋. 中国城市化与生态环境耦合度分析[J].自然资源学报,2005(1):105-112.

[442]夏军,王中根,左其亭. 生态环境承载力的一种量化方法研究——以海河流域为例[J]. 自然资源学报,2004(6):786-794.

[443]闫新丽,伍旭东. 关于生态环境保护建设的思考[J]. 山东省青年管理干部学院学报,2004(3):32-34.

[444]高春风. 生态环境规划技术规范与分析[J]. 辽宁城乡环境科技,2004(2):45-48.

[445]周朝东. 新型工业化与建设城市生态环境[J]. 南京社会科学,2003(S2):109-113.

[446]徐燕,周华荣. 初论我国生态环境质量评价研究进展[J]. 干旱区地理,2003(2):166-172.

[447]黄金川,方创琳. 城市化与生态环境交互耦合机制与规律性分析[J]. 地理研究,2003(2):211-220.

[448]张甘霖,朱永官,傅伯杰. 城市土壤质量演变及其生态环境效应[J]. 生态学报,2003(3):539-546.

[449]张子珩. 论生态环境对古代中国人口分布的作用[J]. 南京人口管理干部学院学报,2000(2):35-37.

[450]左守秋,王伟. 京津冀生态文明建设区域性合作研究[J]. 吉林广播电视大学学报,2017(2):17-18.

[451]胡悦,金明倩,孙丽. 基于PSR模型的京津冀生态文明指数评价体系研究[J]. 资源开发与市场,2016(12):1450-1455.

[452]胡安琴,秦亚飞,孟超. 京津冀协同发展背景下完善保定市生态文明绩效考核的研究[J]. 时代经贸,2016(27):56-58.

[453]赵家如,蒋晓辉. 共谱生态文明建设新篇章——京津冀人大开展生态环境建设联合视察活动[J]. 北京人大,2016(9):34-36.

[454]吴玉杰. 京津冀生态文明建设深入推进的关键路径—基于制度经济学视角[J]. 中国高新技术企业,2016(27):190-192.

[455]邓智团. 循环经济2.0:重化工基地生态文明建设的新路径——京津冀协同发展背景下河北曹妃甸的经验与启示[J]. 环境保护,2016(10):51-54.

[456]李志强,张凤林. 环京津地区协同共建水生态文明调研建议[J]. 中国水利,2016(3):10-13.

[457]徐顺臣. 加强丰宁水生态文明建设 服务京津冀协同发展[J]. 河北水利,2016(1):20-21.

[458]曾静,李书领. 京津冀一体化背景下对河北省生态文明建设的战略思考[J]. 中共石家庄市委党校学报,2015(11):23-26+31.

[459]左守秋,孙琳琼,冯石岗. 京津冀区域城乡一体化进程中河北省生态文明建设体制机制问题及对策思考[J]. 牡丹江教育学院学报,2015(9):125-127.

[460]"美丽中国"之京津冀生态治理与发展的探索——中国社会科学院生态文明建设智库系列成果发布[J]. 环境保护,2015(15):56.

[461]崔铁宁,张聪. 基于生态位理论的京津冀城市生态文明评价[J]. 环境污染与防治,2015(6):101-110.

[462]左守秋,刘立元,张红丽. 河北省在京津冀生态文明一体化建设中面临的新任务[J]. 山东工业技术,2015(1):301-302.

[463]李剑玲. 基于生态文明的京津冀区域发展研究[J]. 现代商业,2014(29):109-111.

[464]徐辉. 京津冀城市群:探索生态文明理念下的新型城镇化模式[J]. 北京规划建设,2014(5):39-44.

[465]铁铮. 生态文明建设 京津冀一体化的关键[J]. 绿色中国,2014(4):44-46.

[466]祝尔娟,齐子翔,毛文富.京津冀区域承载力与生态文明建设——2012 首都圈发展高层论坛观点综述[J].生态经济,2014(2):57-61.

[467]刘薇.京津冀区域生态文明圈构建研究[J].沿海企业与科技,2013(6):53-56.

[468]袁可林,温云凌.为了"一库清水送京津"——南阳市国土资源局推进生态文明建设纪实[J].资源导刊,2013(5):16-17.

[469]田世政,杨桂华.中国国家公园发展的路径选择:国际经验与案例研究[J].中国软科学,2011(12):6-14.

[470]何树臣,张晓光.建设京津冀生态圈,打造生态文明首善之区[J].河北林业,2007(6):10-11.

[471]李剑玲.北京生态城市建设策略研究[J].河北学刊,2015(06):220-223.

[472]朱战强,杨帆,宋志军.北京生态用地的空间格局及复杂性[J].经济地理,2015(7):168-175.

[473]蔺雪芹,王岱,刘旭.北京城市空间扩展的生态环境响应及驱动力[J].生态环境学报,2015(7):1159-1165.

[474]张静,鲁春霞,谢高地,陈文辉,胡绪千.北京城市能源消费的生态与环境压力研究[J].资源科学,2015(6):1133-1140.

[475]吴斌.关于京津冀生态保护和建设的几点思考——北京生态文化体系建设的战略思考[J].绿化与生活,2015(4):38-43.

[476]韩慧,李光勤.大伦敦都市圈生态文明建设及对中国的启示[J].世界农业,2015(4):40-45+56+203.

[477]蔡登谷.北京森林与生态文化——北京生态文化体系建设的战略思考[J].绿化与生活,2015(3):6-11.

[478]于少东,蒋洪昉,薛正旗.北京生态文明沟域建设的理论思考[J].中国农业资源与区划,2015(1):92-95.

[479]刘薇.北京生态文明建设的经济政策探讨[J].开放导报,2013

(6):97 - 99.

[480]刘薇. 北京生态文明制度建设思路与推进措施研究[J]. 市场论坛,2013(11):13 - 15.

[481]白玉华,刘薇. 2020 北京生态文化建设研究[J]. 市场论坛,2013(10):28 - 31.

[482]吴栋栋,邵毅,景谦平,霍振彬. 北京交通拥堵引起的生态经济价值损失评估[J]. 生态经济,2013(4):75 - 79.

[483]陆元昌,甘敬,王霞,刘宪钊,姜俊. 通过平原与城市森林建设支撑北京生态文明社会发展[J]. 林业资源管理,2012(4):24 - 28 + 32.

[484]陆小成. 基于区域低碳创新系统的生产性服务业集群模式[M]. 北京:知识产权出版社,2010.

[485]陆小成. 区域低碳创新系统理论与实践研究:基于全球气候变化的思考[M]. 北京:中国文史出版社,2011.

[486]陆小成. 产业集群协同演化的生态位整合模式研究[M]. 北京:线装书局,2011.

[487]陆小成. 政策执行冲突的制度分析[M]. 北京:北京燕山出版社,2012.

[488]陆小成. 区域低碳创新系统综合评价与政策研究[M]. 北京:中国书籍出版社,2012.

[489]陆小成. 城市转型与绿色发展[M]. 北京:中国经济出版社,2013.

[490]陆小成. 品牌视域下的文化产业发展:基于低碳转型的思考[M]. 长春:东北师范大学出版社,2014.

[491]陆小成. 体育产业服务链:基于低碳发展的视角[M]. 北京:知识产权出版社,2015.

[492]陆小成. 中国区域低碳创新:制约因素与对策选择[M]. 北京:知识产权出版社,2015 年版.

[493]陆小成. "城市病"治理的国际比较研究——基于京津冀低碳发

展的思考[M].北京:中国社会科学出版社,2016.

[494]陆小成.公共治理视域下政策执行力研究——以低碳产业政策为例[M].北京:中国经济出版社,2017.

[495]赵继敏.北京生态文化培育研究[J].生态经济,2012(3):174-179.

[496]叶立梅.北京生态城市的实现路径[J].北京规划建设,2011(2):59-61.

[497]李忠东.东京城市建设的"生态"思维[J].资源与人居环境,2010(22):61-62.

[498]李芬,孙然好,杨丽蓉,陈利顶.基于供需平衡的北京地区水生态服务功能评价[J].应用生态学报,2010(5):1146-1152.

[499]任铃.北京生态城市建立的依托——市民绿色消费模式的确立[J].长春理工大学学报(社会科学版),2010(3):20-22.

[500]俞孔坚,王思思,李迪华,乔青.北京城市扩张的生态底线——基本生态系统服务及其安全格局[J].城市规划,2010(2):19-24.

[501]王威.北京生态涵养发展区的低碳路径[J].开放导报,2010(1):62-64.

[502]王晓芳,苑焕乔.北京生态涵养区的现状与发展对策研究[J].城市,2009(9):33-35.

[503]万利,陈佑启,谭靖,张洁瑕.北京郊区生态安全动态评价与分析[J].地理科学进展,2009(2):238-244.

[504]叶祖达.生态城市:从概念到规划管理实施——上海崇明岛东滩和北京丰台长辛店[J].城市规划,2008(8):15-20+27+98.

[505]朱四海,郭峰.论北京生态涵养区环境服务的价值实现[J].北京社会科学,2006(6):46-51.

[506]李文伟.论北京生态屏障建设和保护中的行政合同[J].西南科技大学学报(哲学社会科学版),2006(4):48-52.

[507]张雅彬,彭文英,李俊.北京生态与宜居城市评价及建设途径探

讨[J]. 首都经济贸易大学学报,2006(4):45 – 50.

　[508]孟雪松,欧阳志云,崔国发,李伟峰,郑华. 北京城市生态系统植物种类构成及其分布特征[J]. 生态学报,2004(10):2200 – 2206.

后　记

　　本书是作者主持北京市社会科学界联合会决策咨询课题《首都生态文明体制改革研究》（2014SKLJZ023）、北京市社会科学院一般课题《北京低碳创新驱动与世界城市建设研究》（2014C1290）、《北京低碳创新与生态文明体制改革研究》（2015C2737）、《城市低碳发展与生态环境治理研究》（2016C3427）、北京世界城市研究基地课题《构建以首都为核心的世界级城市群》等课题成果的集成与拓展。多年来，作者围绕世界级城市群、生态文明体制改革、低碳经济、绿色发展等研究领域先后进行了深化研究。基于这些研究积累，作者选择本书的选题进行框架建构、文献整理、考察调研、书稿撰写等研究，历经多年积累与艰辛修改，终于完成关于首都生态文明体制改革研究的专著的定稿与出版。

　　本书的出版要感谢北京市社会科学院王学勤院长、田淑芳副院长、赵弘副院长、杨奎副院长等院领导对作者及本书的指导和关心。感谢北京市社会科学院市情调查研究中心主任、北京世界城市研究基地秘书长唐鑫研究员、刘小敏博士、李茂博士、贾澎博士、田蕾博士、赵雅萍博士、何仁伟博士、任超博士等全体中心人员，管理研究所所长施昌奎研究员、城市研究所所长齐心研究员、冯刚研究员、赵继敏副研究员、外国问题研究所所长刘波研究员、经济研究所副所长杨松副研究员、唐勇博士、王忠副研究员、国际交流中心副主任韩忠亮教授、社会学所副所长江树革研究员、文化所刘瑾副研究员等专家学者对作者的帮助和关心。

感谢北京市社会科学院科研组织处朱霞辉副处长、朱庆华老师、俞音老师、马京莎老师对本书出版的指导和帮助。感谢本书稿在参加北京市社会科学院社科文库出版资助评审过程中的匿名评审专家的宝贵意见和修改建议。还要感谢中国经济出版社邓嫒嫒编辑对本书稿修订、校对、编辑等过程中的细心工作。

书中也引用和参考许多专家学者的观点，一并表示感谢。有的引用或参考没有进行及时的注释，对可能存在的疏忽请专家批评和指正。由于水平和能力有限，不妥之处在所难免，也许还有部分观点值得进一步商榷和论证。敬请生态文明、世界级城市群、公共政策、公共治理、低碳经济等领域的研究专家、学者、读者提出批评意见或建议。

2017 年 11 月 1 日